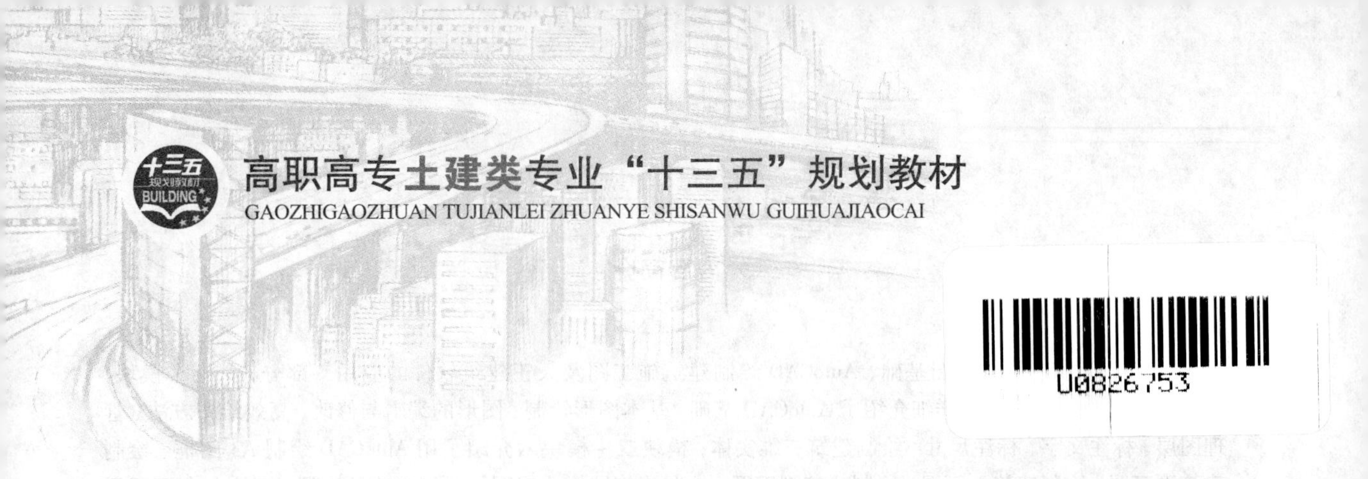

高职高专土建类专业“十三五”规划教材
GAOZHIGAOZHUAN TUJIANLEI ZHUANYE SHISANWU GUIHUAJIAOCAI

U0826753

建筑CAD

第2版

JIANZHU CAD

主　编　黄颖玲　谭　敏
副主编　肖燕娟　傅竹松
　　　　孙飞燕　张玉芳
　　　　蒋楠楠

中南大學出版社
www.csupress.com.cn

内容简介

本书分为 AutoCAD 绘图基础、AutoCAD 绘制建筑施工图及天正建筑软件的应用三部分，共七个模块。模块一 AutoCAD 绘图基础详细介绍了 AutoCAD 基础、基本图形绘制、图形的编辑与修改、高效绘图方法、管理图层、标注文字、标注尺寸、绘制建筑三维实体；模块二～模块六介绍了用 AutoCAD 绘制 A3 图框、绘制建筑平面图、绘制建筑立面图、绘制建筑剖面图、绘制建筑结构施工图的详细方法及步骤；模块七介绍了用天正建筑软件绘制各类建筑施工图的方法。

本书结合劳动与社会保障部的 CAD 中级绘图考证要求及建筑工程专业技能抽查标准，按照由浅入深、先基础再提高的原则编写，实用性强，所举实例典型且每个实例有详尽的操作步骤。每个模块后还附有习题，使读者融会贯通所学的操作命令及绘制技巧。

本书可作为高职高专院校建筑工程技术专业、工程监理专业、建筑装饰专业、工程造价及其他相关土建类专业的教材，也可作为土建类工程技术人员的自学参考书，还可作为中级绘图员职业资格考试及相关从业人员的培训教材。

出版说明 INSTRUCTIONS

在新时期我国建筑业转型升级的大背景下，按照“对接产业、工学结合、提升质量，促进职业教育链深度融入产业链，有效服务区域经济发展”的职业教育发展思路，为全面推进高等职业院校建筑工程类专业教育教学改革，促进高端技术技能型人才的培养，我们通过充分调研和论证，在总结吸收国内优秀高职高专教材建设经验的基础上，组织编写和出版了本套基于专业技能培养的高职高专土建类专业“十三五”规划教材。

近几年，我们率先在国内进行了省级高等职业院校学生专业技能抽查工作，试图采用技能抽查的方式规范专业教学，通过技能抽查标准构建学校教育与企业实际需求相衔接的平台，引导高职教育各相关专业的教学改革。随着此项工作的不断推进，作为课程内容载体的教材也必然要顺应教学改革的需要。本套教材以综合素质为基础，以能力为本位，强调基本技术与核心技能的培养，尽量做到理论与实践的零距离；充分体现了《关于职业院校学生专业技能抽查考试标准开发项目申报工作的通知》（湘教通〔2010〕238号）精神，工学结合，讲究科学性、创新性、应用性，力争将技能抽查“标准”和“题库”的相关内容有机地融入教材中来。本套教材以建筑业企业的职业岗位要求为依据，参照建筑施工企业用人标准，明确职业岗位对核心能力和一般专业能力的要求，重点培养学生的技术运用能力和岗位工作能力。

本套教材的突出特点表现在：一、把建筑工程类专业技能抽查的相关内容融入教材之中；二、把建筑业企业基层专业技术管理人员（八大员）岗位资格考试相关内容融入教材之中；三、将国家职业技能鉴定标准的目标要求融入教材之中。总之，我们期望通过这些行之有效的办法，达到教、学、做合一，使同学们在取得毕业证书的同时也能比较顺利地考取相应的职业资格证书和技能鉴定证书。

高职高专土建类专业“十三五”规划教材

编审委员会

前言 PREFACE

AutoCAD 计算机辅助设计是优秀的绘图软件，在建筑、机械、电子等领域有着广泛的应用，目前已成为我国工科院校学生学习的必修课程之一，掌握 CAD 绘图软件，并将其运用到建筑设计、施工和管理中，是建筑工程技术人员必须具备的基本素质。

本书结合劳动与社会保障部的 CAD 中级绘图考证要求及建筑工程专业技能抽查标准，以工作过程为导向，按照由浅入深、先基础再提高的原则编写，实用性强，所举实例典型且每个实例有详尽的操作步骤。每个模块后还附有习题，便于读者融会贯通 CAD 的操作命令及建筑图的绘制技巧。

本书内容分为三部分，共七个模块。

第一部分：AutoCAD 绘图基础（模块一）。包括 AutoCAD 基础、基本图形绘制、图形的编辑与修改、高效绘图方法、管理图层、标注文字、标注尺寸、绘制建筑三维实体。

第二部分：综合应用部分（模块二～模块六）。介绍了用 AutoCAD 绘制 A3 图框、绘制建筑平面图、绘制建筑立面图、绘制建筑剖面图、绘制建筑结构施工图的详细方法及步骤。

第三部分：天正建筑软件的应用（模块七）。介绍了用天正建筑软件绘制各类建筑施工图的方法。

本书由湖南城建职业技术学院黄颖玲和谭敏担任主编。参加本书编写的人员有：湖南城建职业技术学院黄颖玲（模块一），四川信息职业技术学院陈良英（模块二），湖南城建职业技术学院傅竹松（模块三），湖南城建职业技术学院孙飞燕（模块四），湖南城建职业技术学院肖燕娟（模块五），湖南城建职业技术学院谭敏（模块六、模块一中的 1.6 和 1.7）、四川信息职业技术学院蒋楠楠（模块七中的 7.1 和 7.2），湖南科技工业职业技术学院张玉芳（模块七中的 7.3 和 7.4），向曙编写了习题答案并校对了全部书稿。

在本书的编写过程中得到了湖南城建职业技术学院的郑伟教授和刘可定老师及湖南软件职业技术学院楚伟婷老师的大力帮助，在此表示衷心的感谢！

由于编者水平和经验有限，书中难免存在错误和疏漏，恳请使用本书的广大读者提出宝贵意见。

编　者

前言

[illegible]

编 者

目录 CONTENTS

模块一 AutoCAD 绘图基础

【知识目标】

通过本模块的学习，掌握基本绘图命令及基本编辑命令，学习用 AutoCAD 作图的方法和技巧，掌握文本标注与尺寸标注的使用方法，掌握简单的三维实体显示及绘制命令。

【技能目标】

通过本模块的学习，学生能够对绘图环境进行设置，能根据所绘图样的情况，合理选择 AutoCAD 的绘图命令及编辑命令快速绘制图样，利用相关命令为图样添加文字说明和尺寸标注，能根据建筑三维视图，创建编辑并正确显示简单的三维图形。

1.1 AutoCAD 基础

1.1.1 AutoCAD 的界面组成

一、AutoCAD 绘图界面

初次启动 AutoCAD2014 后，将打开程序窗口界面。用户可单击屏幕左上方的“工作空间”按钮，在下拉菜单中选择“AutoCAD 经典”选项，将界面恢复为 AutoCAD 经典模式，如图 1－1 所示。本节将介绍 AutoCAD 经典界面组成。

该界面主要由标题栏、菜单栏、工具栏、绘图窗口、命令提示窗口、状态栏等部分组成。

1. 标题栏

标题栏位于界面窗口的最上面，在它上面显示了当前正在运行的程序图标及当前操作的图形文件名和路径，如果是 AutoCAD 默认的图形文件，其名称的后缀为“. dwg”。

2. 菜单栏

菜单栏主要由“文件”、“编辑”、“视图”等菜单组成，每个菜单都有相应的下拉菜单，下拉菜单中包含了 AutoCAD 的核心命令和功能，通过鼠标选择菜单中的某个选项，系统就会执行相应的命令。

3. 工具栏

工具栏提供访问 AutoCAD 命令的快捷方式，它包含许多由图标表示的命令按钮。只需单击某个按钮，CAD 就会执行相应的命令。用户可根据需要打开或关闭工具栏，操作方法如下：

将鼠标移至任意一个工具栏上，单击鼠标右键，出现工具栏列表，如图 1－2 所示，若名称前带有“√”标记，则表示该工具栏已打开。单击选择菜单上的某一项，就会打开或关闭相应的工具栏。

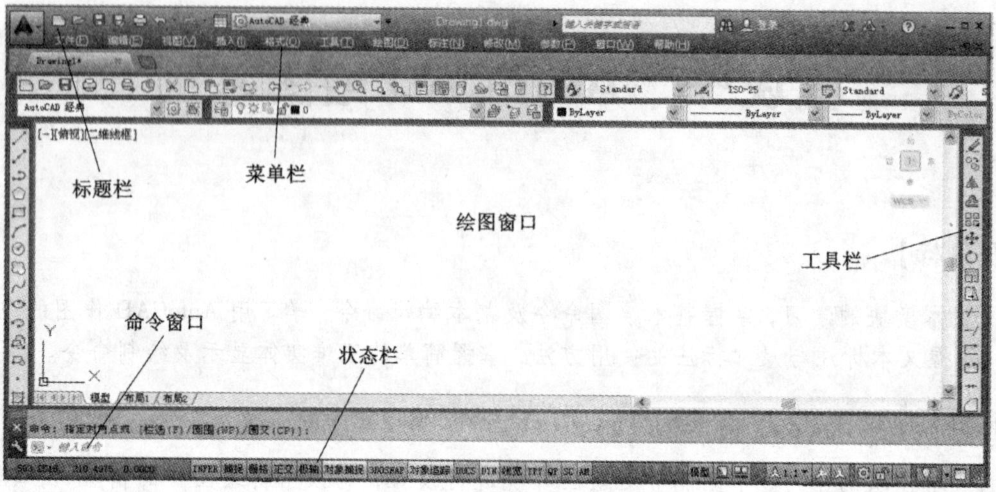

图 1－1　AutoCAD2014 绘图界面

【试一试】在 AutoCAD 绘图界面上增加“标注”工具栏，并将其移至绘图窗口的右侧。

4. 绘图窗口

绘图窗口是用户绘图的工作区域，所有的绘图结果都反映在这个窗口中。可以根据需要关闭其周围和里面的各个工具栏，以增大绘图空间。

在绘图区的左下角有三个选项卡 模型 布局1 布局2，缺省情况下【模型】选项卡是亮的，表示当前作图环境是模型空间，在这里一般要按实际尺寸（采用 1∶1 的比例）绘制二维或三维图形。但单击【布局 1】或【布局 2】，将会切换到图纸空间，可以将图纸空间想象成一张图纸，用户可在这张图纸上将模型空间的图样按不同缩放比例布置在图纸上。

在用 AutoCAD 绘图的过程中，经常会遇到这样的情况，在屏幕上显示图形时，由于视图太小，使得局部看不清楚或无法修改，需要将这部分局部放大，修改完成后，又要将视图恢复原来的大小，这就要进行视窗的缩放和移动。

（1）视窗的缩放。

- 在命令行中输入“ZOOM”或快捷键“Z”。若选择“全部（A）”选项，则在当前视窗下显示该文件下的全部图形。
- 选择“视图”→“缩放”菜单。
- 标准工具样上的 按钮。

（2）视窗的平移。

- 在命令行中输入“PAN”或快捷键“P”。

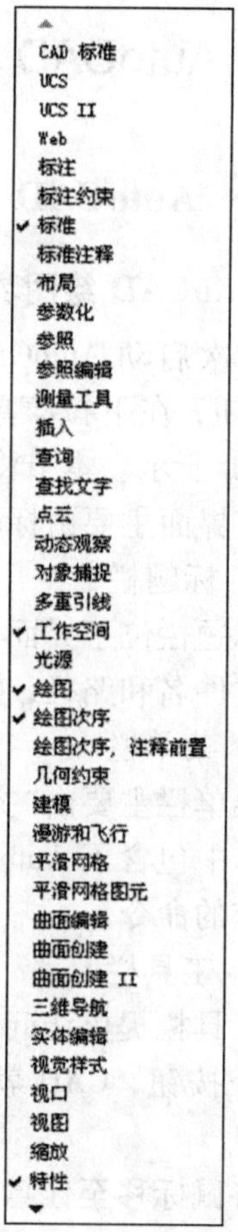

图 1－2　工具栏列表

- 选择“视图”→“平移”菜单。
- 标准工具样上的  按钮
- 按下鼠标中间的滚轮拖动鼠标

用户在执行其他命令时可以同时插入缩放命令和平移命令，使绘图的速度大大提高。

5. 命令提示窗口

命令提示窗口位于绘图窗口的底部，用户从键盘输入的命令、系统的提示及相关信息都反映在此窗口中，该窗口是用户与系统进行命令交互的窗口。初学者应特别注意命令提示行的文字。

(1)CAD 命令中符号的约定：

①“/”：分隔符号，将 CAD 命令中的不同选项分隔开，每一选项的大写字母表示缩写方式，可直接键入此字母执行该选项。

②“< >”：此括号内为系统默认值(一般称缺省值)或当前要执行的选项，如不符合用户的绘图要求，可输入新值。

(2)AutoCAD 命令的调用。

AutoCAD 命令的输入方法有 3 种：下拉菜单法、命令按钮法、键盘输入法。当用户执行某个命令后，命令窗口将出现进一步提示，这时，用户可以根据命令的提示，按步骤进行操作，从而完成命令。例如在绘图过程中，如需要删除辅助线或错误图形时，应采用“修改”菜单下的“删除”命令或“修改”工具栏的“删除”按钮 ，或在命令行输入“ERASE”(快捷键为“E”)。执行删除命令后，命令行提示“选择对象：”，这时用户可选取要删除的对象然后回车，所要删除的对象即在屏幕上消失。

(3)CAD 命令的终止、结束。

①终止命令：用户在执行命令的过程中，如发现所执行的命令是错误的，可按【ESC】键，终止正在执行的命令。

②结束命令：用户在命令行输入一个命令后，必须按回车键，才能被计算机接收，当执行完一个命令后，应按回车键，表示命令完成。如果紧接上面再按回车键(或空格键)可重复执行上一个命令。

6. 状态栏

状态栏用来显示 AutoCAD 当前的绘图状态，状态栏中左侧的数字是当前绘图区十字光标的坐标位置，中间一些按钮是辅助绘图工具，激活这些按钮使绘图更容易，常用按钮功能如下。

(1)捕捉：当打开此模式时，光标只能沿 X 或 Y 轴移动，每次移动的距离可以设置。右键单击 捕捉，弹出快捷菜单，选择【设置】选项，打开【草图设置】对话框，如图 1－3 所示，在【捕捉和栅格】选项卡的【捕捉间距】分组框中可以设置光标移动捕捉的间距。

(2)栅格：栅格是覆盖用户坐标系（UCS）的整个 XY 平面的直线或点的矩形图案。使用栅格类似于在图形下放置一张坐标纸。利用栅格可以对齐对象并直观显示对象之间的距离。不打印栅格，其沿 X、Y 轴的间距可在【草图设置】对话框【捕捉和栅格】选项卡的【栅格间距】分组框中设定。

【试一试】将光标移动间距设为 200，栅格距离设为 100。

(3)正交：可以将光标限制在水平或垂直方向上移动，以便于精确地创建和修改对象。

(4)极轴：使用极轴追踪，光标将按指定角度进行移动。

(5)对象捕捉：用于打开或关闭自动捕捉模式，如打开此模式，在绘图过程中系统会捕捉圆心、端点、中点等几何点，用户可在【草图设置】对话框的【对象捕捉】选项卡中设置自动捕捉方式。

(6)对象追踪：使用对象捕捉追踪，可以沿着基于对象捕捉点的对齐路径进行追踪。对象捕捉追踪功能一般在对象捕捉模式打开情况下配合使用，可提高作图的精度和效率。

(7)线宽：用于控制是否在图形中显示线条的宽度。

【实例1-1】 利用正交绘制如图1-4所示的基础轮廓。

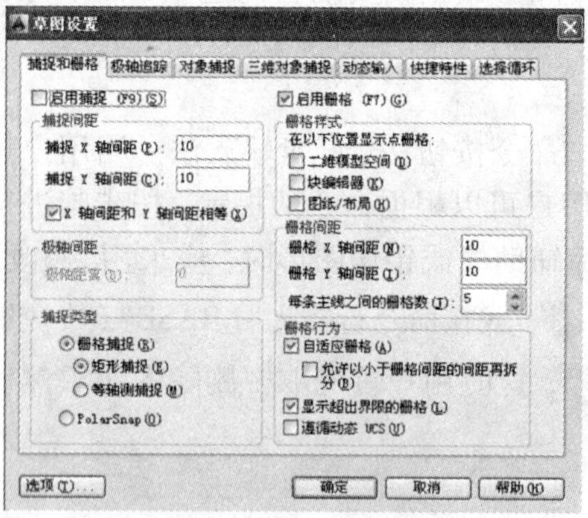

图1-3 【草图设置】对话框

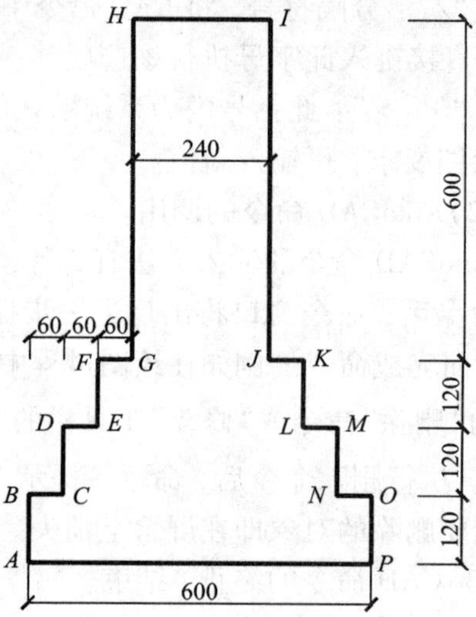

图1-4 正交实例

【操作步骤】

①打开正交按钮。

②单击【绘图】工具栏中的直线按钮，命令行提示：

LINE 指定第一点：// 在屏幕适当位置单击，拾取 *A* 点

指定下一点或[放弃(U)]：120 // 向上移动鼠标，拉出一条铅垂线，输入 *AB* 长度

指定下一点或[放弃(U)]：60 // 向右移动鼠标，拉出一条水平线，输入 *BC* 长度

指定下一点或[闭合(C)/放弃(U)]：120 // 向上移动鼠标，拉出一条铅垂线，输入 *CD* 长度

指定下一点或[闭合(C)/放弃(U)]：60 // 向右移动鼠标，拉出一条水平线，输入 *DE* 长度

指定下一点或[闭合(C)/放弃(U)]：120 /向上移动鼠标，拉出一条铅垂线，输入 *EF* 长度

指定下一点或[闭合(C)/放弃(U)]：60 /向右移动鼠标，拉出一条水平线，输入 *FG* 长度

指定下一点或[闭合(C)/放弃(U)]：600 // 向上移动鼠标，拉出一条铅垂线，输入 *GH*

长度

指定下一点或［闭合(C)/放弃(U)］: 240 /向右移动鼠标，拉出一条水平线，输入 *HI* 长度

指定下一点或［闭合(C)/放弃(U)］: 600 // 向下移动鼠标，拉出一条铅垂线，输入 *IJ* 长度

指定下一点或［闭合(C)/放弃(U)］: 60 /向右移动鼠标，拉出一条水平线，输入 *JK* 长度

指定下一点或［闭合(C)/放弃(U)］: 120 /向下移动鼠标，拉出一条铅垂线，输入 *KL* 长度

指定下一点或［闭合(C)/放弃(U)］: 60 // 向右移动鼠标，拉出一条水平线，输入 *LM* 长度

指定下一点或［闭合(C)/放弃(U)］: 120 // 向下移动鼠标，拉出一条铅垂线，输入 *MN* 长度

指定下一点或［闭合(C)/放弃(U)］: 60 // 向右移动鼠标，拉出一条水平线，输入 *NO* 长度

指定下一点或［闭合(C)/放弃(U)］: 120 // 向下移动鼠标，拉出一条铅垂线，输入 *OP* 长度

指定下一点或［闭合(C)/放弃(U)］: c //使图形闭合

【实例 1-2】 绘制如图 1-5 所示图样。

【解题思路】

①绘制外围正方形。

②绘制对角线。

③绘制四边中点与对角线的垂线。

④连接各垂足点。

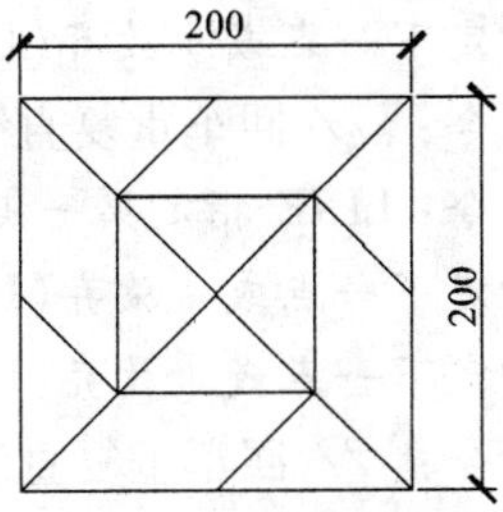

图 1-5 捕捉实例(一)

【操作步骤】

打开极轴和对象捕捉按钮，并设置端点、中点、垂足捕捉，单击直线按钮，命令行提示：

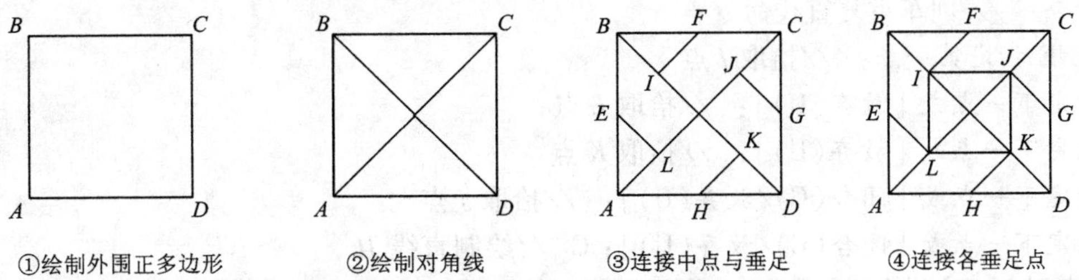

①绘制外围正多边形 ②绘制对角线 ③连接中点与垂足 ④连接各垂足点

图 1-6 捕捉实例(一)分步操作

命令: _line 指定第一点: // 在屏幕适当位置单击，拾取 *A* 点

指定下一点或［放弃(U)］: 200 // 向上移动鼠标，拉出一条铅垂追踪线，输入 *AB* 长度

指定下一点或［放弃(U)］：200 //向右移动鼠标，拉出一条水平追踪线，输入 *BC* 长度

指定下一点或［闭合(C)/放弃(U)］：200 // 向下移动鼠标，拉出一条铅垂追踪线，输入 *CD* 长度

指定下一点或［闭合(C)/放弃(U)］：c // 绘制 *DA*

命令：// 回车重复直线命令

命令：LINE 指定第一点：//拾取 *A* 点

指定下一点或［放弃(U)］：//拾取 *C* 点

指定下一点或［放弃(U)］：// 回车结束直线命令

命令：// 回车重复直线命令

命令：LINE 指定第一点：//拾取 *D* 点

指定下一点或［放弃(U)］：//拾取 *B* 点

指定下一点或［放弃(U)］：// 回车结束直线命令

命令：// 回车重复直线命令

LIN*E* 指定第一点：//拾取 E 点

指定下一点或［放弃(U)］：//拾取 *L* 点

指定下一点或［放弃(U)］：// 回车结束直线命令

命令：// 回车重复直线命令

命令：LINE 指定第一点：//拾取 *H* 点

指定下一点或［放弃(U)］：//拾取 *K* 点

指定下一点或［放弃(U)］：// 回车结束直线命令

命令：// 回车重复直线命令

命令：LINE 指定第一点：//拾取 *G* 点

指定下一点或［放弃(U)］：//拾取 *J* 点

指定下一点或［放弃(U)］：// 回车结束直线命令

命令：// 回车重复直线命令

命令：LINE 指定第一点：//拾取 *F* 点

指定下一点或［放弃(U)］：//拾取 *I* 点

指定下一点或［放弃(U)］：// 回车结束直线命令

命令：// 回车重复直线命令

LINE 指定第一点：//拾取 *I* 点

指定下一点或［放弃(U)］：//拾取 *L* 点

指定下一点或［放弃(U)］：//拾取 *K* 点

指定下一点或［闭合(C)/放弃(U)］：//拾取 *J* 点

指定下一点或［闭合(C)/放弃(U)］：C //绘制直线 *JI*

【实例 1-3】 绘制如图 1-7 所示图样。

【解题思路】

①绘制外围圆。

②连接各象限点。

③利用“相切、相切、相切”方式绘制中间小圆。

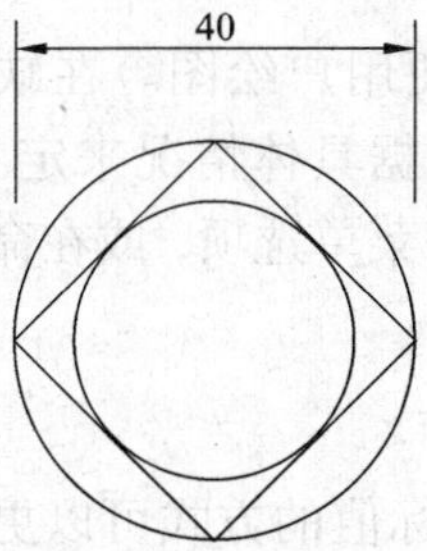

图 1－7 捕捉实例(二)

图 1－8 捕捉实例(二)分步操作

【操作步骤】

打开极轴和对象捕捉按钮，并设置端点、圆心、象限点捕捉。

①单击圆 按钮，命令行提示：

命令：_circle 指定圆的圆心或［三点(3P)/两点(2P)/切点、切点、半径(T)］：// 在屏幕适当位置单击，拾取圆心点

指定圆的半径或［直径(D)］：20

②单击直线 按钮，命令行提示：

命令：_line 指定第一点：// 拾取圆的左象限点

指定下一点或［放弃(U)］：// 拾取圆的下象限点

指定下一点或［放弃(U)］：// 拾取圆的右象限点

指定下一点或［闭合(C)/放弃(U)］：// 拾取圆的上象限点

指定下一点或［闭合(C)/放弃(U)］：c // 闭合

③执行菜单【绘图】→【圆】→【相切、相切、相切】命令，命令行提示：

命令：_circle 指定圆的圆心或［三点(3P)/两点(2P)/切点、切点、半径(T)］：_3p

指定圆上的第一个点：_tan 到 // 点击一条直线

指定圆上的第二个点：_tan 到 // 点击另一条直线

指定圆上的第三个点：_tan 到 // 点击第三条直线

1.1.2 点的坐标输入

一、世界坐标系统

世界坐标系统(WCS)是 CAD 绘制和编辑图形过程中的基本坐标系统，也是进入 CAD 的缺省坐标系统，它由三个正交于原点的坐标轴 *X*、*Y*、*Z* 组成。WCS 的坐标原点和坐标轴是固定的，不会随用户的操作而发生变化。世界坐标系统的坐标轴默认方向是 *X* 轴的正方向水平向右，*Y* 轴正方向垂直向上，*Z* 轴的正方向垂直于屏幕指向用户。坐标原点在绘图区的左下角，系统默认的 *Z* 坐标值为0，如果用户没有另外设定 *Z* 坐标值，所绘图形只能是 *XY* 平面的图形。

二、用户坐标系统

用户坐标系统(UCS)，UCS 是根据用户需要而变化的，以方便用户绘图。在缺省状态下，用户坐标系统与世界坐标系统重合，用户可以在绘图过程中根据具体情况来定义 UCS。要设置用户坐标系统，可选择“工具”→“命名 UCS”、“新建 UCS”等菜单选项，或在命令窗口输入命令“UCS”。

三、坐标输入方法

用鼠标可以直接定位坐标点，但不是很精确，采用键盘输入坐标值的方式可以更精确地定位点。在 CAD 绘图中经常使用绝对直角坐标、相对直角坐标，绝对极坐标和相对极坐标等方法来确定点的位置。

(1)绝对直角坐标。

绝对坐标是以原点为基点定位所有的点。绘图区内的任何一点均可用(x, y, z)表示，在二维图形中，$z=0$ 可省略。如用户可以在命令行中输入“100，200”(中间用逗号隔开)来定义点在 XY 平面上的位置。

(2)相对直角坐标。

相对坐标是把前一个输入点作为后一个输入点的参考点，它们的位移增量为 Δx，Δy，Δz。输入格式为：@ Δx，Δy，Δz，“@”字符表示输入一个相对坐标值。如“@ 100，200”是指该点相对于当前点沿 x 方向移动 100，沿 y 方向移动 200。

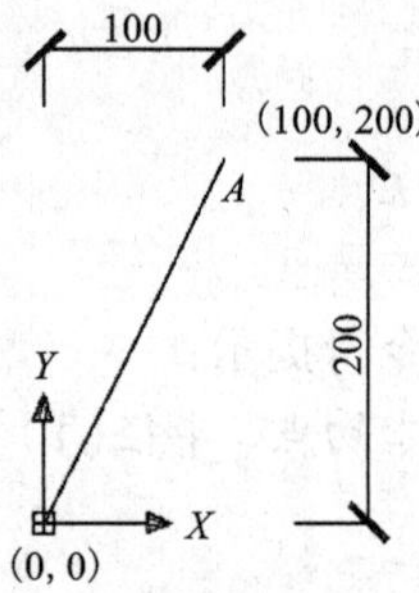

图 1－9　用绝对直角坐标绘制直线

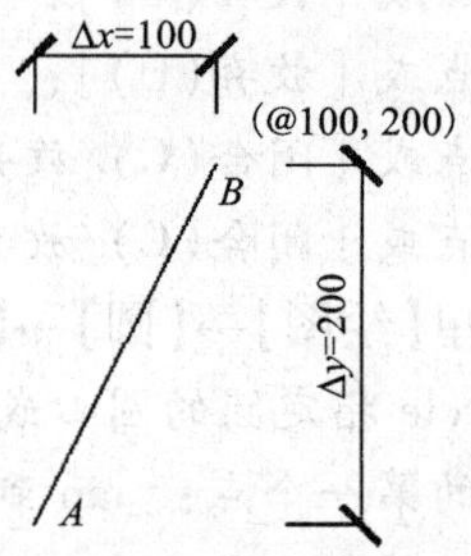

图 1－10　用相对直角坐标绘制直线

(3)绝对极坐标。

绝对极坐标是以原点为基点，用原点到输入点间距离值及该连线与 x 轴正向间的夹角，即极角来表示，其格式为：距离 < 角度。角度以 X 轴正向为度量基准，逆时针为正，顺时针为负。用户可输入一个长度距离，后再跟一个“ < ”，再加极角即可，例如输入“200 <45”，表示该点距原点的距离为 200，该点与原点的连线与 x 轴正向的夹角为 45°(逆时针)。

(4)相对极坐标。

相对极坐标是以上一个操作点为基点，其格式为：@ 距离 < 角度。如输入“@ 200 <45”，表示该点与上一点的距离为 200，输入点与上一点之间的连线与 x 轴正向之间的夹角为 45°。

在绘图过程中不是自始至终只使用一种坐标模式，而是可以将一种、两种或三种坐标模式混合在一起使用。作为一个 CAD 操作者应该选择最有效的坐标方式来绘图。

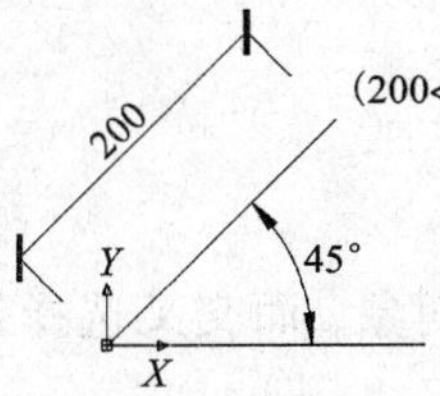

图 1－11 用绝对极坐标绘制直线

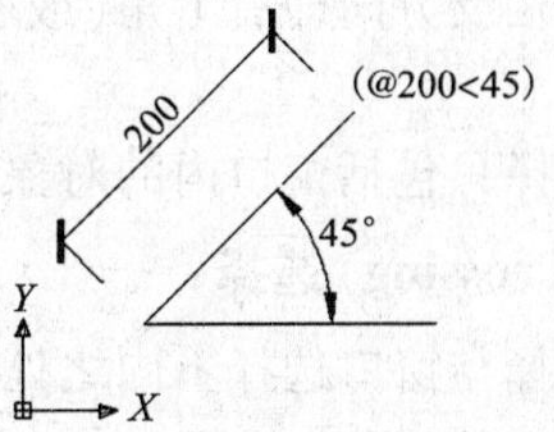

图 1－12 用相对极坐标绘制直线

【实例 1－4】 绘制如图 1－13 所示图样。

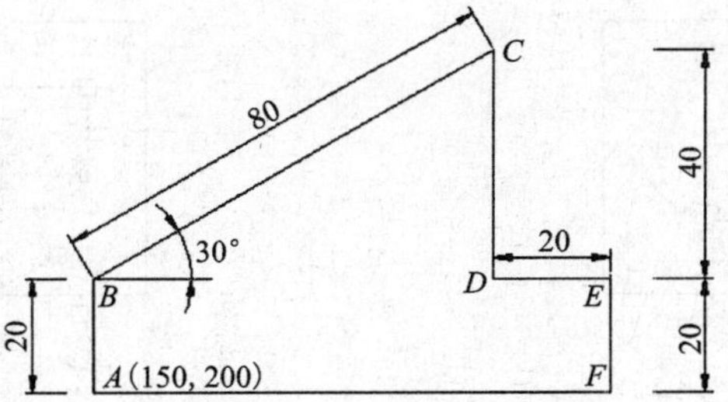

图 1－13 坐标输入实例

【操作步骤】

打开极轴和对象捕捉按钮，并设置端点捕捉

单击【绘图】工具栏中的直线按钮，命令行提示：

LINE 指定第一点：150，200 //输入 A 点的绝对坐标

指定下一点或［放弃(U)］：@0，20 //输入 B 点的相对直角坐标

指定下一点或［放弃(U)］：@80<30 //输入 C 点的相对极坐标

指定下一点或［闭合(C)/放弃(U)］：@0，－40 //输入 D 点的相对直角坐标

指定下一点或［闭合(C)/放弃(U)］：@20，0 //输入 E 点的相对直角坐标

指定下一点或［闭合(C)/放弃(U)］：@0，－20 //输入 F 点的相对直角坐标

指定下一点或［闭合(C)/放弃(U)］：c //使图形闭合

1.1.3 目标选择

在绘图过程中，经常要选择对象，如移动、复制或删除某个图样，在执行命令后都要选择要编辑的对象，这里介绍五种常用的方法。

一、单选(Single)对象

AutoCAD 在需要选择对象时，鼠标的光标就变成一个小方框，这个小方框叫拾取框，移动拾取框到要选择的对象上，然后单击左键，选中的对象变成虚线状态，表示该对象被选中。

二、窗口(Window)选择

如果选择的对象较多而又比较集中时，可以采用窗口选择的方法。

窗口选择的具体方法是：将鼠标移至被选择对象的左上角(或左下角)，单击鼠标左键，

并将鼠标向相反方向即右下角(或右上角)移动，出现虚线框，移动到恰当的位置，单击鼠标左键。

窗口选择只包括窗口内的对象，如图 1－14 所示。

三、交叉(Crossing)选择

交叉选择与窗口选择不同之处是窗口选择只包括窗口内的对象，而交叉选择包括窗口内及与窗口相交的对象，如图 1－15 所示。

交叉选择的具体方法是：将鼠标移至被选择对象的右下角(或右上方)，单击鼠标左键，并将鼠标向相反方向即左上方(或左下角)移动，出现虚线框，移动到恰当的位置，单击鼠标左键。

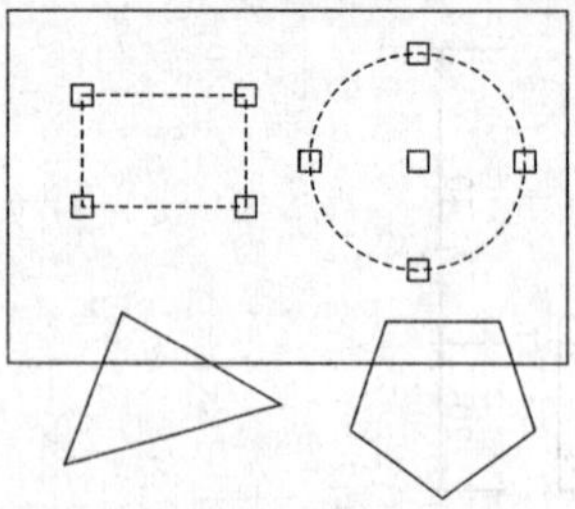

图 1－14　窗口选择

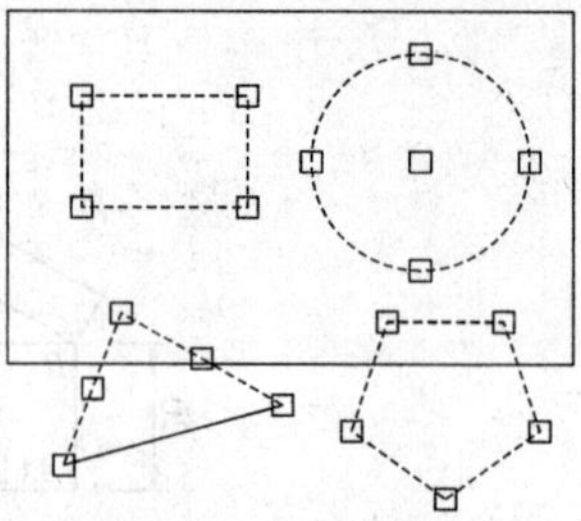

图 1－15　交叉选择

四、全选(All)对象

如果需要选择所有的对象，可在命令窗口“选择对象：”提示后输入“All”并回车，所有的对象变成虚线表明全部被选中。

五、消除(Remove)选择

该命令从已选中对象中去掉某些误选对象。如果要选择的对象密而多，但中间只有一两个对象不需要选择，那就可以先全选择，然后再在命令窗口“选择对象：”提示后输入“Re”并回车，将误选的再单选变成实心线。

1.2　基本图形绘制

1.2.1　绘制直线图形

一、直线命令

在绘制图形的过程中，直线是使用最多的而且应用最广泛的图形元素。直线可以是一条线段，也可以是一系列相连的线段，但每条线段都是独立的对象。

(1)执行方式。

- 键盘命令：LINE(快捷键 L)。
- 工具栏按钮：【绘图】工具栏上的 按钮。
- 菜单命令：【绘图】→【直线】。

(2)参数说明。

放弃(U)：退出命令。

闭合(C)：使所绘制的几条线段形成闭合图形。

二、矩形命令

矩形命令可创建矩形形状的闭合多段线，可以绘制一般矩形或具有一定倒角、圆角和宽度的矩形，除此之外，还可以用于绘制具有一定标高和一定厚度的矩形。

(1)执行方式。

- 键盘命令：RECTANG(快捷键 REC)。
- 工具栏按钮：【绘图】工具栏上 的按钮。
- 菜单命令：【绘图】→【矩形】。

(2)参数说明。

倒角(C)：设置矩形的倒角距离，从而形成矩形四角为倒角的矩形。

标高(E)：确定矩形所在的平面高度。缺省情况下，矩形是在 *XY* 平面(*Z* 坐标值为0)。

圆角(F)：设置矩形的圆角半径，从而形成矩形四角为圆角的矩形。

厚度(T)：设置矩形的厚度，即三维 *Z* 轴方向的高度。

宽度(W)：设置矩形的多段线宽度。

【实例 1-5】 绘制如图 1-16 所示两矩形，(a)图为 50×80 的普通矩形，(b)图中的为线宽为 10、四角圆角半径为 5 的 50×80 矩形。

【操作步骤】

①执行【矩形/rec】命令绘制(a)普通矩形，命令行提示：

命令：_rectang //启用矩形命令

指定第一个角点或［倒角(C)/标高(E)/圆角(F)/厚度(T)/宽度(W)］：//在绘图区单击一点作为矩形的第一个角点

指定另一个角点或［面积(A)/尺寸(D)/旋转(R)］：d //激活尺寸选项

指定矩形的长度 <0.0000>：50 //输入矩形长度尺寸

指定矩形的宽度 <0.0000>：80 //输入矩形宽度尺寸

指定另一个角点或［面积(A)/尺寸(D)/旋转(R)］：//在屏幕上某一侧单击，输入对角点的方位

②执行【矩形/rec】命令绘制(b)图有线宽圆角的矩形，命令行提示：

命令：_rectang //启用矩形命令

指定第一个角点或［倒角(C)/标高(E)/圆角(F)/厚度(T)/宽度(W)］：w //激活宽度选项

指定矩形的线宽 <0.0000>：10 //将宽度设为 10

指定第一个角点或［倒角(C)/标高(E)/圆角(F)/厚度(T)/宽度(W)］：f //激活圆角选项

指定矩形的圆角半径 <0.0000>：5 //将圆角半径设为 5

指定第一个角点或［倒角(C)/标高(E)/圆角(F)/厚度(T)/宽度(W)］：//在绘图区单击一点作为矩形的第一个角点

指定另一个角点或［面积(A)/尺寸(D)/旋转(R)］：@50，80 //输入另一角点的相对直角坐标

绘出的图形如图1－16所示。

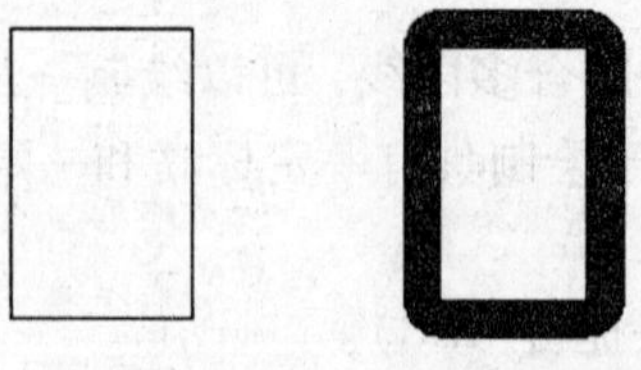

图1－16　50×80的矩形

三、多段线命令

多段线是由一条或多条等宽或不等宽的直线段和弧线连接而成的一种特殊的折线，无论绘制的多段线中含有多少条直线和圆弧，AutoCAD都把它们作为一个单独的对象，可同时进行编辑。

(1)执行方式。

- 键盘命令：PLINE(快捷键PL)。
- 工具栏按钮：【绘图】工具栏上 的按钮。
- 菜单命令：【绘图】→【多段线】。

(2)参数说明。

圆弧(A)：进入画圆弧模式。

半宽(H)：指定从多段线线段的中心到其一边的宽度。

长度(L)：定义下一多段线的长度。

放弃(U)：取消最后绘制的一段线。

宽度(W)：用来给多段线设定一个或多个宽度。

【实例1－6】　绘制如图1－17所示的箭头。

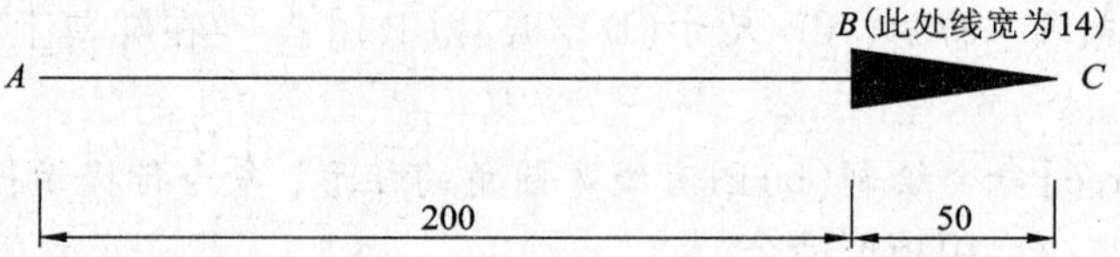

图1－17　绘制箭头

【操作步骤】

打开极轴和对象捕捉按钮，并设置端点捕捉，执行【多段线/pl】命令，命令行提示：

命令：_pline

指定起点：//在绘图区单击一点作为A点

当前线宽为0.0000

指定下一个点或［圆弧(A)/半宽(H)/长度(L)/放弃(U)/宽度(W)］：200 // 向右移

动鼠标，拉出一条水平追踪线，输入 *AB* 长度 200

指定下一个点或［圆弧(A)/闭合(C)/半宽(H)/长度(L)/放弃(U)/宽度(W)］：w // 设置宽度选项

指定起点宽度 <0.0000>：14 // 将 *B* 处线宽设为 14

指定端点宽度 <14.0000>：0 // 将 *C* 处线宽设为 0

指定下一个点或［圆弧(A)/闭合(C)/半宽(H)/长度(L)/放弃(U)/宽度(W)］：50 // 向右移动鼠标，拉出一条水平追踪线，输入 *BC* 长度

指定下一个点或［圆弧(A)/闭合(C)/半宽(H)/长度(L)/放弃(U)/宽度(W)］： // 回车结束命令

【实例 1-7】 绘制如图 1-18 所示的钢筋。

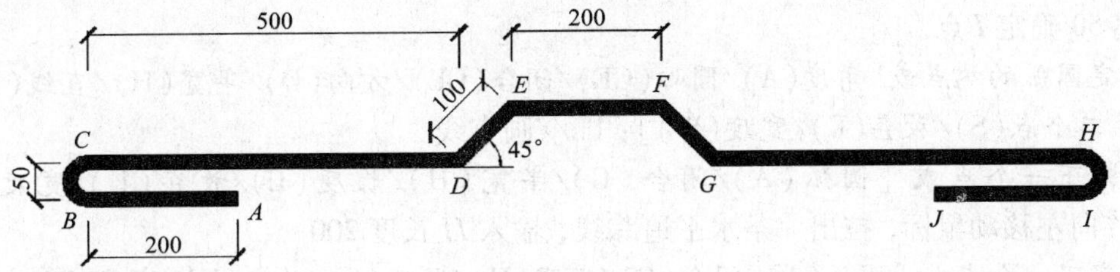

图 1-18 绘制钢筋

【操作步骤】

打开极轴和对象捕捉按钮，并设置端点捕捉，执行【多段线/pl】命令，命令行提示：

命令：_pline

指定起点： //在绘图区单击一点作为 A 点

当前线宽为 0.0000

指定下一个点或［圆弧(A)/半宽(H)/长度(L)/放弃(U)/宽度(W)］：w //改宽度

指定起点宽度 <0.0000>：20 // 将起点线宽设为 20

指定端点宽度 <20.0000>： // 回车，端点线宽设为 20

指定下一个点或［圆弧(A)/半宽(H)/长度(L)/放弃(U)/宽度(W)］：200 // 向左移动鼠标，拉出一条水平追踪线，输入 AB 长度 200

指定下一个点或［圆弧(A)/闭合(C)/半宽(H)/长度(L)/放弃(U)/宽度(W)］：a // 画圆弧

指定圆弧的端点或［角度(A)/圆心(CE)/闭合(CL)/方向(D)/半宽(H)/直线(L)/半径(R)/第二个点(S)/放弃(U)/宽度(W)］：50 // 向上移动鼠标，拉出一条铅垂追踪线，输入 BC 距离 50

指定圆弧的端点或［角度(A)/圆心(CE)/闭合(CL)/方向(D)/半宽(H)/直线(L)/半径(R)/第二个点(S)/放弃(U)/宽度(W)］：l // 画直线

指定下一个点或［圆弧(A)/闭合(C)/半宽(H)/长度(L)/放弃(U)/宽度(W)］：500 // 向右移动鼠标，拉出一条水平追踪线，输入 CD 长度 500

指定下一个点或［圆弧(A)/闭合(C)/半宽(H)/长度(L)/放弃(U)/宽度(W)］：@100

<45 // 输入*E*点的相对极坐标

指定下一个点或［圆弧(A)/闭合(C)/半宽(H)/长度(L)/放弃(U)/宽度(W)］：200 // 向右移动鼠标，拉出一条水平追踪线，输入*EF*长度200

指定下一个点或［圆弧(A)/闭合(C)/半宽(H)/长度(L)/放弃(U)/宽度(W)］：@100 < -45 // 输入*G*点的相对极坐标

指定下一个点或［圆弧(A)/闭合(C)/半宽(H)/长度(L)/放弃(U)/宽度(W)］：500 // 向右移动鼠标，拉出一条水平追踪线，输入*GH*长度500

指定下一个点或［圆弧(A)/闭合(C)/半宽(H)/长度(L)/放弃(U)/宽度(W)］：a // 画圆弧

指定圆弧的端点或［角度(A)/圆心(CE)/闭合(CL)/方向(D)/半宽(H)/直线(L)/半径(R)/第二个点(S)/放弃(U)/宽度(W)］：50 // 向下移动鼠标，拉出一条铅垂追踪线，输入*HI*距离50确定*I*点

指定圆弧的端点或［角度(A)/圆心(CE)/闭合(CL)/方向(D)/半宽(H)/直线(L)/半径(R)/第二个点(S)/放弃(U)/宽度(W)］：l //画直线

指定下一个点或［圆弧(A)/闭合(C)/半宽(H)/长度(L)/放弃(U)/宽度(W)］：200 // 向左移动鼠标，拉出一条水平追踪线，输入*IJ*长度200

指定下一个点或［圆弧(A)/闭合(C)/半宽(H)/长度(L)/放弃(U)/宽度(W)］：// 回车结束命令

四、正多边形命令

(1)执行方式。

- 键盘命令：POLYGON(快捷键POL)。
- 工具栏按钮：【绘图】工具栏上的 按钮。
- 菜单命令：【绘图】→【多边形】。

(2)参数说明。

输入侧面数：正多边形的边数。

边(E)：指定边长画正多边形。

内接于圆(I)：绘制圆内接多边形。

外切于圆(C)：绘制圆外切多边形。

【实例1-8】 绘制如图1-19所示的半径为150的圆的内接正六边形。

图1-19 正六边形

【操作步骤】

执行【正多边形/pol】命令，命令行提示：

命令：POLYGON 输入侧面数 <4>：6 //正六多边形

指定正多边形的中心点或［边(E)］：//在绘图区单击一点作为正多边形的中心点

输入选项［内接于圆(I)/外切于圆(C)］<I>：//直接回车，采用系统默认的“内接于圆”选项

指定圆的半径：150 // 输入圆的半径值150

【实例 1－9】 绘制如图 1－20 所示的边长为 100 的正五边形。

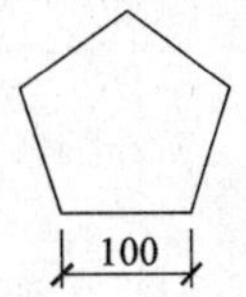

图 1－20 正五边形

【操作步骤】

执行【正多边形/pol】命令，命令行提示：

命令：POLYGON 输入侧面数 <4>：5 //正五多边形

指定正多边形的中心点或［边(E)］：e //边长选项

指定边的第一个：//在绘图区单击一点作为边的第一个端点

指定边的第二个端点：100// 向右移动鼠标，拉出一条水平追踪线，输入长度 100

五、多线命令

多线是由两条或两条以上的平行线组成的复合线。在建筑设计中常用于绘制墙线、窗线、阳台等。这些平行线所含的直线的数量、线型、颜色、平行线间的间距等元素特性要用多线样式命令进行设置。

1. 设置多线样式

多线样式命令用于设置多条平行线的样式，使用该命令不仅可以设置多线的元素特性，还可以设置多线的连接、封口和填充特性。

执行方式：

- 键盘命令：MLSTYLE。
- 菜单命令：【格式】→【多线样式】。

执行该命令后，系统弹出“多线样式”对话框，如图 1－21 所示。

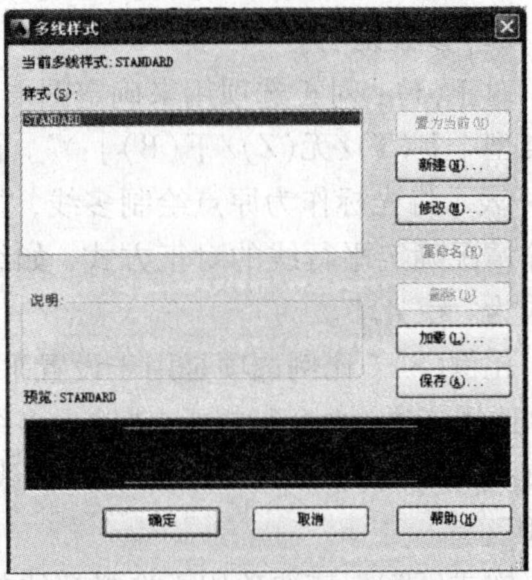

图 1－21 多线样式对话框

在图 1－21 中单击“新建”将弹出如图 1－22 的“创建新的多线样式”对话框，在此对话框中输入新样式名称，同时还可以指定基础样式，再单击“继续”按钮将转入“新建多线样式对话框”，如图 1－23 所示。

图 1－22 创建新的多线样式对话框

在如图 1－23 所示的“新建多线样式”对话框中：单击“添加”按钮可添加一条直线；选定一条直线，再单击“删除”按钮可删除这条直线；选定一条直线，再在“偏移”文本框中输入数值，可确定这条直线的位置；勾选封口的复选框，可确定多线两端是否封口及封口的线型；同时还可以确定多线线型和颜色，是否填充及填充色。单击确定回到如图 1－21 所示多线样式设置对话框。

在如图 1－21 所示多线样式设置对话框中还可对已经设置好的多线样式进行修改、删除、置为当前等操作。最后单击“确定”结束多线样式的设置。

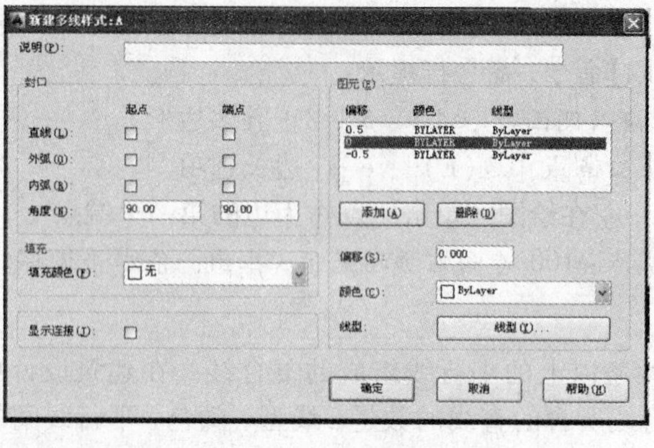

图 1－23　新建多线样式对话框

2. 多线的绘制

(1)执行方式。

- 键盘命令：MLINE(快捷键 ML)。
- 菜单命令：【绘图】→【多线】。

(2)参数说明。

对正(J)：对正选项用来确定图形中十字光标的位置。选择该项，命令行提示：“输入对正类型［上(T)/无(Z)/下(B)］：”。说明有 3 种对正类型。“上”表示在光标下方绘制多线，“无”表示将光标作为原点绘制多线，“下”表示在光标上方绘制多线。在实际使用中，要根据具体情况确定平行线的对正方式，如绘制墙体时，一般轴线在墙体的中心，因此，设置对正方式为“无(Z)”。

比例(S)：比例选项是用于设置平行线的宽度比例，即平行线最外面两条直线的距离比例，选择该项，命令行提示：“输入多线比例 ＜当前值＞：”，系统默认的平行线样式，其两条直线的距离为“1”，因此，用“多线”命令绘制厚度为 240 的墙体时，必须把比例设为“240”。

样式(ST)：该选项用于选择多线的样式。系统默认的样式是“标准(Standard)”，其他样式则需用户设计后再加载。

3. 多线编辑

多线的编辑是使用“多线编辑工具”对话框中的各项功能进行的。在“多线编辑工具”对话框中，可以控制和编辑多线的交叉点，也可以断开和增加顶点等。

执行方式：

- 键盘命令：MLEDIT。
- 菜单命令：【修改】→【对象】→【多线】。
- 双击所要编辑的多线。

激活“多线编辑”命令后，弹出“多线编辑工具”对话框，如图 1－24 所示。可根据需要选择一项功能进行多线编辑。

【提示】在处理十字闭合和 T 形合并的多线时，应当注意选择多线时的顺序，如果选择顺序不当，可能得不到预想的结果。

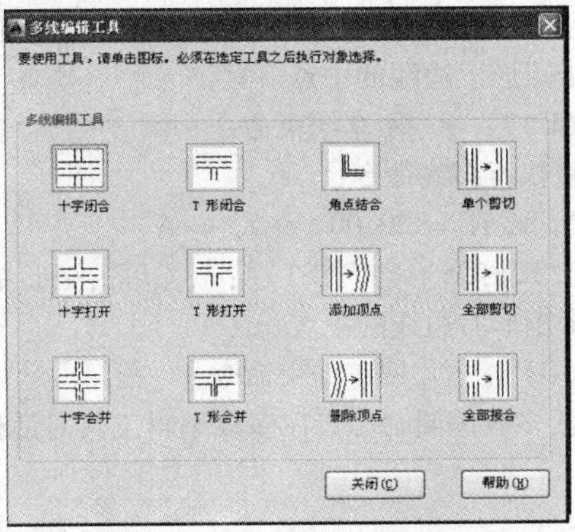

图 1－24　“多线编辑工具”对话框

【实例 1－10】　绘制一个 100×80 的矩形，在矩形中心绘两条相交多线，多线类型为三线，且多线的每两元素间的间距为 10，两相交多线在中间断开。完成后的图形参见图 1－25。

【解题思路】

①绘制外围矩形；

②设置三线样式，绘制相互垂直的两条多线；

③编辑多线使两相交多线在中间断开。

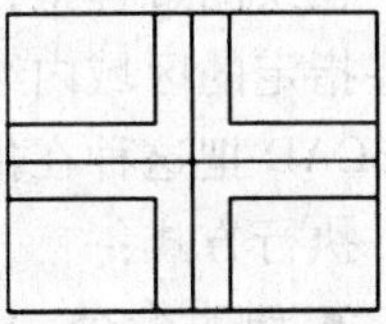

图 1－25　多线实例

【操作步骤】

打开极轴和对象捕捉按钮，并设置端点、中点捕捉。

①执行【矩形/rec】命令，命令行提示：

命令：_rectang

指定第一个角点或［倒角(C)/标高(E)/圆角(F)/厚度(T)/宽度(W)］：// 在绘图区单击一点作为矩形的左下角点

指定另一个角点或［面积(A)/尺寸(D)/旋转(R)］：@100，80　// 输入矩形右上角点的相对直角坐标

②执行菜单【格式】→【多线样式】命令，命令行提示：

命令：_mlstyle　//启用设置多线样式命令，设新样式名为 A，在如图 1－23 的“新建多线样式”对话框中：单击“添加”按钮添加一条直线后确定

③执行【多线/ml】命令，命令行提示：

命令：_mline

当前设置：对正 ＝ 上，比例 ＝ 240.00，样式 ＝ A

指定起点或［对正(J)/比例(S)/样式(ST)］：j　//设置对正方式

输入对正类型［上(T)/无(Z)/下(B)］＜上＞：z　// 设置对正类型为无

当前设置：对正 ＝ 无，比例 ＝ 240.00，样式 ＝ A

指定起点或［对正(J)/比例(S)/样式(ST)］：s　//设置比例

输入多线比例　＜240.00＞：20　// 设置多线比例为 20

当前设置：对正 ＝ 无，比例 ＝ 20.00，样式 ＝ A

指定起点或［对正(J)/比例(S)/样式(ST)］：// 单击矩形上边线的中点

指定下一点：// 单击矩形下边线的中点

指定下一点或［放弃(U)］：// 回车结束命令

命令：MLINE // 重复执行多线命令

当前设置：对正 = 无，比例 = 20.00，样式 = A

指定起点或［对正(J)/比例(S)/样式(ST)］：// 单击矩形左边线的中点

指定下一点：// 单击矩形右边线的中点

指定下一点或［放弃(U)］：// 回车结束命令

④双击任一多线，激活多线编辑命令，在多线编辑工具对话框中选择“十字合并”工具，命令行提示：

命令：_. mledit

选择第一条多线：// 单击水平多线

选择第二条多线：// 单击竖直多线

【试一试】设置当前多线为三线每两线间距为1.5，多线名为3LINE。

六、图案填充

在绘图过程中，用户为了标识某一区域的意义或用途，增加图形的可读性，常常需要在某些指定的区域内绘制一些图案，如表现结构的断面情况、建筑表面的装饰纹理和颜色等。AutoCAD 把这种在指定区域内绘制图案的操作叫做图案填充。

执行方式：

- 键盘命令：bhatch（快捷键 bh）。
- 工具栏按钮：【绘图】工具栏上的 ▩ 按钮。
- 菜单命令：【绘图】→【图案填充】。

【实例1－11】 对图1－26所示的平房立面图进行填充，填充后的效果如图1－30所示。

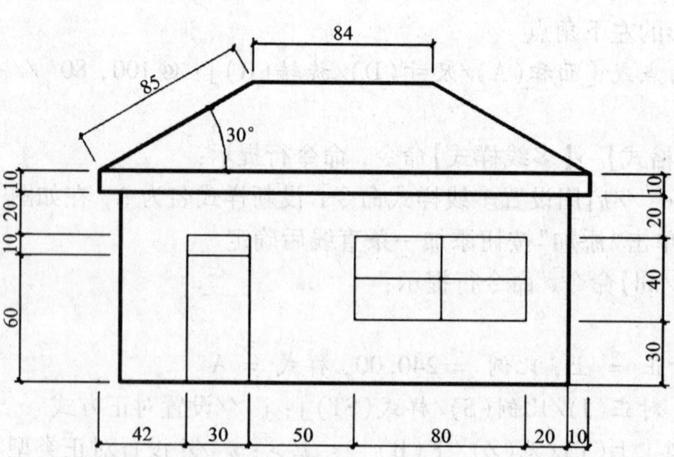

图1－26 平房立面图

【操作步骤】

①在绘图区中绘制好平房立面图。

②单击“图案填充”按钮，在弹出的如图 1－27 所示对话框中选取图案与比例，单击“拾取点”或“选择对象”按钮指定砖的填充区域，完成后如图 1－28 所示。

③按图 1－29 选取图案、角度与比例，填充屋顶，结果如图 1－30 所示。

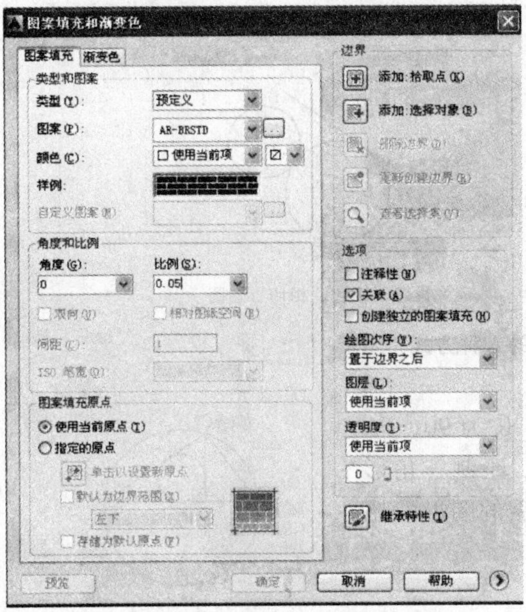

图 1－27　图案填充对话框一

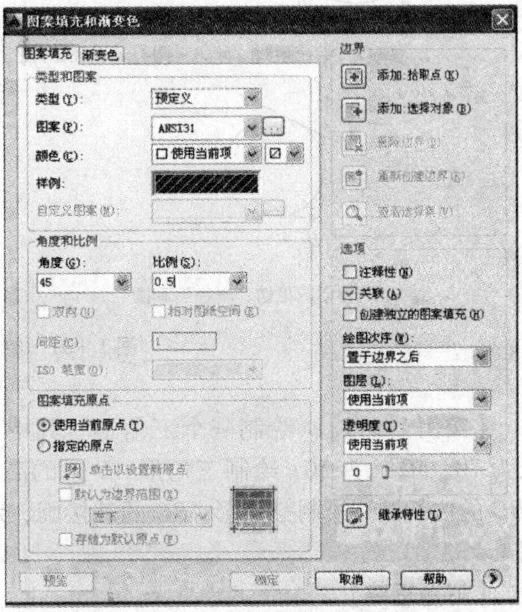

图 1－29　图案填充对话框二

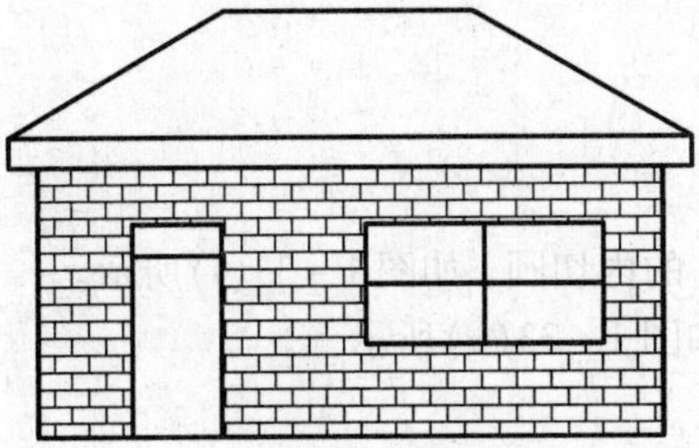

图 1－28　填充砖墙

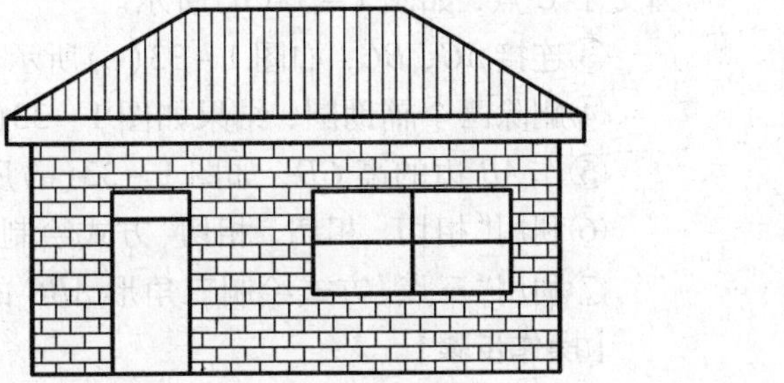

图 1－30　图案填充结果

1.2.2　绘制曲线图形

一、圆命令

执行方式：

- 键盘命令：CIRCLE（快捷键 C）。
- 工具栏按钮：【绘图】工具栏上的按钮。
- 菜单命令：【绘图】→【圆】。

AutoCAD 提供了 6 种绘制圆的方式，如图 1－31 所示。

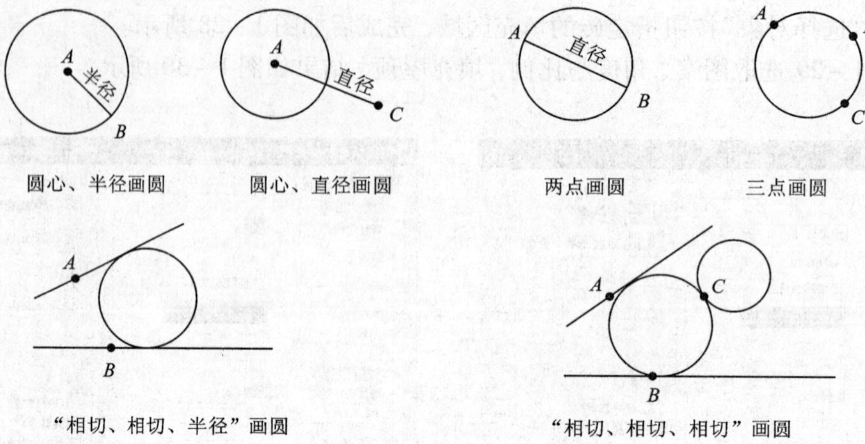

图1－31　绘制圆的六种方式

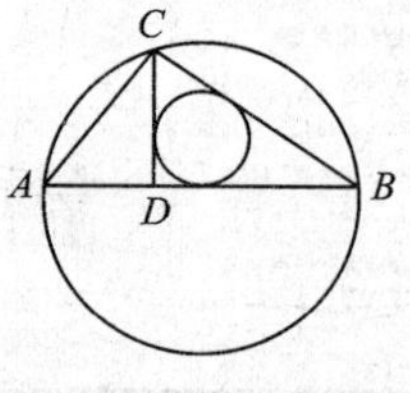

图1－32　圆实例

【实例1－12】　绘制一个三角形。其中：*AB*长为90，*BC*长为70，*AC*长为50；绘制三角形*AB*边的高*CD*。绘制三角形*DBC*的内切圆，绘制三角形*ABC*的外接圆，完成后的图形参见图1－32。

【解题思路】

①绘制直线*AB*，如图1－33(a)所示。

②以*A*为圆心，以*AC*长50为半径画圆，以*B*为圆心，以*BC*长70为半径再画一圆，两圆交于*C*点，如图1－33(b)所示。

③连接*AC*、*BC*，如图1－33(c)所示

④删除两个辅助圆，结果如图1－33(d)所示。

⑤作*AB*边的高*CD*，如图1－33(e)所示。

⑥利用“相切、相切、相切”方式绘制三角形*DBC*的内切圆，如图1－33(f)所示。

⑦利用“三点”方式绘制三角形*ABC*的外接圆，如图1－33(g)所示。

【操作步骤】

打开极轴和对象捕捉按钮，并设置端点、圆心、交点、垂足捕捉。

①执行【直线/L】命令，命令行提示：

命令：_line 指定第一点：// 在绘图区单击一点作为*A*点

指定下一点或［放弃(U)］：90 // 向右移动鼠标，拉出一条水平追踪线，输入*AB*长度

指定下一点或［放弃(U)］：// 回车结束命令

②执行【圆/C】命令，命令行提示：

命令：_circle 指定圆的圆心或［三点(3P)/两点(2P)/切点、切点、半径(T)］：// 单击*A*点

指定圆的半径或［直径(D)］：50 // 圆的半径为*AC*长50

命令：// 回车重复命令

CIRCLE 指定圆的圆心或［三点(3P)/两点(2P)/切点、切点、半径(T)］：// 单击*B*点

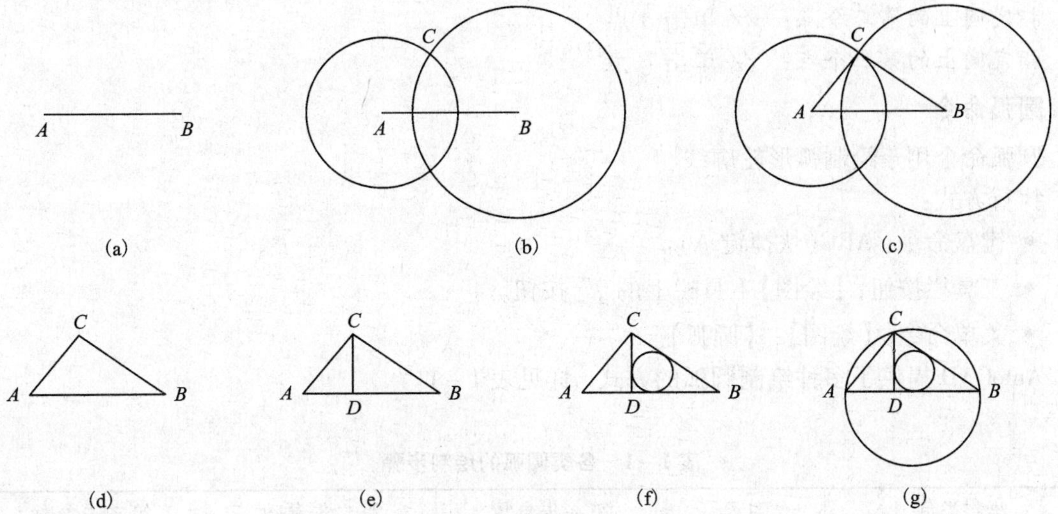

图 1-33 圆实例分步操作

指定圆的半径或［直径(D)］<50.0000>：70 // 圆的半径为 *BC* 长 70

③执行【直线】命令，命令行提示：

命令：_line 指定第一点： // 单击 *A* 点

指定下一点或［放弃(U)］： // 单击 *C* 点

指定下一点或［放弃(U)］： // 单击 *B* 点

指定下一点或［闭合(C)/放弃(U)］： // 回车结束命令

④用【删除/E】命令，命令行提示：

命令：_erase

选择对象：找到 1 个

选择对象：找到 1 个，总计 2 个 // 选择两个圆

选择对象： // 回车结束选择

⑤执行【直线/L】命令，命令行提示：

命令：_line 指定第一点： // 单击 *C* 点

指定下一点或［放弃(U)］： // 单击 *D* 点

指定下一点或［放弃(U)］： //回车结束命令

⑥执行菜单【绘图】→【圆】→【相切、相切、相切】命令，命令行提示：

命令：_circle 指定圆的圆心或［三点(3P)/两点(2P)/切点、切点、半径(T)］：_3p

指定圆上的第一个点：_tan 到 // 点击直线 *CD*

指定圆上的第二个点：_tan 到 // 点击 *BD*

指定圆上的第三个点：_tan 到 // 点击 *BC*

命令： // 回车重复命令

CIRCLE 指定圆的圆心或［三点(3P)/两点(2P)/切点、切点、半径(T)］：3p // 选三点画圆方式

指定圆上的第一个点：// 单击 C 点

指定圆上的第二个点：// 单击 A 点

指定圆上的第三个点：// 单击 B 点

二、圆弧命令

圆弧命令用于绘制弧形轮廓线。

执行方式：

- 键盘命令：ARC(快捷键 A)。
- 工具栏按钮：【绘图】工具栏上的  按钮。
- 菜单命令：【绘图】→【圆弧】。

AutoCAD 提供了多种绘制圆弧的方式，详见表 1-1。

表 1-1　各类圆弧的绘制步骤

绘制类型	图示	第一步参数	第二步参数	第三步参数
三点		起点	第二点	端点
起点、圆心、端点		起点	C　圆心	端点
起点、圆心、角度		起点	C　圆心	A　角度
起点、圆心、长度		起点	C　圆心	L　长度
起点、端点、角度		起点	E　端点	A　角度
起点、端点、方向		起点	E　端点	D　方向
起点、端点、半径		起点	E　端点	R　半径
圆心、起点、端点		C　圆心	起点	端点
圆心、起点、角度		C　圆心	起点	A　角度
圆心、起点、长度		C　圆心	起点	L　长度

【实例 1-13】　绘制图形中左边的直线与圆弧，再绘制图形中右边的半径为 30 的圆弧，完成后的图形参见图 1-34。

【解题思路】

①绘制直线 AB，CD。

②利用“起点、端点、方向”方式画左边的圆弧。

③利用“起点、端点、半径”方式画右边的圆弧。

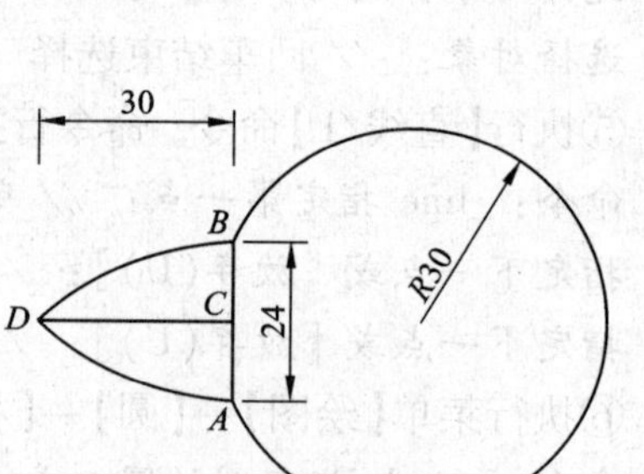

图 1-34　圆弧实例

【操作步骤】

打开极轴和对象捕捉按钮，并设置端点、中点、圆心捕捉。

①执行【直线/L】命令，命令行提示：

LINE 指定第一点：// 在绘图区单击一点作为 A 点

指定下一点或［放弃(U)］：24 // 向上移动鼠标，拉出一条铅垂追踪线，输入 AB 距

离 24

指定下一点或［放弃(U)］：// 按回车结束直线命令

命令：// 按回车重复直线命令

LINE 指定第一点：// 单击 *AB* 中点 *C*

指定下一点或［放弃(U)］：30 // 向左移动鼠标，拉出一条水平追踪线，输入 *CD* 距离 30

指定下一点或［放弃(U)］：// 按回车结束直线命令

②执行菜单【绘图】→【圆弧】→【起点、端点、方向】命令，命令行提示：

命令：_arc 指定圆弧的起点或［圆心(C)］：// 单击 *B* 点作为圆弧的起点

指定圆弧的第二个点或［圆心(C)/端点(E)］：_e

指定圆弧的端点：// 单击 *D* 点作为圆弧的端点

指定圆弧的圆心或［角度(A)/方向(D)/半径(R)］：_d 指定圆弧的起点切向：//移动鼠标拉出一条 180 度的极轴追踪线后单击以确定圆弧在 *B* 点的切向方向

命令：_arc 指定圆弧的起点或［圆心(C)］：// 单击 *A* 点作为圆弧的起点

指定圆弧的第二个点或［圆心(C)/端点(E)］：_e

指定圆弧的端点：// 单击 *D* 点作为圆弧的端点

指定圆弧的圆心或［角度(A)/方向(D)/半径(R)］：_d 指定圆弧的起点切向：// 移动鼠标拉出一条 180 度的极轴追踪线后单击以确定圆弧在 *A* 点的切向方向

③执行菜单【绘图】→【圆弧】→【起点、端点、半径】命令，命令行提示：

命令：_arc 指定圆弧的起点或［圆心(C)］：// 单击 *A* 点作为圆弧的起点

指定圆弧的第二个点或［圆心(C)/端点(E)］：_e

指定圆弧的端点：// 单击 *B* 点作为圆弧的端点

指定圆弧的圆心或［角度(A)/方向(D)/半径(R)］：_r 指定圆弧的半径：-30 // 输入右边圆弧的半径 -30

【提示】在给出半径条件下（逆时针画弧），半径为正值时，得到起点与终点间的小圆弧；半径为负值时，得到起点与终点间的大圆弧。

三、样条曲线命令

样条曲线是通过指定数据点（控制点）拟合生成的光滑曲线。样条曲线命令用于绘制形状不规则的曲线，如地形图。

(1)执行方式。

- 键盘命令：SPLINE（快捷键 SPL）。
- 工具栏按钮：【绘图】工具栏上的 按钮。
- 菜单命令：【绘图】→【样条曲线】。

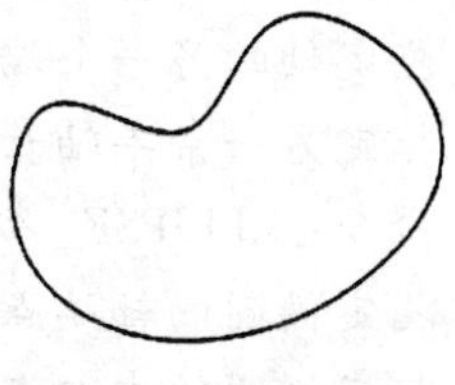

图 1-35　样条曲线

发出绘制样条曲线命令后执行过程如下：

命令：_spline

当前设置：方式 = 拟合　节点 = 弦

指定第一个点或［方式(M)/节点(K)/对象(O)］：

输入下一个点或［起点切向(T)/公差(L)］：

输入下一个点或［端点相切(T)/公差(L)/放弃(U)］: l

指定拟合公差<0.0000>: 2

输入下一个点或［端点相切(T)/公差(L)/放弃(U)］:

输入下一个点或［端点相切(T)/公差(L)/放弃(U)/闭合(C)］:

输入下一个点或［端点相切(T)/公差(L)/放弃(U)/闭合(C)］:

输入下一个点或［端点相切(T)/公差(L)/放弃(U)/闭合(C)］:

输入下一个点或［端点相切(T)/公差(L)/放弃(U)/闭合(C)］: C

(2)参数说明。

对象(O): 将选定的多段线变为样条曲线。

闭合(C): 此选项用于绘制闭合的样条曲线。

公差(L): 此选项用于控制样条曲线对数据点的接近程度。

起点切向: 指定样条曲线起点处的切线方向。

端点切向: 指定样条曲线端点处的切线方向。

四、椭圆命令

椭圆命令用于绘制椭圆或椭圆弧。

(1)执行方式。

- 键盘命令: ELLIPSE(快捷键 EL)。
- 工具栏按钮:【绘图】工具栏上的 按钮。
- 菜单命令:【绘图】→【椭圆】。

(2)参数说明。

旋转(R): 通过绕第一条轴旋转圆来创建椭圆。

圆弧(A): 创建一段椭圆弧。

中心点(C): 用指定的中心点创建椭圆。

【实例 1-14】 绘制如图 1-36 所示的椭圆。

【操作步骤】

打开极轴和对象捕捉按钮, 并设置端点、圆心捕捉。

执行【椭圆/EL】命令, 命令行提示:

命令: _ellipse

指定椭圆的轴端点或［圆弧(A)/中心点(C)］: //在绘图区单击作为大椭圆的左侧轴端点

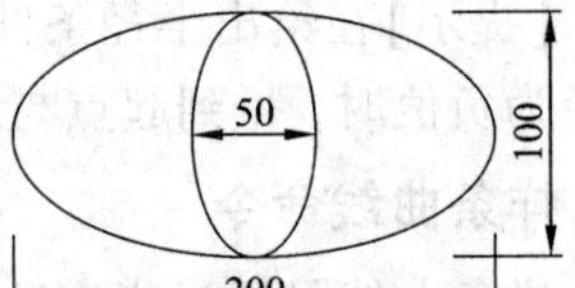

图 1-36 绘制椭圆

指定轴的另一个端点: @200, 0 //大椭圆右侧轴端点的相对坐标

指定另一条半轴长度或［旋转(R)］: 50 //输入大椭圆的短半轴长度 50

命令: ELLIPSE // 重复椭圆命令

指定椭圆的轴端点或［圆弧(A)/中心点(C)］: c // 以中心点方式画椭圆

指定椭圆的中心点: //单击大椭圆的中心点

指定轴的端点: // 单击大椭圆上面的象限点作为小椭圆的轴端点

指定另一条半轴长度或［旋转(R)］: 25 //输入小椭圆的短半轴长度 25

五、圆环命令

圆环命令用于绘制填充的圆环、有宽度的圆及实心圆。

执行方式：

- 键盘命令：DONUT(快捷键 DO)。
- 菜单命令：【绘图】→【圆环】。

【实例 1－15】 绘制一个宽度为 10，外圆直径为 100 的圆环。在圆中绘制箭头，箭头尾部宽为 10，箭头起始宽度(圆环中心处)为 20；箭头的头尾与圆环的四分点重合。绘制一个直径为 50 的同心圆，完成后的图形参见图 1－37。

【解题思路】

①绘制内径为 80，外径为 100 的圆环。

②利用多段线绘制箭头。

③绘制同心圆。

图 1－37　圆环多段线图形

【操作步骤】

打开极轴和对象捕捉按钮，并设置端点、圆心、象限点捕捉。

①执行【圆环/DO】命令，命令行：

命令：_donut

指定圆环的内径 <0.5000>：80 // 设置圆环内径为 80

指定圆环的外径 <1.0000>：100 // 设置圆环外径为 100

指定圆环的中心点或 <退出>： //在绘图区单击一点作为圆环的中心点

指定圆环的中心点或 <退出>： //回车结束命令

②执行【多段线/PL】命令，命令行：

命令：_pline

指定起点： // 单击圆环左象限点作为箭头的左端点

当前线宽为 0.0000

指定下一个点或 [圆弧(A)/半宽(H)/长度(L)/放弃(U)/宽度(W)]：w //设置线宽

指定起点宽度 <0.0000>：10 //起点宽度设为 10

指定端点宽度 <10.0000>： //回车多段线端点宽度设为 10

指定下一个点或 [圆弧(A)/半宽(H)/长度(L)/放弃(U)/宽度(W)]： // 单击圆环中心点

指定下一点或 [圆弧(A)/闭合(C)/半宽(H)/长度(L)/放弃(U)/宽度(W)]：w //重新设置线宽

指定起点宽度 <10.0000>：20 //箭头起始宽度(圆环中心处)为 20

指定端点宽度 <20.0000>：0 //箭头终点宽度设为 0

指定下一点或 [圆弧(A)/闭合(C)/半宽(H)/长度(L)/放弃(U)/宽度(W)]： // 单击圆环右象限点作为箭头的终点

指定下一点或 [圆弧(A)/闭合(C)/半宽(H)/长度(L)/放弃(U)/宽度(W)]： //回车结束命令

③执行【圆/C】命令，命令行提示：

命令：_circle 指定圆的圆心或 [三点(3P)/两点(2P)/切点、切点、半径(T)]： // 单击

圆环中心点作为圆心

指定圆的半径或［直径(D)］：25 //圆半径为25

1.3 图形的编辑与修改

1.3.1 移动、旋转与比例缩放

一、移动命令

当图形的位置不符合要求时，可通过移动命令，改变图形的位置。

执行方式：

- 键盘命令：MOVE(快捷键M)。
- 工具栏按钮：【修改】工具栏上的  按钮。
- 菜单命令：【修改】→【移动】。

【实例1-16】 绘制一个200×150的矩形。再绘制一个150×80的矩形，移动该矩形，要求此矩形的中心与大矩形的中心重合。完成后的图形参见图1-38。

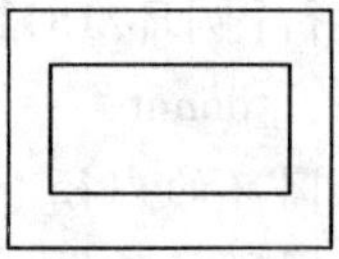

图1-38 中心重合的矩形

【解题思路】

①绘制大矩形及其对角线。

②绘制小矩形及其对角线。

③将小矩形以对角线中点为基点移到大矩形对角线中点处，删除多余的两对角线。

【操作步骤】

打开极轴和对象捕捉按钮，并设置端点、中点捕捉。

①执行【矩形/REC】命令，命令行提示如下：

命令：_rectang

指定第一个角点或［倒角(C)/标高(E)/圆角(F)/厚度(T)/宽度(W)］： //在绘图区单击一点作为大矩形的一个角点

指定另一个角点或［面积(A)/尺寸(D)/旋转(R)］：@200，150 //大矩形另一对角点相对坐标

②执行【直线/L】命令，命令行提示如下：

命令：_line 指定第一点： //单击大矩形的左上角点

指定下一点或［放弃(U)］： //单击大矩形的右下角点

指定下一点或［放弃(U)］： //回车结束命令

③执行【矩形/REC】命令，命令行提示如下：

命令：_rectang

指定第一个角点或［倒角(C)/标高(E)/圆角(F)/厚度(T)/宽度(W)］： //在绘图区单击一点作为小矩形的一个角点

指定另一个角点或［面积(A)/尺寸(D)/旋转(R)］：@150，80 //小矩形另一对角点相对坐标

④执行【直线/L】命令，命令行提示如下：

命令：_line 指定第一点：//单击小矩形的左下角点

指定下一点或［放弃(U)］：//单击小矩形的右上角点

指定下一点或［放弃(U)］：//回车结束命令

⑤执行【移动/M】命令，命令行提示如下：

命令：_move

选择对象：指定对角点：找到 2 个 // 选择小矩形及其对角线

选择对象： // 回车结束选择

指定基点或［位移(D)］ <位移>： // 单击小矩形对角线中点作为基点

指定第二个点或 <使用第一个点作为位移>： //单击大矩形对角线中点

⑥执行【删除/E】命令，命令行提示如下：

选择对象：找到 1 个 //单击大矩形对角线

选择对象：找到 1 个，总计 2 个 //单击小矩形对角线

选择对象： //回车结束选择

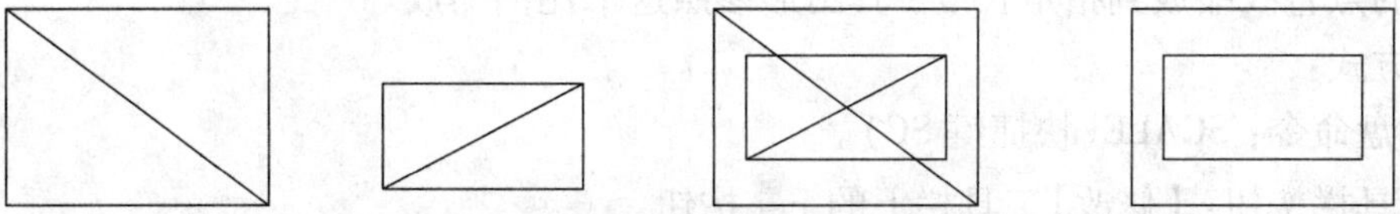

图 1－39　绘制中心重合矩形分步操作

二、旋转命令

执行方式：

- 键盘命令：ROTATE(快捷键 RO)。
- 工具栏按钮：【修改】工具栏上的 按钮。
- 菜单命令：【修改】→【旋转】。

【实例 1－17】　绘制一个正五边形，要求该正五边形的外接圆半径为 50，并将正五边形绕其左下角点逆时针时旋转 30°。

【操作步骤】

①执行【正多边形/POL】命令，命令行提示：

命令：POLYGON 输入侧面数 <4>：5 //正五边形

指定正多边形的中心点或［边(E)］：//在绘图区单击一点作为正多边形的中心点

输入选项［内接于圆(I)/外切于圆(C)］ <I>： //回车选内接于圆方式

指定圆的半径：50 //内接圆的半径为 50

②执行【旋转/RO】命令，命令行提示：

输入旋转命令后，命令提示行如下：

命令：_rotate

UCS 当前的正角方向：ANGDIR = 逆时针　ANGBASE = 0

选择对象：指定对角点：找到 1 个 // 选择正五边形

选择对象： // 回车结束选择

指定基点：//单击正五边形的左下角点

指定旋转角度，或［复制(C)/参照(R)］<0>：30 //输入旋转角度 30

【提示】输入旋转的角度时逆时针为正，顺时针为负。

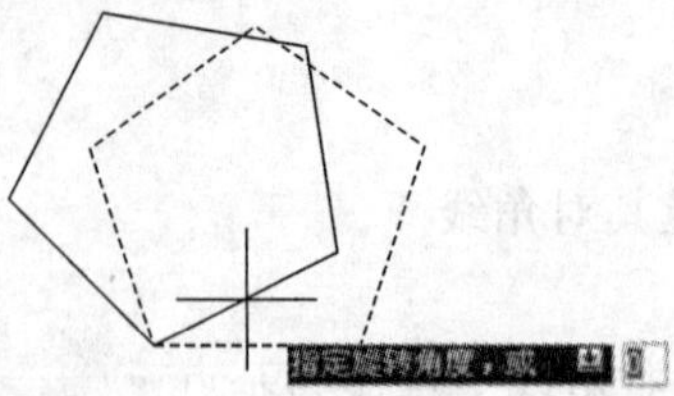

图 1－40　旋转过程

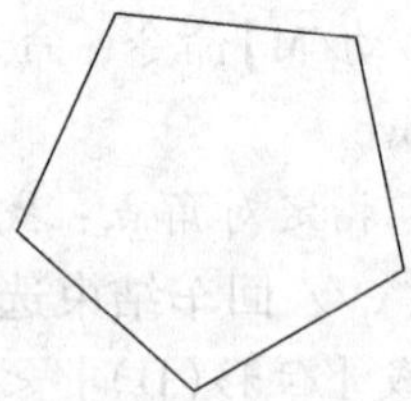

图 1－41　旋转后的结果

三、缩放命令

在绘制施工图时，经常需要对图形按比例缩放。在比例缩放命令中输入缩放比例实现缩小(比例因子小于1)或扩大(比例因子大于1)对象；输入“参照(R)”则实现参照缩放，即基点到参考的点直线缩放到指定长度，其图形参照这个比例缩放。

执行方式：

- 键盘命令：SCALE(快捷键 SC)。
- 工具栏按钮：【修改】工具栏上的 按钮。
- 菜单命令：【修改】→【缩放】。

【实例 1－18】 将任意一个矩形编辑成对角线长为 500 的矩形。

【解题思路】

①绘制任意大小的矩形，连接一条对角线。

②执行【缩放/SC】命令，选择“参照(R)”选项，以对角线长为参照缩放矩形。

③删除对角线。

【操作步骤】

打开极轴和对象捕捉按钮，并设置端点捕捉。

①执行【矩形/REC】命令，命令行提示：

命令：_rectang

指定第一个角点或［倒角(C)/标高(E)/圆角(F)/厚度(T)/宽度(W)］：//单击一点作为矩形的一个角点

指定另一个角点或［面积(A)/尺寸(D)/旋转(R)］：//单击另一点，作为矩形的另一个角点

②执行【直线/L】命令，命令行提示：

命令：_line 指定第一点：//单击矩形左下角点

指定下一点或［放弃(U)］：//单击矩形右上角点

指定下一点或［放弃(U)］：//回车结束命令

③执行【缩放/SC】命令，命令提示行如下：

命令：_scale // 启用缩放命令

选择对象：找到 1 个 // 选择矩形

选择对象：//回车结束选择

指定基点：//任选一点作为缩放的基点

指定比例因子或［复制(C)/参照(R)］：r //用参照选项

指定参照长度 <1>：//单击对角线的左下角点

指定第二点：//单击对角线的右上角点

指定新的长度或［点(P)］<1.0000>：500 //输入缩放后的对角线长度 500

④执行【删除/E】命令，命令行提示：

命令：_erase

选择对象：找到 1 个 //选择对角线

选择对象：//回车结束选择

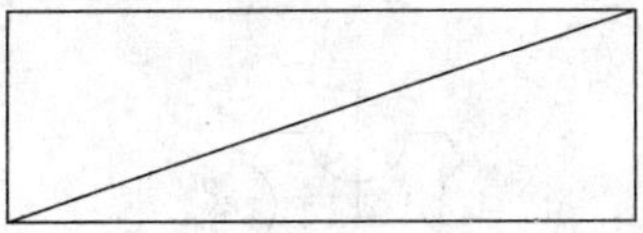

图 1-42 矩形缩放前

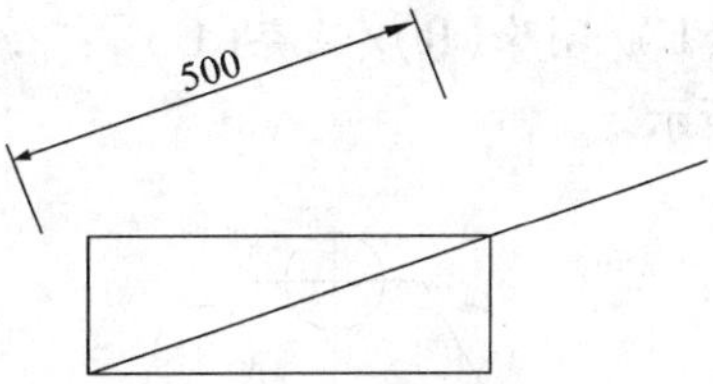

图 1-43 矩形缩放后

1.3.2 修剪、延伸、拉伸与倒角

一、修剪命令

在绘图过程中，出现一些多余的边线时，可以使用修剪命令将其修剪整齐。

执行方式：

- 键盘命令：TRIM(快捷键 TR)。
- 工具栏按钮：【修改】工具栏上的 -/- 按钮。
- 菜单命令：【修改】→【修剪】。

发出修剪命令后要先选择修剪边界，可选择多个边界，按回车或空格结束边界的选择，如果不选择边界直接按回车或空格则是选择所有对象为边界，然后再单击要修剪的部分，可以修剪多个对象，修剪完后按回车或空格结束命令执行。

【实例 1-19】 利用修剪命令将图 1-44(a)所示图形修改为图 1-44(c)所示图形。

【操作步骤】

打开极轴和对象捕捉按钮，并设置端点、中点捕捉。

①执行【正多边形/POL】命令绘制任意一正多边形，执行【圆/C】命令，以多边形每条边的中点为圆心绘制 6 个小圆，执行【直线/L】命令绘制两条中心线，如图 1-44(a)所示。

②执行【修剪/TR】命令将图形修剪成如图 1-44(c)所示结果。

执行【修剪/TR】命令，命令行提示：

命令：TRIM

当前设置：投影＝UCS，边＝无

选择剪切边... // 选择六边形

选择对象：找到 1 个

选择对象： // 回车结束选择

选择要修剪的对象，或按住 Shift 键选择要延伸的对象，或［栏选(F)/窗交(C)/投影(P)/边(E)/删除(R)/放弃(U)］： // 依次单击六边形外侧的圆，图形变成如图 1－44(b)所示。

命令： // 回车重复修剪命令

TRIM

当前设置：投影＝UCS，边＝无

选择剪切边... // 回车所有图形全部选择

选择要修剪的对象，或按住 Shift 键选择要延伸的对象，或［栏选(F)/窗交(C)/投影(P)/边(E)/删除(R)/放弃(U)］： // 依次单击半圆中的六边形部分，使图形变成如图 1－44(C)所示。

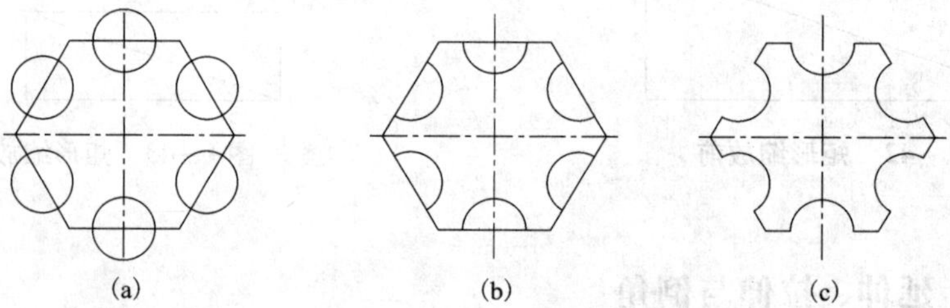

图 1－44　修剪实例

二、延伸命令

延伸命令与修剪命令正好相反，延伸命令是将对象延长到指定边界位置。

执行方式：

- 键盘命令：EXTEND(快捷键 EX)。
- 工具栏按钮：【修改】工具栏上的 --/ 按钮。
- 菜单命令：【修改】→【延伸】。

在进行延伸操作时，首先要确定一个边界，然后选择要延伸到该边界的对象。

【实例 1－20】 将图 1－45(*a*)中的线段 *CD* 及其平行线段延伸至直线 *AB*。

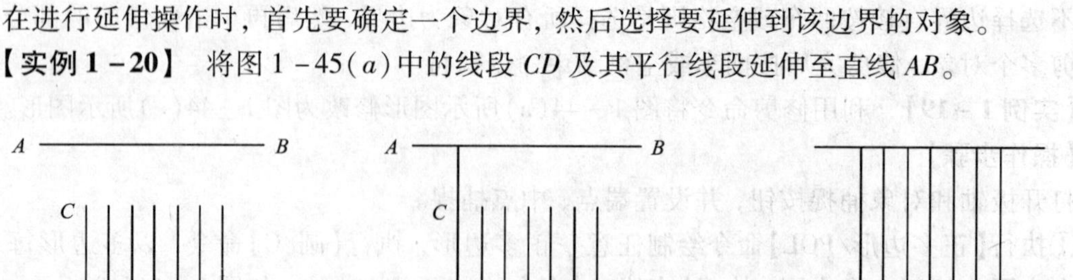

图 1－45　延伸“栏选”方式的应用

【操作步骤】

①执行【直线/L】命令绘制如图 1-45(a)所示图形。

②执行【延伸/EX】命令，完成后如图 1-45(c)所示。

输入延伸命令后，命令提示行如下：

命令：_extend

当前设置：投影 = UCS，边 = 无

选择边界的边... // 选择 *AB*

选择对象：找到 1 个

选择对象： // 回车结束选择

选择要延伸的对象，或按住 Shift 键选择要修剪的对象，或[栏选(F)/窗交(C)/投影(P)/边(E)/删除(R)/放弃(U)]： // 单击线段 *CD* 靠近直线 *AB* 的上面部分，线段 *CD* 就延伸至直线 *AB*，如图 1-45(b)。

选择要延伸的对象，或按住 Shift 键选择要修剪的对象，或[栏选(F)/窗交(C)/投影(P)/边(E)/删除(R)/放弃(U)]：f // 输入"F"回车，进入"栏选"状态。

第一栏选点： // 在直线 *CD* 左侧单击。

指定直线的端点或[放弃(U)]： // 在平行线右侧单击，结果如图 1-45(c)所示。

三、拉伸命令

拉伸命令，可以将已画好的图形，拉伸或缩短一定长度，这一命令对修改设计方案、绘制某些图形很方便。

执行方式：

- 键盘命令：STRETCH(快捷键 S)。
- 工具栏按钮：【修改】工具栏上的  按钮。
- 菜单命令：【修改】→【拉伸】。

【提示】执行拉伸命令中，选择对象必须用交叉选择对象的方法，否则拉伸命令不被执行。

【实例 1-21】 利用拉伸命令将长度为 1500 的浴盆拉伸至 1800，如图 1-46 所示。

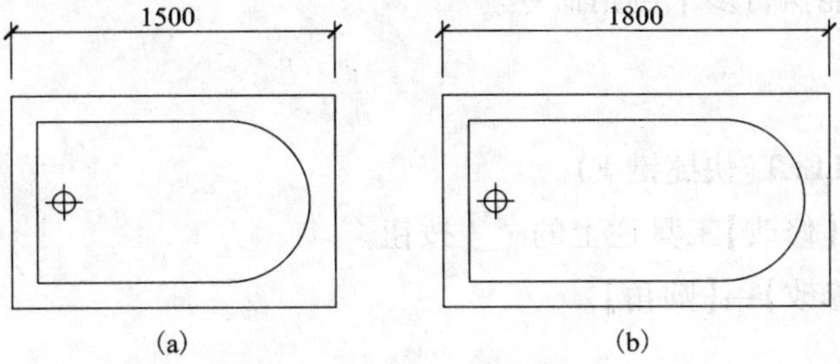

图 1-46　浴盆的拉伸

【操作步骤】

①绘制如图 1-46(a)所示浴盆。

②执行【拉伸/S】命令，浴盆向右拉伸 300，完成后如图 1-46(b)所示。

输入拉伸命令后，命令提示行如下：

命令：_stretch
以交叉窗口或交叉多边形选择要拉伸的对象... // 如图 1－47 选择拉伸对象
选择对象：指定对角点：找到 5 个
选择对象： //回车结束选择
指定基点或［位移(D)］＜位移＞： //单击浴盆的右下角，作为拉伸的基点
指定第二个点或 ＜使用第一个点作为位移＞：@300，0 //向右拉伸 300

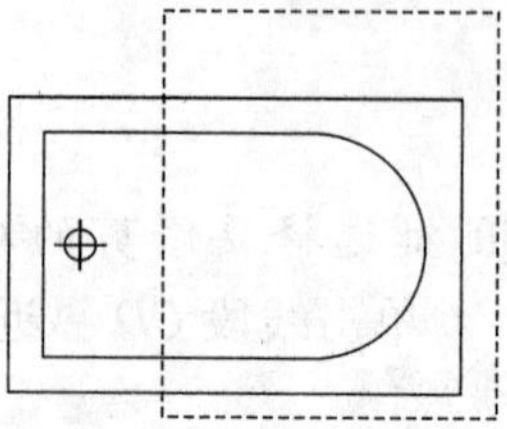

图 1－47　以交叉方式选择拉伸对象

四、倒角命令及分解命令

1. 倒角命令

(1)执行方式。

- 键盘命令：CHANFER(快捷键 CHA)。
- 工具栏按钮：【修改】工具栏上的  按钮。
- 菜单命令：【修改】→【倒角】。

(2)参数说明。

多段线(P)：对多段线进行倒角。

距离(D)：设定倒角距离。

角度(A)：通过距离和角度设置倒角大小。

修剪(T)：设定修剪模式。如果为修剪模式，倒角时自动将不足的补齐，超出的剪掉；如果为不修剪模式，则仅仅增加一倒角，原图线不变。

方式(E)：设定修剪方式为距离或角度。

多个(M)：同时能执行多个倒角命令。

2. 圆角命令

(1)执行方式。

- 键盘命令：FILLET(快捷键 F)。
- 工具栏按钮：【修改】工具栏上的  按钮。
- 菜单命令：【修改】→【圆角】。

(2)参数说明。

多段线(P)：对多段线进行倒圆角。

半径(R)：输入倒圆角的半径值。

修剪(T)：设定修剪模式。

多个(M)：一次命令，可以执行多个倒圆角的任务。

【小技巧】：在绘制施工图，经常会遇到如图 1－48 所示的将两段线连接或修剪的现象。

在 AutoCAD 中，可以采用在“修剪、半径为 0”的模式下倒圆角的方法快速解决。

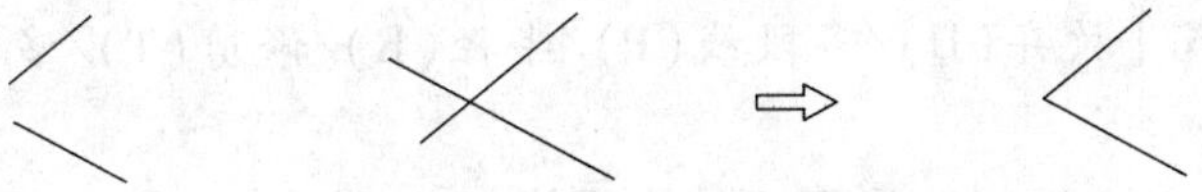

图 1－48 在“修剪、半径为 0”的模式下倒圆角

【实例 1－22】 绘制如图 1－49 所示图形。

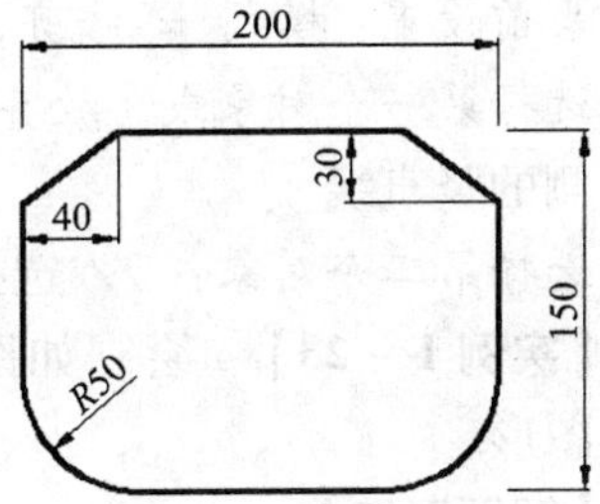

图 1－49 倒角实例

【解题思路】

①绘制 200×150 的矩形。

②倒矩形的左上角和右上角，倒角距离为水平边 40，竖直边 30。

③倒矩形左下、右下的圆角，圆角半径为 50。

【操作步骤】

①执行【矩形/RE】命令，命令行提示：

命令：_rectang

指定第一个角点或［倒角(C)/标高(E)/圆角(F)/厚度(T)/宽度(W)］：//单击一点作为矩形的左下角点

指定另一个角点或［面积(A)/尺寸(D)/旋转(R)］：@200，150 //输入矩形右上角点的相对坐标

②执行【倒角/CHA】命令，命令行提示：

命令：_chamfer (“修剪”模式) 当前倒角距离 1 = 0.0000，距离 2 = 0.0000

选择第一条直线或［放弃(U)/多段线(P)/距离(D)/角度(A)/修剪(T)/方式(E)/多个(M)］：d // 设置倒角距离

指定第一个倒角距离 <0.0000>：40 // 输入第一个倒角距离 40

指定第二个倒角距离 <40.0000>：30 // 输入第二个倒角距离 30

选择第一条直线或［放弃(U)/多段线(P)/距离(D)/角度(A)/修剪(T)/方式(E)/多个(M)］：// 选择矩形上面的水平线

选择第二条直线：// 选择矩形左侧的竖直线

命令：//回车重复上一个命令

CHAMFER

(“修剪”模式) 当前倒角距离 1 = 40.0000，距离 2 = 30.0000

选择第一条直线或［放弃(U)/多段线(P)/距离(D)/角度(A)/修剪(T)/方式(E)/多个(M)］：// 选择矩形上面的水平线

选择第二条直线：// 选择矩形右侧的竖直线

③执行【圆角/F】命令，命令行提示：

命令：_fillet

当前设置：模式 = 修剪，半径 = 0.0000

选择第一个对象或［放弃(U)/多段线(P)/半径(R)/修剪(T)/多个(M)］：f //设置

半径

指定圆角半径 <0.0000>：50 // 圆角半径为50

选择第一个对象或［放弃(U)/多段线(P)/半径(R)/修剪(T)/多个(M)］：// 选择矩形左侧的竖直线

选择第二个对象：// 选择矩形下面的水平线

命令：//回车重复上一个命令

FILLET

当前设置：模式 = 修剪，半径 = 50.0000

选择第一个对象或［放弃(U)/多段线(P)/半径(R)/修剪(T)/多个(M)］：// 选择矩形右侧的竖直线

选择第二个对象：// 选择矩形下面的水平线

【实例1－23】 绘制如图1－50所示图形。

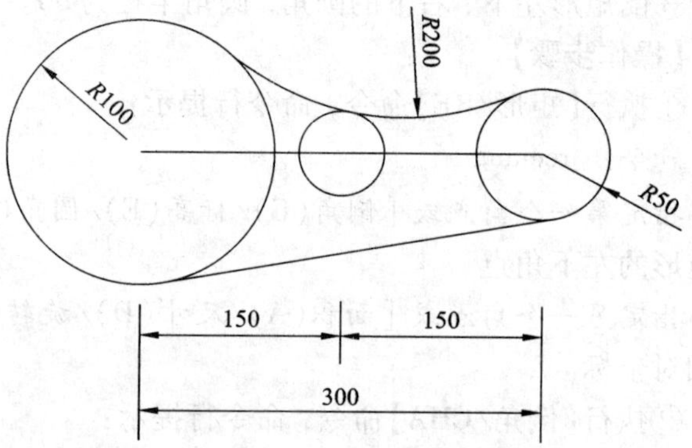

图1－50 皮带传动图

【解题思路】

①绘制一条长300的水平线。

②绘制半径为50和100的圆。

③倒半径为200且相切两圆的圆弧。

④绘制与圆弧相切的圆。

⑤绘制两圆的外公切线。

【操作步骤】

①执行【直线/L】命令，命令行提示：

LINE 指定第一点：// 单击一点作为直线的左端点

指定下一点或［放弃(U)］：300 // 鼠标向右拉出一条水平追踪线，输入300

指定下一点或［放弃(U)］：// 回车结束直线命令

②执行【圆/C】命令，命令行提示：

命令：_circle 指定圆的圆心或［三点(3P)/两点(2P)/切点、切点、半径(T)］：//单击水平直线左端点

指定圆的半径或［直径(D)］：100 //圆半径100

命令：//回车重复画圆

命令：CIRCLE 指定圆的圆心或［三点(3P)/两点(2P)/切点、切点、半径(T)］：//单击水平直线右端点

指定圆的半径或［直径(D)］<100.0000>：50 //圆半径50

③执行【圆角/F】命令，命令行提示：

命令：_fillet

当前设置：模式 = 修剪，半径 = 0.0000

选择第一个对象或［放弃(U)/多段线(P)/半径(R)/修剪(T)/多个(M)］：r //设置圆角半径

指定圆角半径 <0.0000>：200　//圆弧半径 200

选择第一个对象或［放弃(U)/多段线(P)/半径(R)/修剪(T)/多个(M)］：// 选择圆弧与大圆相切的大概位置

选择第二个对象：//选择圆弧与小圆相切的大概位置

④执行【圆/C】命令，命令行提示：

命令：_circle 指定圆的圆心或［三点(3P)/两点(2P)/切点、切点、半径(T)］：// 单击水平直线中心点

指定圆的半径或［直径(D)］<50.0000>：_tan 到 // 设置切点捕捉，单击圆弧

⑤执行【直线/L】命令，命令行提示：

命令：_line 指定第一点：_tan 到 //设置切点捕捉，单击左边圆

指定下一点或［放弃(U)］：_tan 到 // 设置切点捕捉，单击右边圆

指定下一点或［放弃(U)］：// 结束直线命令

3. 分解命令

AutoCAD 绘制的有些元素如多段线、块、尺寸标注以及图案填充都是一个整体，如果要对这些元素的一个部位进行编辑，首先应将这些整体进行分解。

执行方式：

- 键盘命令：EXPLODE(快捷键 X)。
- 工具栏按钮：【修改】工具栏上的 按钮。
- 菜单命令：【修改】→【分解】。

发出分解命令后，其执行过程如下：

命令：EXPLODE

选择对象：//单击欲分解的对象，如图 1－51(a)所示

指定对角点：找到 1 个

选择对象：//单击回车结束对象选择，此时多段线已分解，如图 1－51(b)所示

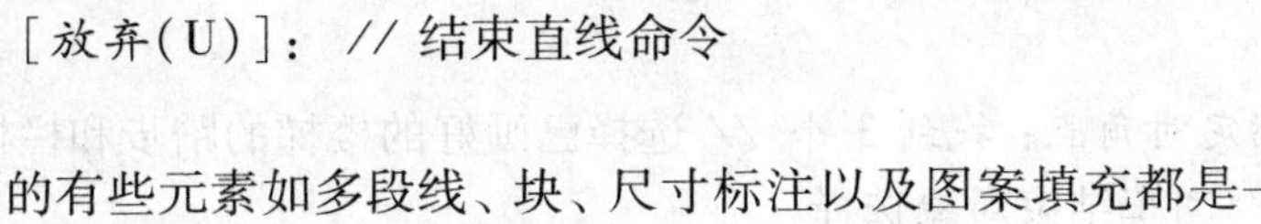

(a)　　(b)

图 1－51　对象分解

1.4　高效绘图方法

1.4.1　复制、偏移、镜像与阵列

一、复制命令

对于图形中相同的对象，不管其复杂程度如何，只要完成一个，通过调用复制命令，可以产生与之相同的图形若干个，减少大量的重复性劳动。

执行方式：

• 键盘命令：COPY（快捷键 CO）。

• 工具栏按钮：【修改】工具栏上的 按钮。

• 菜单命令：【修改】→【复制】。

发出复制命令后，先选对象，然后指定基点（目标定位参考点），再指定复制的目标点。

【实例 1－24】 已知楼梯的一个踏步和栏杆，使用复制命令完成如图 1－52 所示楼梯图形。

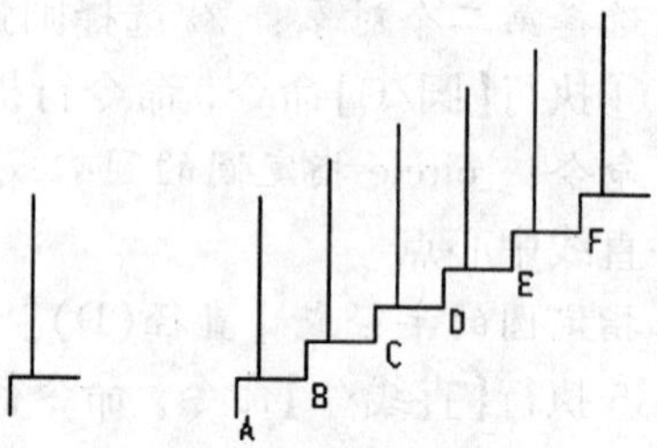

图 1－52 楼梯的复制

【操作步骤】

①绘制楼梯的一个踏步和栏杆。

②执行【复制/C】命令，结果如图 1－52 所示。

执行复制命令后，提示行如下：

命令：_copy

选择对象：指定对角点：找到 3 个 // 选择已画好的楼梯的踏步和栏杆

选择对象：//回车结束对象选择

当前设置：复制模式 = 单个

指定基点或［位移（D）/模式（O）/多个（M）］＜位移＞：m

指定基点或［位移（D）/模式（O）/多个（M）］＜位移＞：// 单击 *A* 点

指定第二个点或［阵列（A）］＜使用第一个点作为位移＞：// 单击 *B* 点

指定第二个点或［阵列（A）/退出（E）/放弃（U）］＜退出＞：// 单击 *C* 点

指定第二个点或［阵列（A）/退出（E）/放弃（U）］＜退出＞：// 单击 *D* 点

指定第二个点或［阵列（A）/退出（E）/放弃（U）］＜退出＞：// 单击 *E* 点

指定第二个点或［阵列（A）/退出（E）/放弃（U）］＜退出＞：// 单击 *F* 点

指定第二个点或［阵列（A）/退出（E）/放弃（U）］＜退出＞：// 回车结束命令

二、偏移命令

创建一个与选择对象形状相同，等距的平行直线、平行曲线和同心圆，在施工图中偏移命令经常用于创建轴线和等距离的图形。

执行方式：

• 键盘命令：OFFSET（快捷键 O）。

• 工具栏按钮：【修改】工具栏上的 按钮。

• 菜单命令：【修改】→【偏移】。

【实例 1－25】 绘制如图 1－53 所示螺帽的正投影图。

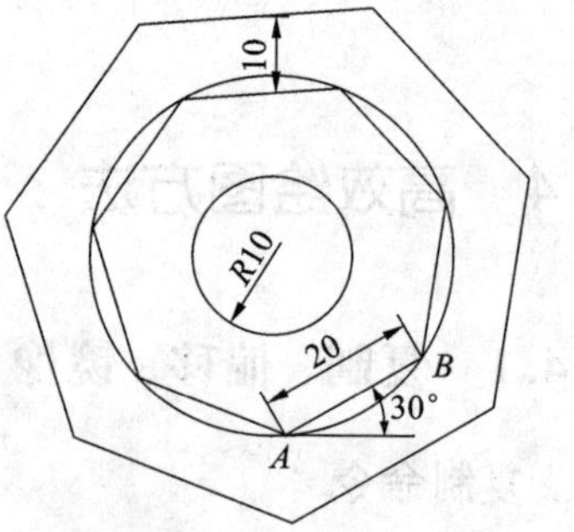

图 1－53 螺帽正投影图

【解题思路】

①绘制一个边长为 20，*AB* 边与水平线夹角为 30°的正七边形。

②用三点方式绘制正七边形的外接圆。

③绘制一个半径为 10 的圆。

④将正多边形向外偏移 10。

【操作步骤】

①执行【正多边形/POL】命令，命令行提示：

命令：POLYGON 输入侧面数 <4>：7 //输入边数 7

指定正多边形的中心点或［边(E)］：e //按给定边绘制多边形

指定边的第一个端点： // 鼠标单击任一点作为 A 点

指定边的第二个端点：@20<30 // 输入 B 点的相对极坐标

②执行【圆/C】命令，命令行提示：

命令：_circle 指定圆的圆心或［三点(3P)/两点(2P)/切点、切点、半径(T)］：3p //三点方式画圆

指定圆上的第一个点： //单击多边形的一个顶点

指定圆上的第二个点： //单击多边形的另一个顶点

指定圆上的第三个点： //单击多边形的第三个顶点

命令： //回车重复圆命令

CIRCLE 指定圆的圆心或［三点(3P)/两点(2P)/切点、切点、半径(T)］： //捕捉圆心

指定圆的半径或［直径(D)］<23.0476>：10 //半径为 10

③执行【偏移/O】命令，命令行提示：

命令：_offset

指定偏移距离或［通过(T)/删除(E)/图层(L)］<通过>：10 //偏移距离为 10

选择要偏移的对象，或［退出(E)/放弃(U)］<退出>： //选择正多边形

指定要偏移的那一侧上的点，或［退出(E)/多个(M)/放弃(U)］<退出>： //在正七边形外侧单击鼠标

选择要偏移的对象，或［退出(E)/放弃(U)］<退出>： //回车结束命令

三、镜像命令

镜像命令生成原对象的轴对称图形，此轴称为镜像线，镜像时可删除原对象，也可以保留原对象。镜像命令对创建对称的图形非常有用，可以先绘制半个图形，再利用镜像命令创建整个图形。

执行方式：

- 键盘命令：MIRROR(快捷键 MI)。
- 工具栏按钮：【修改】工具栏上的 按钮。
- 菜单命令：【修改】→【镜像】。

发出镜像命令后，先选对象，然后指定对称线(如图 1－54)，其执行过程如下：

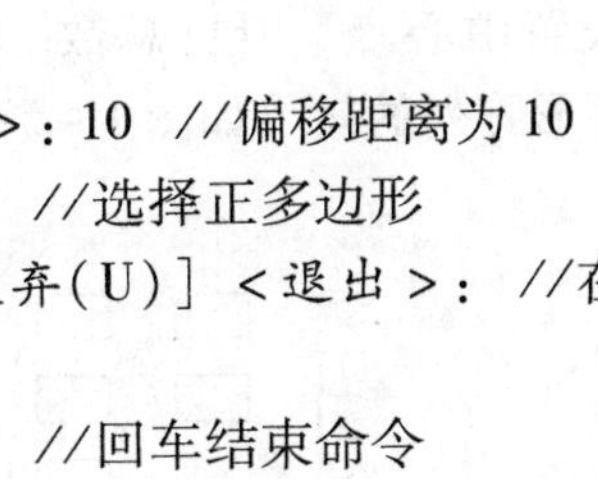

图 1－54 镜像过程

命令：mi

MIRRAY

选择对象：找到 1 个

选择对象：

指定镜像线的第一点： //确定对称线的第一点

指定镜像线的第二点： //确定对称线的第二点

要删除源对象吗？［是(Y)/否(N)］<N>： //回车按默认选项不删除源对象

四、阵列

尽管利用复制命令可以一次复制多个图形，但要复制出规则分布的对象仍不是特别方便。AutoCAD 提供了图形的阵列命令，以方便用户快速准确地复制出规则分布的图形。

执行方式：

- 键盘命令：ARRAYCLASSIC（若低版本如 AutoCAD2008 其键盘命令为 ARRAY，快捷键 AR）。
- 工具栏按钮：【修改】工具栏上的  按钮。
- 菜单命令：【修改】→【阵列】。

发出阵列 ARRAYCLASSIC 命令后，在绘图区弹出如图 1－55 所示的“阵列”对话框，在对话框中若选择矩形阵列，可以设置行数、列数、行偏移、列偏移和阵列角度等参数，矩形阵列的效果如图 1－56 所示。

若在阵列对话框中选择环形阵列方式，可以设置中心点、项目总数、填充角度等参数，环形阵列的效果如图 1－58 所示。

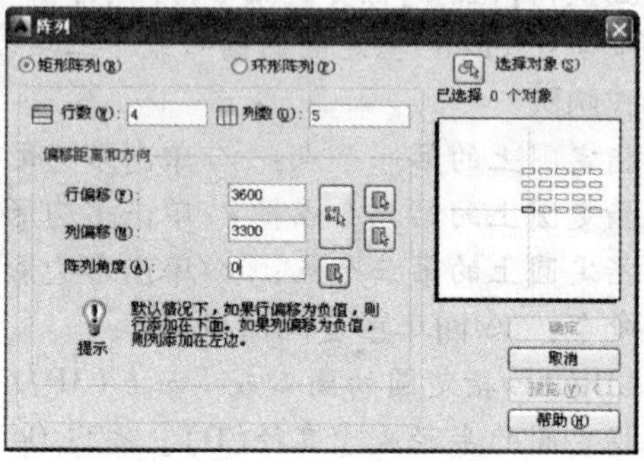

图 1－55　矩形“阵列”对话框

(a) 水平矩形阵列　　(b) 倾斜矩形阵列

图 1－56　矩形阵列效果

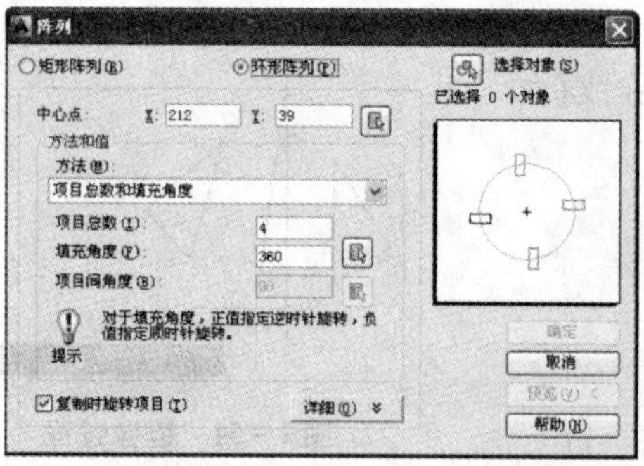

图 1－57　环形阵列对话框

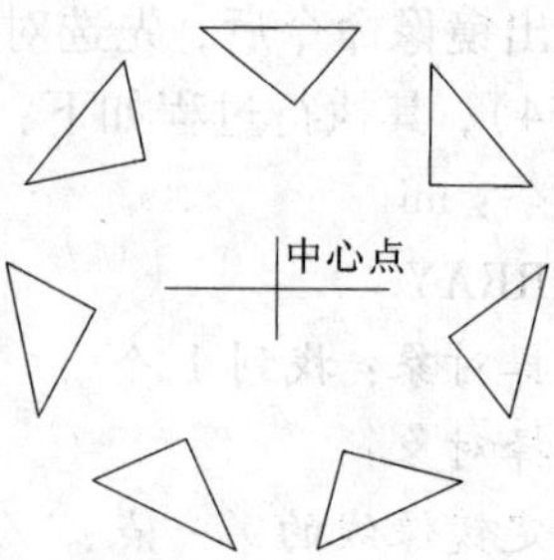

图 1－58　环形阵列

【实例 1-26】 绘制如图 1-59 所示的装饰图案。

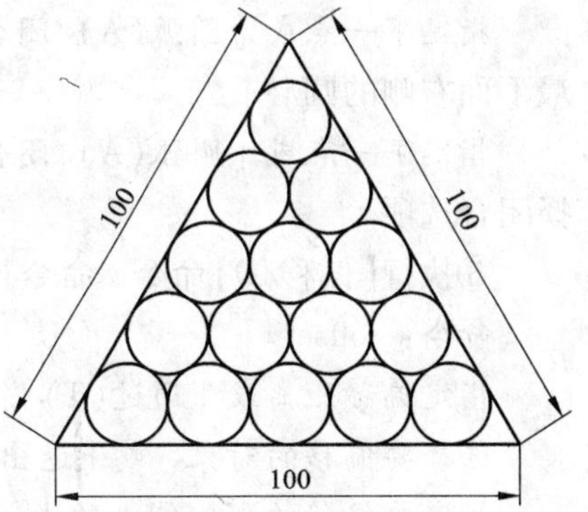

图 1-59 装饰图案

【解题思路】

①绘制一个任意大小的圆，如图 1-60(a)所示。

②将圆矩形阵列成 1 行 5 列，其中列偏移为圆的直径，得到 5 个水平相切圆，如图 1-60(b)所示。

③将 5 个水平相切圆阵列成平行四边形状的 25 个相切圆，其中列偏移取圆的直径，阵列角度为60，如图 1-60(c)所示。

④将右上侧多余的 10 个圆删除，结果如图 1-60(d)所示。

⑤用多段线连接上、左下、右下三个圆的圆心，如图 1-60(e)所示。

⑥将多段线向外偏移，偏移距离为圆的半径大小，如图 1-60(f)所示。

⑦删除里面的多段线，结果如图 1-60(g)所示。

⑧用参照方式将图形缩放成边长为100 的图形，结果如图 1-60(h)所示。

【操作步骤】

①执行【圆/C】命令，命令行提示：

命令：_circle 指定圆的圆心或［三点(3P)/两点(2P)/切点、切点、半径(T)］：//单击一点作为圆心

指定圆的半径或［直径(D)］：15 //圆的半径设为15

②执行【阵列/AR】命令，命令行提示：

命令：ARRAYCLASSIC 列，行数为 1，列数为 5，列偏移为 30，阵列角度为 0

选择对象：指定对角点：找到 1 个 //选择圆

选择对象：

命令：//回车重复阵列命令

ARRAYCLASSIC //矩形阵列，行数为 1，列数为 5，列偏移为 30，阵列角度为 60

选择对象：指定对角点：找到 5 个 //选择水平相切的 5 个圆

选择对象：

③执行【删除/E】命令，命令行提示：

命令：_erase

选择对象：指定对角点：找到 10 个 //选择要删除的 10 个圆

选择对象：//回车结束选择

④执行【多段线/PL】命令，命令行提示：

命令：_pline

指定起点：//单击最上面的圆心

当前线宽为 0.0000

指定下一个点或［圆弧(A)/半宽(H)/长度(L)/放弃(U)/宽度(W)］：//单击最下面左侧的圆心

指定下一点或［圆弧(A)/闭合(C)/半宽(H)/长度(L)/放弃(U)/宽度(W)］：//单击最下面右侧的圆心

指定下一点或［圆弧(A)/闭合(C)/半宽(H)/长度(L)/放弃(U)/宽度(W)］：C //选择闭合选项

⑤执行【偏移/O】命令，命令行提示：

命令：_offset

指定偏移距离或［通过(T)］：15 //偏移距离为15

选择要偏移的对象，或［退出(E)/放弃(U)］<退出>：//选择多段线

指定要偏移的那一侧上的点，或［退出(E)/多个(M)/放弃(U)］<退出>：//在多段线外侧单击鼠标

选择要偏移的对象，或［退出(E)/放弃(U)］<退出>：//回车结束命令

⑥执行【删除/E】命令，命令行提示：

命令：_erase

选择对象：找到1个 //选择内侧多段线

选择对象：//回车结束选择

⑦执行【缩放/SC】命令，命令行提示：

命令：_scale

选择对象：指定对角点：找到16个 //选择15个圆及三角形

选择对象：//回车结束选择

指定基点：//选择三角形任一顶点

指定比例因子或［复制(C)/参照(R)］：r //用参照选项

指定参照长度<1>：//单击三角形的左下顶点

指定第二点：//单击三角形的右下顶点

指定新的长度或［点(P)］<1.0000>：100 //三角形的边长为100

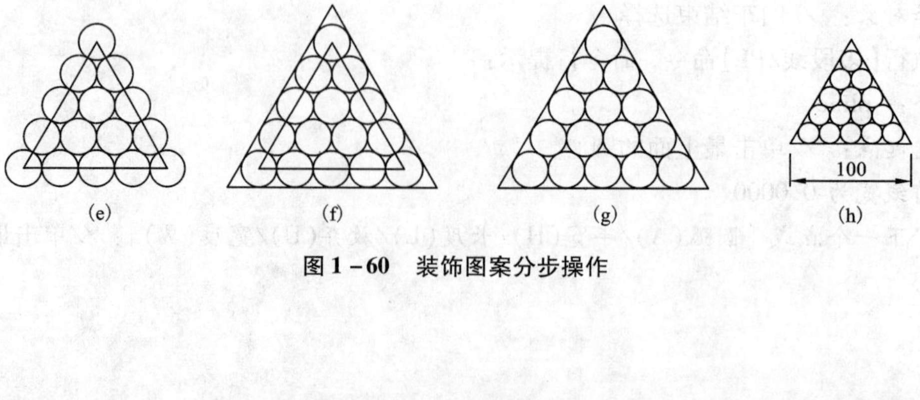

图1-60 装饰图案分步操作

1.4.2 图块与定数等分

一、图块

绘图时，经常会遇到这样的情况：相同的图形对象出现在一幅图形中的多处，或者是出现在多幅不同的图形中。如在绘制建筑图形时，需要绘制大量的门、窗、阳台、楼梯等对象。在 AutoCAD 中，用户可以将图形对象组合成块加以保存，需要的时候调用，图块可以作为一个整体以任意比例和旋转角度插入到图中指定的任一位置，也可以对整个图块进行复制、移动、旋转、缩放和镜像等操作，这样避免了大量的重复工作，提高了绘图速度和工作效率，并且可以节省磁盘空间。

1. 创建图块

(1)执行方式：

- 键盘命令：BLOCK(快捷键 B)。
- 工具栏按钮：【绘图】工具栏上的  按钮。
- 菜单命令：【绘图】→【块】→【创建】。

调用命令后弹出“块定义”对话框，如图 1－61 所示。

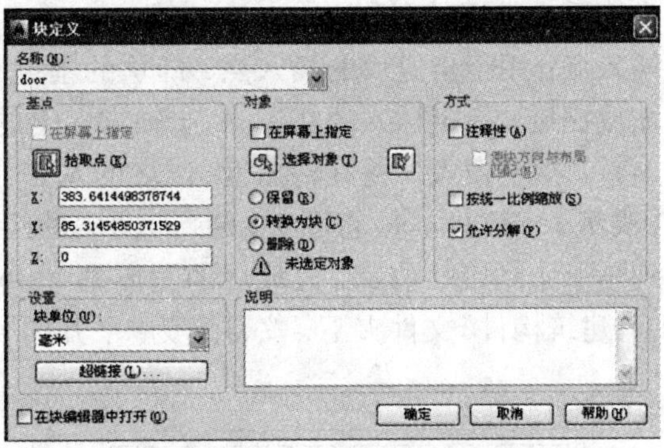

图 1－61 “块定义”对话框

(2)参数说明：

名称：给要创建的块指定名称。

基点：指定插入块时块的插入基点。

对象：指定在创建的新块中所要包含的对象。

2. 图块的存盘

在实际设计过程中，往往需要把定义好的图块进行共享，以便其他图形文件引用，这种可供其他图形文件插入和引用的公共块被称为“外部块”。

创建外部块的方法：命令行输入“WBLOCK”(快捷键 W)。

调用命令后弹出如图 1－62 所示对话框。

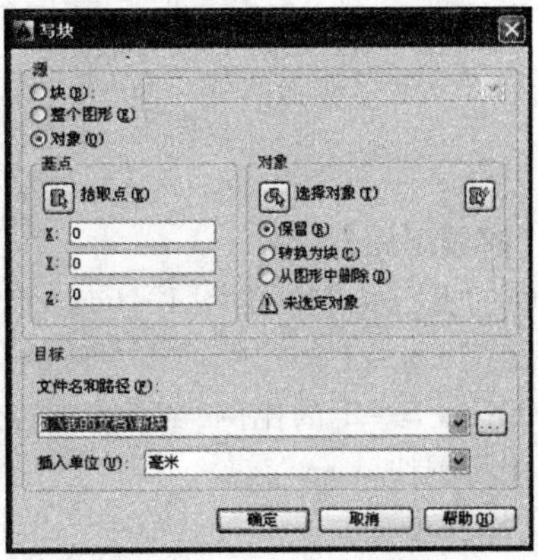

图 1－62 “写块”对话框

参数说明：

源：指定创建外部块的对象，将其保存为文件并指定插入点。

- 块：指明存入图形文件的是块，选择该项可从右边的下拉列表中选择一个已经定义好的内部块，并将其转换为外部块。
- 整个图形：用于把当前的整个图形定义为一个外部块。
- 对象：用于将当前图形中选定的对象定义为外部块。

目标：指定创建的外部块名称、保存路径及插入块时使用的单位。

3. 图块的插入

插入块就是把已定义的块插入到当前图形中。

(1)执行方式:

- 键盘命令:INSERT(快捷键 I)。
- 工具栏按钮:【绘图】工具栏上的  按钮。
- 菜单命令:【插入】→【块】。

调用命令后弹出如图 1-63 所示对话框。

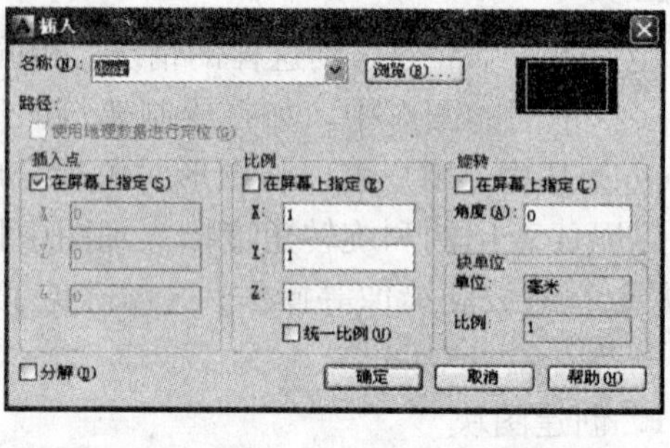

图 1-63 块"插入"对话框

(2)参数说明:

名称:用于指定要插入块的名称,或指定要作为块插入的文件名称。

插入点:用于指定块的插入点,即块的基点位置。

缩放比例:指定插入块在 x、y、z 轴方向上的比例。

旋转:指定插入块的旋转角度(以块的基点为中心)。

【实例 1-27】 (1)将图 1-64(a)图中的门定义为图块,图块名称为 door,将图块 door 插入到图形中指定的位置,完成后的图形见 1-64 (b)图。(2)将图块 door 以文件形式保存在"d:\建筑构件"文件夹下,文件名为"平开门"。

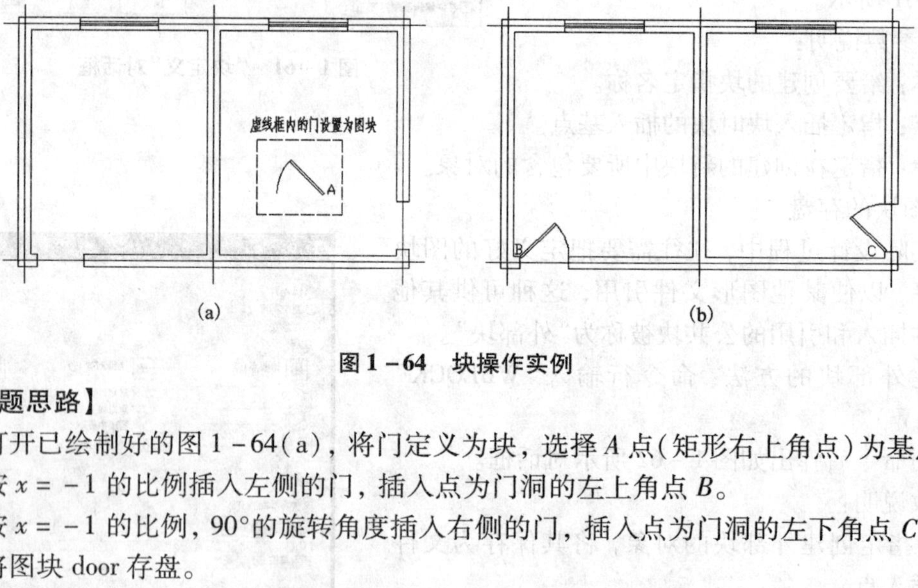

图 1-64 块操作实例

【解题思路】

①打开已绘制好的图 1-64(a),将门定义为块,选择 A 点(矩形右上角点)为基点。

②按 $x=-1$ 的比例插入左侧的门,插入点为门洞的左上角点 B。

③按 $x=-1$ 的比例,90°的旋转角度插入右侧的门,插入点为门洞的左下角点 C。

④将图块 door 存盘。

【操作步骤】

①打开已绘制好的图 1-64(a),执行【创建块/B】命令,在弹出的块定义对话框(如图 1-61)中,名称栏填 door;单击【选择对象】左边的按钮,选择门为块图形;单击【拾取点】左边的按钮,选择 A 点(矩形右上角点)为基点,单击【确定】完成门块定义。

②执行【插入块/I】命令,按图 1-65 所示设置插入对话框,单击【确定】后跟随鼠标出现在屏幕上,接着拾取插入点 B(左侧门洞的左上角点)。

③执行【插入块/I】命令,按图 1-66 所示设置插入对话框,单击【确定】后跟随鼠标出现

在屏幕上，接着拾取插入点 C(右侧门洞的左下角点)。

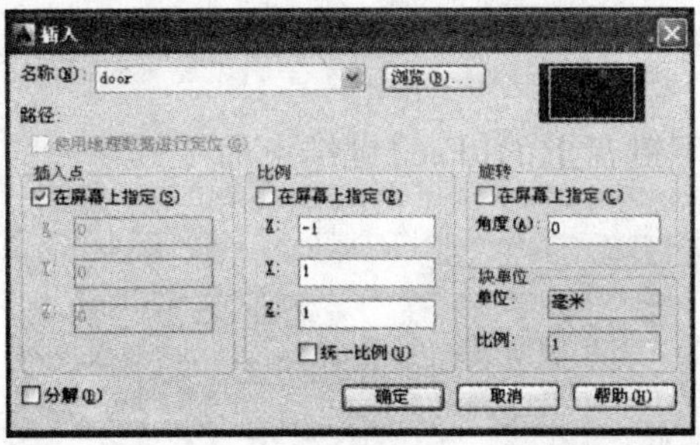

图 1-65　左侧门块插入参数设置

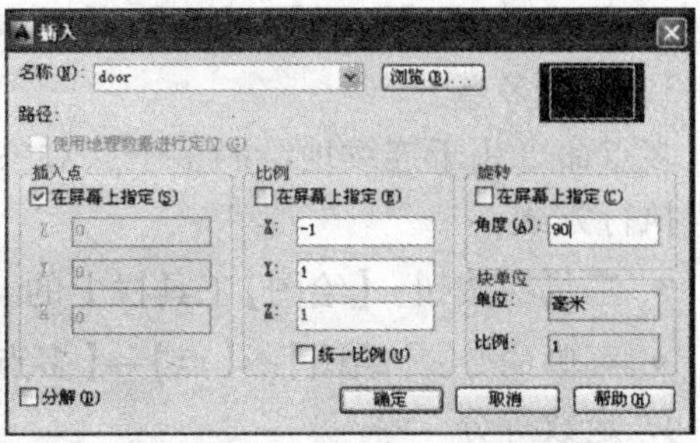

图 1-66　右侧门块插入参数设置

④执行【写块/W】命令，在弹出的对话框中按图 1-67 所示设置，单击【确定】。

图 1-67　门块存盘对话框

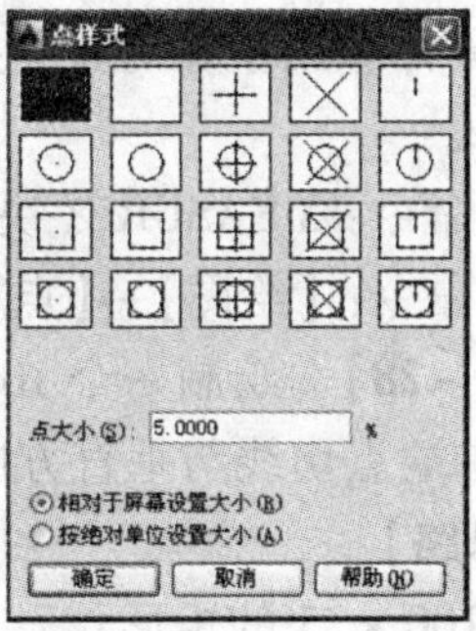

图 1-68　“点样式”对话框

二、定数等分

点命令(POINT)包括“单点”、“多点”、“定数等分”和“定距等分”等命令。点作为实体，同样具有各种实体的属性，而且可以被编辑。在建筑设计中，点常用于辅助定位。

1. 设置点样式

点样式命令用于设置点的样式和大小尺寸。

执行方式：

- 键盘命令：DDPTYPE。
- 菜单命令：【格式】→【点样式】。

执行命令后，系统弹出如图 1-68 所示的“点样式”对话框。用户可以在所需的点样式图标上单击鼠标左键，选中该点样式，并调整点的大小，单击【确定】按钮，即可将其设置为当前点样式。

2. 绘制单点

单点命令用于在指定位置绘制单个点对象，当绘制完单个点时，系统会自动结束命令。

执行方式：

- 键盘命令：POINT（快捷键 PO）。
- 菜单命令：【绘图】→【点】→【单点】。

3. 绘制多点

多点命令用于连续地绘制多个点对象，直至按下键盘上的【Esc】键结束命令。

执行方式：

- 工具栏按钮：【绘图】工具栏上的 · 按钮。
- 菜单命令：【绘图】→【点】→【多点】。

4. 定数等分

定数等分命令用于等分一个选定的图形对象，如线段、圆或圆弧等，并且在等分点处设置点标记。

执行方式：

- 键盘命令：DIVIDE（快捷键 DIV）。
- 菜单命令：【绘图】→【点】→【定数等分】。

5. 定距等分

定距等分命令用于在对象上按照指定的等分间距设置点的标记符号。

执行方式：

- 键盘命令：MEASURE（快捷键 ME）。
- 菜单命令：【绘图】→【点】→【定距等分】。

【实例 1－28】 绘制一个 100×25 的矩形。在矩形中绘制一个样条曲线，样条曲线顶点间距相等，右端点切线与垂直方向的夹角为 135°，完成后的图形参见图 1－69。

【解题思路】

①绘制 100×25 的矩形。

②将矩形分解。

③将矩形上面的水平线定数等分 12 份，矩形下面的水平线定数等分 6 份。

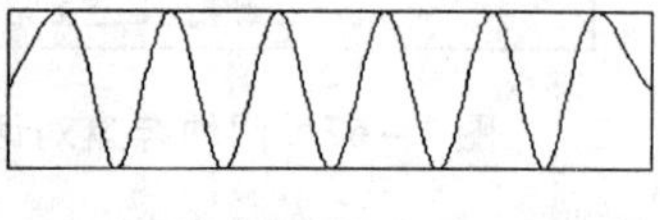

图 1－69　定距等分实例

④用样条曲线按图 1－70 所示连接相应的等分点并按要求设置终点切向。

⑤删除辅助的等分点。

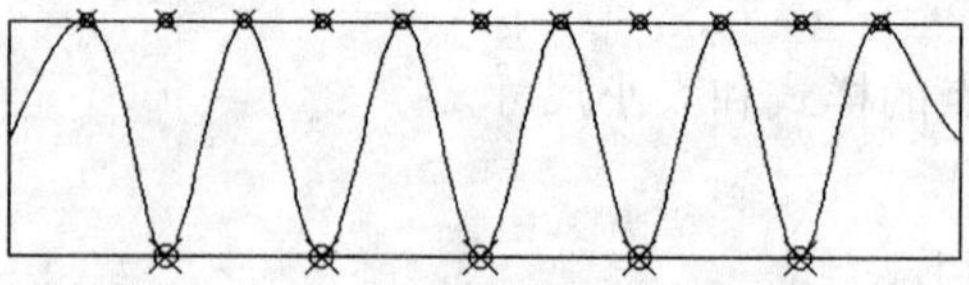

图 1－70　样条曲线各顶点位置

【操作步骤】

打开极轴、对象捕捉按钮，并设置端点、中点、节点捕捉。

①执行【矩形/RE】命令，命令行提示：

命令：_rectang

指定第一个角点或［倒角(C)/标高(E)/圆角(F)/厚度(T)/宽度(W)］：//在绘图区单

击一点作为矩形的一个角点

指定另一个角点或［面积(A)/尺寸(D)/旋转(R)］：@100，25 //输入对角点坐标，绘制 100×25 的矩形

②执行【分解/X】命令，命令行提示：

命令：_explode

选择对象：找到 1 个 //选择矩形

选择对象：//回车结束选择

③执行【定数等分/DIV】命令，命令行提示：

命令：_divide

选择要定数等分的对象：//选择矩形上面的水平线

输入线段数目或［块(B)］：12 //12 等分

命令：//回车重复定数等分

DIVIDE

选择要定数等分的对象：//选择矩形下面的水平线

输入线段数目或［块(B)］：6 //6 等分

④执行【样条曲线/SPL】命令，命令行提示：

命令：_spline

命令：_spline

当前设置：方式 = 拟合　节点 = 弦

指定第一个点或［方式(M)/节点(K)/对象(O)］：//选择矩形左侧竖线的中点

输入下一个点或［起点切向(T)/公差(L)］：//以下依次按图 1-70 所示拾取相应各节点

输入下一个点或［端点相切(T)/公差(L)/放弃(U)］：

输入下一个点或［端点相切(T)/公差(L)/放弃(U)/闭合(C)］：

输入下一个点或［端点相切(T)/公差(L)/放弃(U)/闭合(C)］：

输入下一个点或［端点相切(T)/公差(L)/放弃(U)/闭合(C)］：

输入下一个点或［端点相切(T)/公差(L)/放弃(U)/闭合(C)］：

输入下一个点或［端点相切(T)/公差(L)/放弃(U)/闭合(C)］：

输入下一个点或［端点相切(T)/公差(L)/放弃(U)/闭合(C)］：

输入下一个点或［端点相切(T)/公差(L)/放弃(U)/闭合(C)］：

输入下一个点或［端点相切(T)/公差(L)/放弃(U)/闭合(C)］：

输入下一个点或［端点相切(T)/公差(L)/放弃(U)/闭合(C)］：

输入下一个点或［端点相切(T)/公差(L)/放弃(U)/闭合(C)］：//选择矩形右侧竖线的中点

输入下一个点或［端点相切(T)/公差(L)/放弃(U)/闭合(C)］：t

指定端点切向：<135 //右端点切线与垂直方向的夹角为 135°

角度替代：135

指定端点切向：//在拉出的 135°方向直线上单击一点

⑤执行【删除/E】命令，命令行提示：

命令：_erase

选择对象：指定对角点：找到 16 个 //选择所有点

选择对象： //回车结束选择

【实例 1－29】 （1）将图 1－71(a)虚线框内的对象定义为图块，图块名为 tu。（2）将图块 tu 插入图 1－71(b)相应位置，完成后的图形见图 1－71(c)所示。

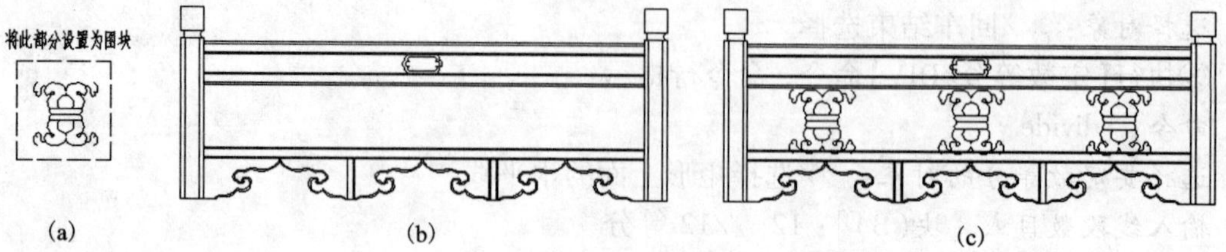

图 1－71　用块定数等分对象

【解题思路】

①以图案的中心点作为基点将虚线框内的图案创建为图块，图块名为 tu。

②如图 1－72 所示，连接中点 *AB*，用块 tu 六等分直线 *AB*。

③删除直线 *AB* 及两个多余的块，结果如图 1－71(c)所示。

【操作步骤】

打开对象捕捉按钮，并设置中点捕捉。

①执行【创建块/B】命令，在弹出的“块定义”对话框中作相应设置，名称为 tu，基点为图案的中心点，对象为虚线框内的图案。

②执行【直线/L】命令，命令行提示：

命令：_line 指定第一点： // 单击左侧中心点 *A*

指定下一点或［放弃(U)］： // 单击右侧中心点 *B*

指定下一点或［放弃(U)］： // 回车结束直线命令

③执行【定数等分/DIV】命令，命令行提示：

命令：_divide

选择要定数等分的对象： // 选直线 *AB*

输入线段数目或［块(B)］：b // 用块定数等分对象

输入要插入的块名：tu // 块名 tu

是否对齐块和对象？［是(Y)/否(N)］ <Y>： // 回车选择对齐块和对象

输入线段数目：6 //六等分

④执行【删除/E】命令，命令行提示：

命令：_erase

选择对象：找到 1 个 //选择直线 *AB* 及两个多余的图块

选择对象：找到 1 个，总计 2 个

选择对象：找到 1 个，总计 3 个

选择对象： //回车结束选择

图 1－72　用块 tu 六等分直线 *AB*

1.5　管理图层

一、图层的概念和作用

AutoCAD 中的图层就相当于一层层完全重叠在一起的透明图纸。用户可根据需要决定应该建立多少个图层，并为每个图层指定相应的名称、线型和颜色等属性。在绘图中，用户可以将不同种类和用途的图形分别置于不同的图层下，这样不仅使各类信息清晰、有序，便于观察，而且也会给图形的编辑、修改和输出带来很大的方便。例如对于建筑平面图可以设置轴线、墙、门窗、楼梯、文字、尺寸等图层。

在 AutoCAD 中，专门有“图层”工具栏，如图 1－73 所示，通过下拉列表框可查看各个图层的名称和基本特性。

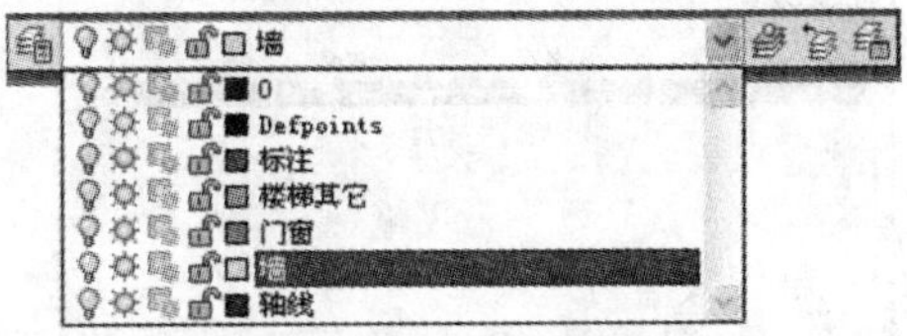

图 1－73　“图层”工具栏

二、图层的设置与管理

在 AutoCAD 中，正在使用的图层称为当前图层，用户只能在当前图层中进行操作。图层的使用和管理是通过图层特性管理器实现的。

调用“图层特性管理器”的执行方式：

- 键盘命令：LAYER（快捷键 LA）。
- 工具栏按钮：【图层】工具栏上的 按钮。
- 菜单命令：【格式】→【图层】。

命令执行后在绘图区弹出“图层特性管理器”对话框，如图 1－74 所示。

1. 新建图层

创建新图层，单击 ，即可在图层列表框中新建一个图层，用户可以对其重命名。新图层将继承图层列表中当前选定图层的特性和状态，如颜色、开/关状态等。

2. 指定图层颜色

为了区分不同的图层，用户可为每个图层定义不同的颜色。要为某一图层设置颜色，只要单击该层的颜色图标，即可进行操作。

3. 给图层分配线型

新建一个图层时，该图层的线型将继承“图层列表框中某个选定图层的线型。如要改变

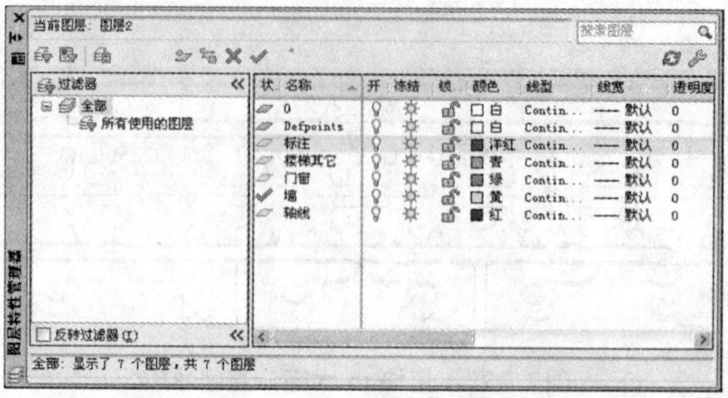

图 1－74　“图层特性管理器”对话框

某一图层的线型，可在列表框中单击该层对应的线型图标，打开“选择线型”对话框，如图 1－75 所示，该对话框中将显示当前图形中的可用线型，默认线型为 Continuous，若列表中无所需线型，用户可通过“加载”按钮添加所需线型，单击 加载(L)... ，弹出“加载或重载线型”对话框，选中所需线型，单击 确定 即可完成线型加载。

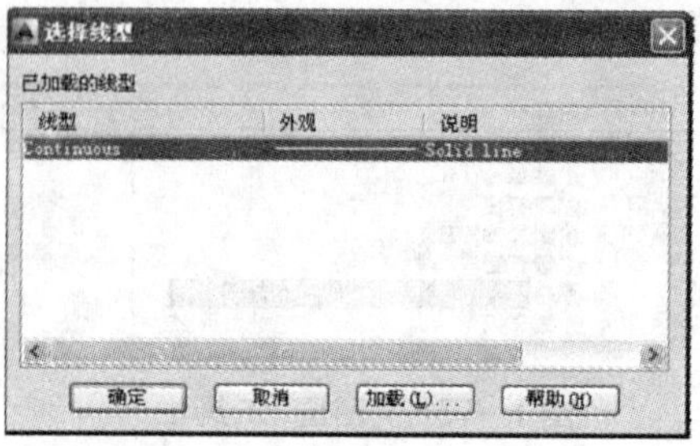

图 1－75　“选择线型”对话框

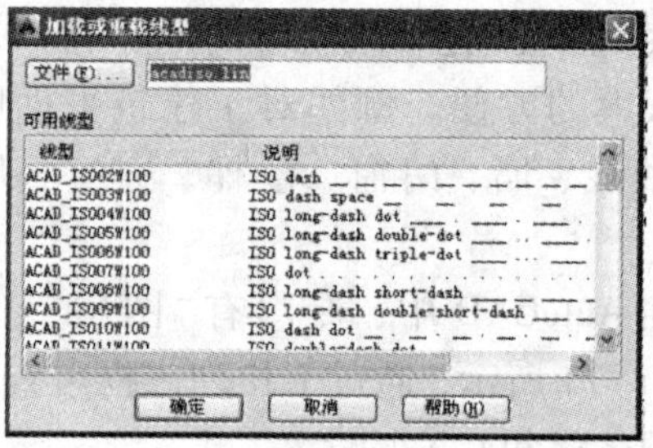

图 1－76　“加载或重载线型”对话框

4．设定线宽

如要改变某一个图层的线宽，可在“图层列表框”中单击该层的线宽图标，打开“线宽”对话框，如图 1－77 所示，在该对话框中选择新的线宽后，单击 确定 即可。

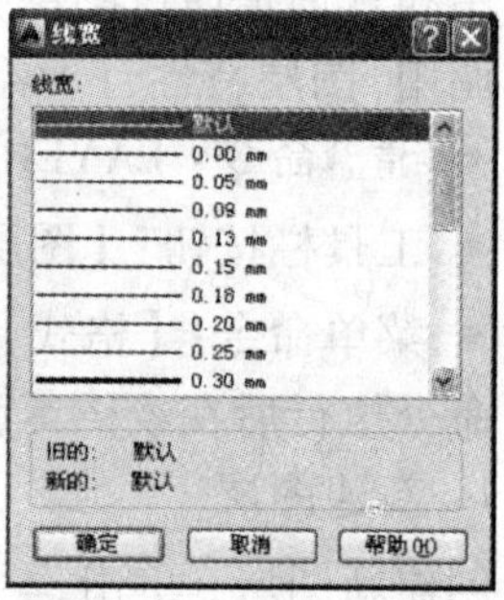

图 1－77　“线宽”对话框

5．控制图层状态

(1)开：灯泡的亮灭可控制图层对象的显示与否。黄灯图标表示该图层为打开状态，这时，绘图区中该图层上的图形是可见的，并且可以打印；当图标为灰色时，该图层的图形不可见，并且不能打印。

(2)冻结：在所有可视窗口中冻结选定的图层。图标和分别表示图层未被冻结和被冻结。图层被冻结时，该图层上的实体对象在屏幕上不显示，也不能被打印和重生成。冻结图层可以加快视图缩放、视图平移和许多其他操作的运行速度。但用户不能冻结当前层，也不能将冻结层改为当前层。

(3)锁定：控制图层的锁定与解锁状态。锁定 就是把对应图层锁住，在锁定的图层上可绘新的对象，但不能进行编辑操作。解锁 就是解除图层的锁定状态。

1.6　标注文字

AutoCAD 图形中的所有文字都应具有与之相关联的文字样式。在输入文字时，用户是使用 AutoCAD 提供的当前文字样式进行输入的，该样式已经设置了文字的字体、字号、倾斜角度、方向及其他特征，输入的文字将按照这些设置在屏幕上显示。当然，像其他的功能工具一样，AutoCAD 允许用户设置自己喜欢和需要的文字样式，并将其置为当前样式进行文字输入。

在文字输入之前，用户应该首先创建一个或多个文字样式，用于输入不同特性的文字。输入的所有文字都称为文本对象，要修改文本对象的某一特性时，不需要逐个修改，而只要对该文本的样式进行修改，就可以改变使用该样式书写的所有文本对象的特性。

1.6.1　相关知识点介绍

在建筑工程图中，文本有多种样式，但在《房屋建筑制图统一标准》中，对文字的样式及大小做了明确地规定。

一、基本概念

本节所用到的主要命令简介如下。

- 【单行文字】：每次只能输入一行文本，且不会自动换行。
- 【多行文字】：可以一次书写多行文字，并且各行文本都以指定的宽度排列对齐，共同作为一个实体对象。

二、文字的规定

《房屋建筑制图统一标准》(GB 50001—2010)中对文字的有关规定如下。

(1)文字的字高，应从表 1 - 2 中选用。字高大于 10 mm 的文字宜采用 TRUETYPE 字体，如需书写更大的字，其高度应按$\sqrt{2}$的倍数递增。

表 1 - 2　文字的字高(mm)

字体种类	中文矢量字体	TRUETYPE 字体及排中文矢量字体
字高	3.5、5、7、10、14、20	3、4、6、8、10、14、20

(2)图样及说明中的汉字，宜采用长仿宋体(矢量字体)或黑体，同一图纸字体种类不应超过两种。长仿宋体的宽度与高度的关系应符合表 1 - 3 的规定，黑体字的宽度与高度应相同。大标题、图册封面、地形图等的汉字，也可书写成其他字体，但应易于辨认。

表 1-3 长仿宋字高宽关系(mm)

字高	20	14	10	7	5	3.5
字宽	14	10	7	5	3.5	2.5

(3)汉字的简化字书写应符合国家有关汉字简化方案的规定。

(4)拉丁字母、阿拉伯数字与罗马数字，如需写成斜体字，其斜度应是从字的底线逆时针向上倾斜 75°(即文字向右倾斜 15°)。斜体字的高度和宽度应与相应的直体字相等。

(5)拉丁字母、阿拉伯数字与罗马数字的字高，不应小于 2.5 mm。

1.6.2 设定文字样式

在对图纸进行文字标注前，需要先给文本文字定义一种样式，主要包括对字体、高度等属性的设置。

一、在 AutoCAD 中，定义字体样式的命令为 STYLE

启动该命令可以采用以下方式：

(1)执行方式。

- 键盘命令：STYLE(快捷键 ST)。
- 工具栏按钮：【文字】工具栏上的 按钮。如图 1-78 所示【文字】工具栏。
- 菜单命令：【格式】→【文字样式】。

执行上述命令后，弹出如图 1-79 所示的【文字样式】对话框。

图 1-78 【文字】工具栏

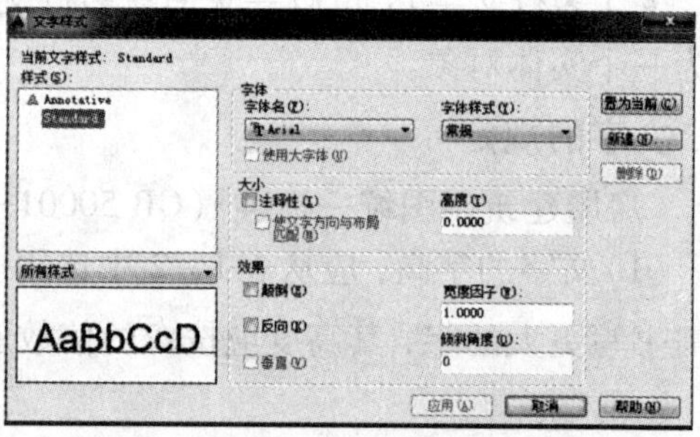

图 1-79 【文字样式】对话框

(2)单击 新建(N)... 按钮，在弹出的【新建的文字样式】对话框中修改【样式名】为"文字"，如图 1-80 所示。

(3)在【字体】下拉列表中，选择"仿宋"，在【高度】文本框中可输入文字高度。在这里保留文字高度默认值 0 不变。

提示：文字【高度】为 0 时，每次调用输入文字命令时，都要输入文字高度；当文字【高度】不为 0 时，输入文字时采用此处设置的文字高度，不用再输入文字高度。

(4)在【宽度比例】文本框中输入宽度比例为 0.7，如图 1-81 所示。

提示：仿宋体字的高宽比例为 0.7。

(5)单击 应用(A) 按钮，使“文字”为当前样式。

(6)单击 关闭(C) 按钮，关闭【文字样式】对话框，完成设置。

图 1-80 【新建的文字样式】对话框

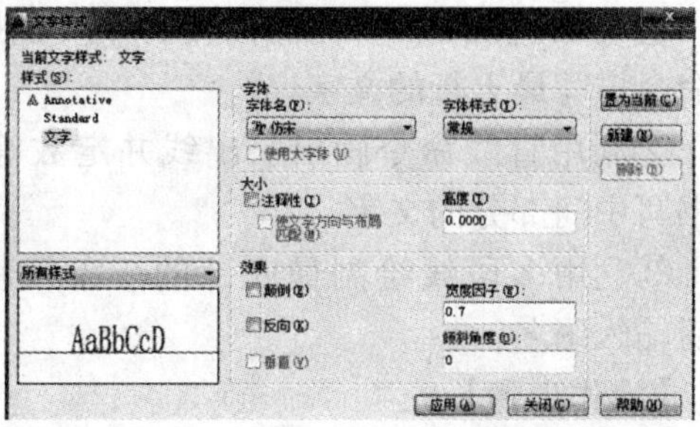

图 1-81 【文字样式】对话框中的各项设置

二、特殊字符输入

在 AutoCAD 中，“上划线”、“下划线”、“°”等都视为特殊符号，常见特殊符号的输入方法如表 1-4 所示。

表 1-4 特殊符号输入方法

输入方法	功能
%%o	加上划线
%%u	加下划线
%%d	度符号
%%p	正、负符号
%%c	直径符号
%%%	百分号

提示：输入表 1-4 中的 O、U、D、P、C 时，大小写等效。

1.6.3 输入、编辑单行文字

在 AutoCAD 中，用户可以标注单行文字也可以标注多行文字。其中单行文字主要用于标注一些不需要使用多种字体的简短内容，如标题栏、图名说明等。并且使用单行文字（TEXT）创建单行文字，按 ENTER 键结束每行。每行文字都是独立的对象，可以重新定位、调整格式或进行其他修改。多行文字主要用于标注比较复杂的说明。用户还可以设置不同的字体、尺寸等，同时用户还可以在这些文字中间插一些特殊符号。

一、执行方式

- 键盘命令：“TEXT”或“DTEXT”（快捷键 DT）。
- 工具栏按钮：【文字】工具栏上的 A| 按钮。如图 1-78 所示【文字】工具栏。
- 菜单命令：【绘图】→【文字】→【单行文字】。

【实例1－30】 利用单行文字输入方法，为窗套剖面图标注说明文字，结果如图1－82所示。

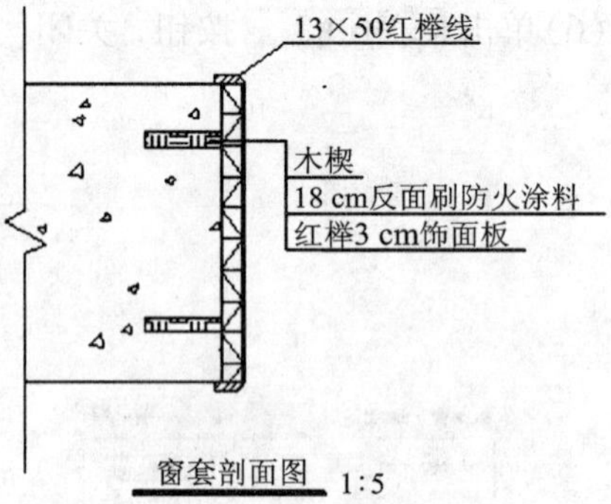

图1－82 窗套剖面图说明文字

【解题思路】

①利用直线命令画出引出线，再利用单行文字命令书写最上行的文字。

②利用直线命令画出引出线并定数等分，然后书写中间部分的文字。

③利用多段线绘制最底部的一条线粗实线，然后输入图名。

【操作步骤】

(1)利用直线命令画出引出线，再利用单行文字命令书写最上行的文字。

①单击直线按钮，在图形的右上角画一根引出线。

②选择菜单栏中的【绘图】→【文字】→【单行文字】命令，命令提示行提示：

命令：_text

当前文字样式："文字" 文字高度：2.1128 注释性：否 对正：左

指定文字的起点 或［对正(J)/样式(S)］：// 在水平直线的左端点附近单击左键，确定起点

指定高度 <2.1128>：25 //确定文字的高度

指定文字的旋转角度 <0>：//按回车键

输入文字：13×50 红榉线 //输入文字

输入文字：//按回车键，退出命令

单行文字的输入结果如图1－83所示。

(2)利用直线命令画出引出线并定数等分，然后书写中间部分的文字。

①单击直线按钮，捕捉端点 A 并向右追踪，绘制直线 AC（端点 C 为端点 B 与端点 A 的追踪线交点），然后以端点 C 为起点向下追踪200（打开正交模式），绘制直线段 CD，如图1－84所示。

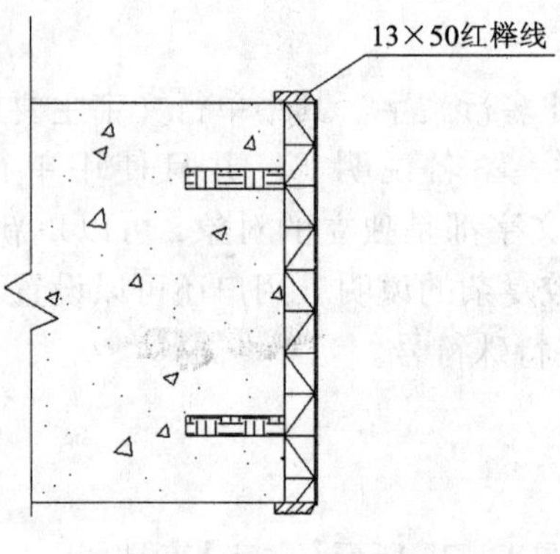

图1－83 单行文字的输入结果

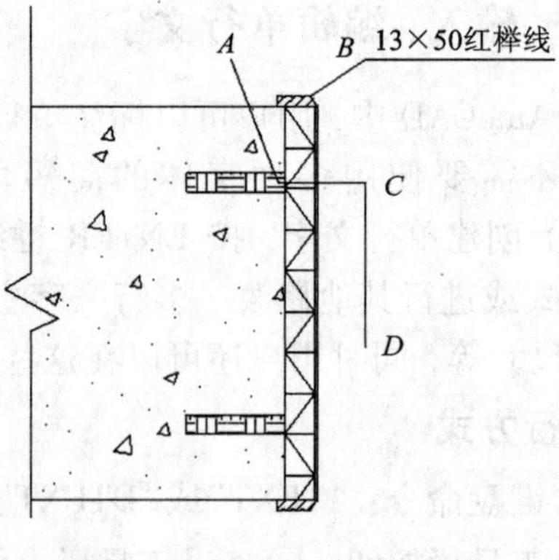

图1－84 线段位置及形态

②选择菜单栏中的【格式】→【点样式】选项，在【点样式】对话框中选择一个点样式，如图 1－85 左图所示。

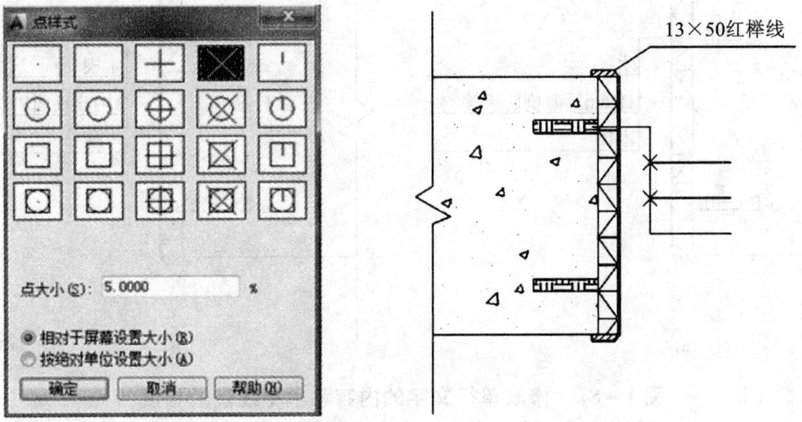

图 1－85　选择的点样式及垂直线段的等分直线

③利用定数等分命令(快捷命令 DIV)将垂直线段等分为 3 段，再捕捉节点，各绘制 3 条水平线段，结果如图 1－85 右图所示。

④删除 2 个节点。

⑤利用单行文字输入法输入“木楔”，并将其摆入在如图 1－86 左图所示的位置，然后以交点 E 为基点，将其向下复制 2 个，结果如图 1－86 右图所示。

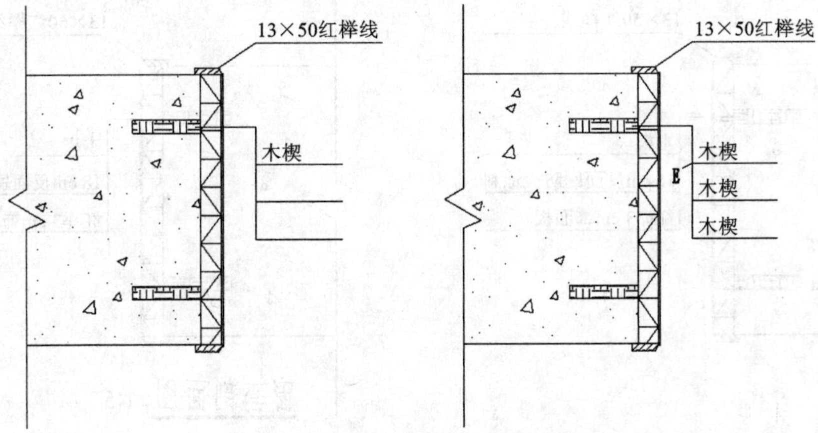

图 1－86　单行文字的位置及复制后的图示

⑥在中间的“木楔”字样上双击左键，将文字修改为“18 cm 反面刷防火涂料”，如图 1－87(a)图所示。

⑦用夹点修改方法将文字下的水平直线进行拉伸，使其略长于文字的长度，如图 1－87(b)图所示。

⑧利用相同的方法将最后一行的文字修改为“红榉 3 cm 饰面板”，同样拉长其下的线段，

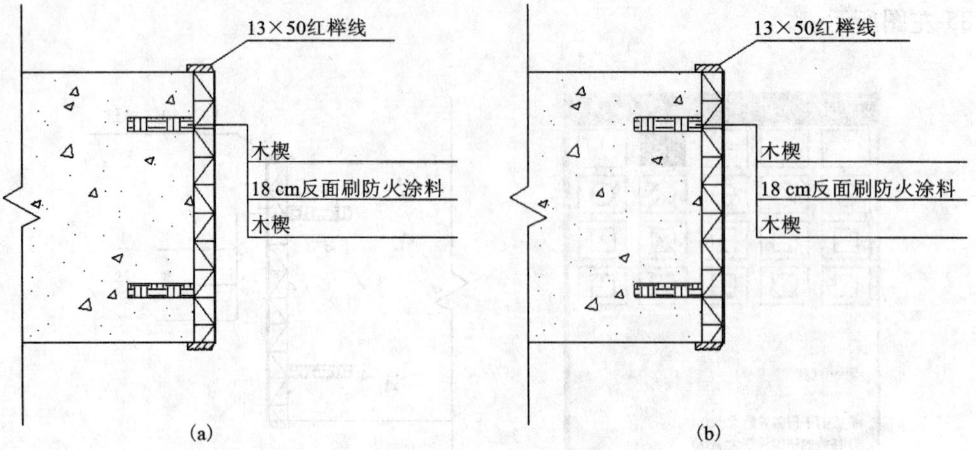

图 1－87　修改单行文字的内容和水平线段的长度

结果如图 1－88 所示。

(3)利用多段线绘制最底部的一条线粗实线，然后输入图名。

①单击多段线按钮，并设置线宽为 5，在图正下方空白处绘制一条长为 250 的水平直线。

②利用单行文字输入方法在多段线上方输入“窗套剖面图”，文字高度为 50；以及比例“1:5”，文字高度为 35，然后分别将其移动到合适的位置，如图 1－89 所示。

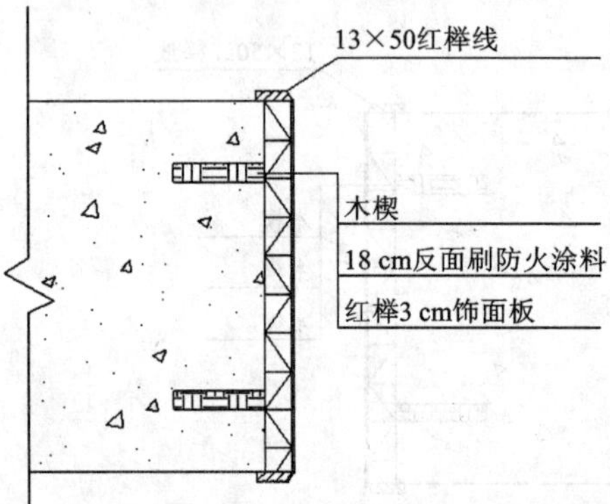

图 1－88　修改最后一行的文字内容

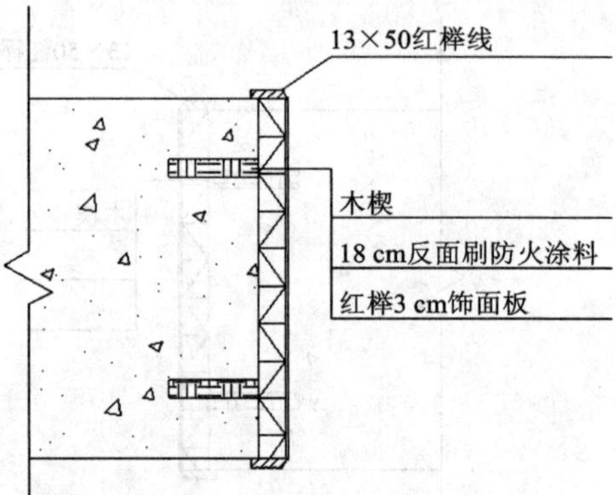

图 1－89　图名文字及位置

③调整各部分的位置，完成作图，并保存。

提示：在利用单行文字命令进行标注时，执行一次命令可以连续标注多行，但每换一行或用光标重新定义一个起始位置时，再输入的文字便被视作另一个实体。

1.6.4 输入、编辑多行文字

用单行文字命令虽然也可以标注多行文字，但换行时定位及行列对齐比较困难，且每行文本都是一个单独的实体，不易编辑。因此，AutoCAD 又提供了多行文字命令，运行此命令后可以一次标注多行文字，并且各行文本都以指定宽度排列对齐，所输入的文字将作为一个实体。

一、执行方式

- 键盘命令："MTEXT"（快捷键 MT）。
- 工具栏按钮：【文字】工具栏上的 A 按钮。如图 1－78 所示【文字】工具栏
- 菜单命令：【绘图】→【文字】→【多行文字】。

【实例 1－31】 利用多行文字输入方法，输入基础说明文字，结果如图 1－90 所示。

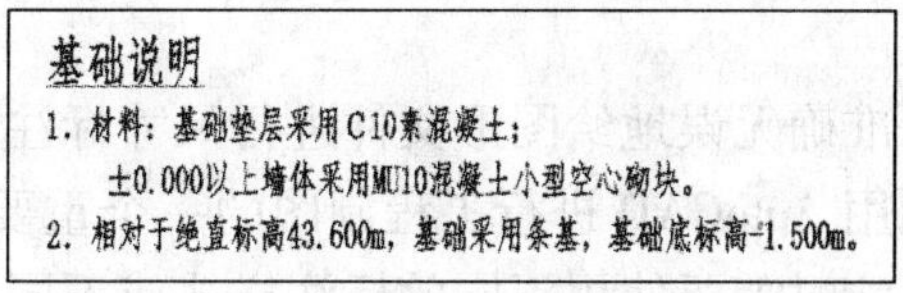

图 1－90 利用多行文本输入说明文字

【解题思路】

①利用多行文字命令输入题目，并加下划线。

②输入其他文字，并加入特殊符号。

【操作步骤】

(1) 利用多行文字命令输入题目，并加下划线。

①单击【文字】工具栏上的多行文字命令按钮 A 。

②在绘图区的适当位置单击鼠标左键，确定 *A* 角点，向右下方移动鼠标，AutoCAD 将显示一个随鼠标光标移动的方框，到合适位置以后单击鼠标左键，确定 *B* 角点，如图 1－91 所示。

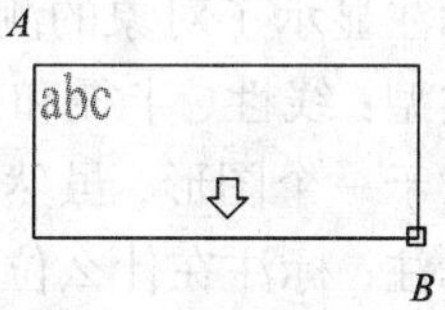

图 1－91 多行文字定位框

③此时会弹出【文字格式】对话框，如图 1－92 所示。选择"仿宋"，然后输入文字"基础说明"。

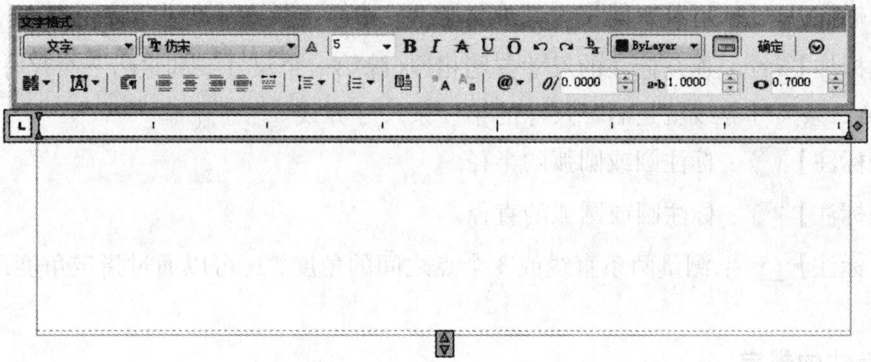

图 1－92 【文字格式】对话框

④选择"基础说明"几个字，单击 U 按钮，此时"基础说明"下面已经加上了下划线，并修改字高为 7，然后在选择区域之外单击左键。

(2)输入其他文字，并加入特殊符号。

①将光标移动到“基础说明”字尾，按回车键，另起一段，输入“1. 材料：基础垫层采用 C10 素混凝土；”，按回车键，另起一段。

②单击 @ 按钮，在下拉列表中选择“正/负”选项，或输入“%%P”，输入“±”特号。

③利用相同方法输入其他文字。

④单击 确定 按钮，关闭对话框，完成输入工作，并保存。

提示：多行文字命令特别适合输入行数较多的文字，它不仅可以更快速地编辑文字，例如，下划线，加黑和倾斜等，而且更便于布置图面。

1.7 标注尺寸

准确无误地给图形文件进行尺寸标注以反映出实体的形状大小及实体之间的位置关系，是利用 AutoCAD 进行工程制图的一个重要阶段。在给不同图形对象以及不同位置的对象进行标注时需要使用不同的标注样式或不同的标注类型。

1.7.1 相关知识点介绍

标注显示了对象的测量值、对象之间的距离、角度或特征。AutoCAD 提供了 3 种基本的标注类型：线性、半径和角度。标注可以是水平、垂直、对齐、坐标、基线或连续等标注。

对于一个图形，虽然包含多种标注类型，但绘图人员应当根据国家标准，确定哪些部件需要标注，标注在什么位置上，从而使标注的尺寸达到完整、准确、清晰的基本要求。

一、基本概念

本节所用到的主要命令简介如下。

【线性标注】：标注水平或垂直方向上的尺寸。

【对齐标注】：标注斜线、斜面上的尺寸，标注出来的尺寸和斜线或斜面相平行。

【基线标注】：以某一线作为基准，其他尺寸都按照该基准进行定位。

【连续标注】：连续标注的尺寸首尾相连(除第一个尺寸线和最后一个尺寸线外)，前一尺寸的第二条尺寸界线就是后一尺寸的第一条尺寸界线。

【半径标注】：标注圆或圆弧的半径。

【直径标注】：标注圆或圆弧的直径。

【角度标注】：测量两条直线或 3 个点之间的角度，还可以通过指定角度顶点和端点标注角度。

二、尺寸标注的规定

《房屋建筑制图统一标准》(GB 50001—2010)中对尺寸标注的有关规定如下。

(1)一个完整的尺寸，包括尺寸界线、尺寸线、尺寸起止符号和尺寸数字，如图 1－93 所示。

(2)尺寸界线应用细实线绘制，一般应与被注长度垂直，其一端应离开图样轮廓线不应小于 2 mm，另一端宜超出尺寸线 2 ~ 3 mm。图样轮廓线可用作尺寸界线。如图 1 – 94 所示。

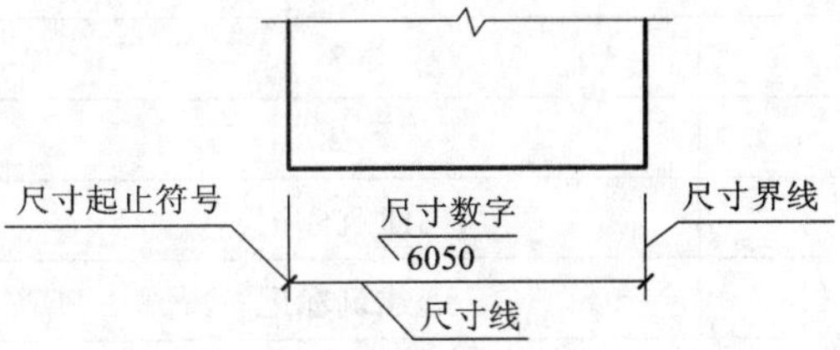

图 1 – 93　尺寸的组成

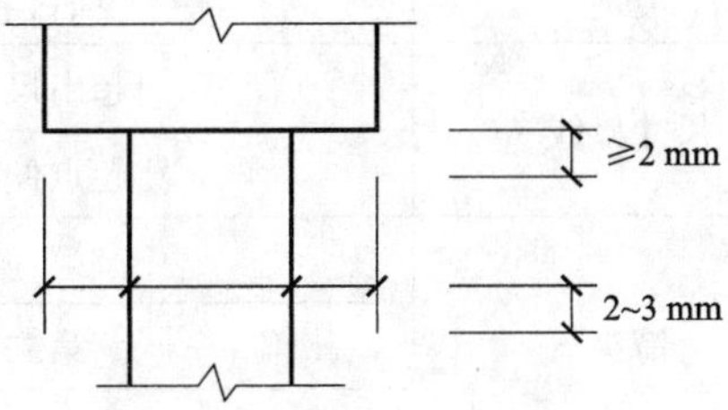

图 1 – 94　尺寸界线

(3) 尺寸线应用细实线绘制，应与被注长度平行。图样本身的任何图线均不得用作尺寸线。

(4) 尺寸起止符号一般用中粗斜短线绘制，其倾斜方向应与尺寸界线成顺时针 45°角，长度宜为 2 ~ 3 mm。半径、直径、角度与弧长的尺寸起止符号，宜用箭头表示。

(5) 图样轮廓线以外的尺寸界线，距图样最外轮廓之间的距离，不宜小于 10 mm。平行排列的尺寸线的间距，宜为 7 ~ 10 mm，并应保持一致，如图 1 – 95 所示。

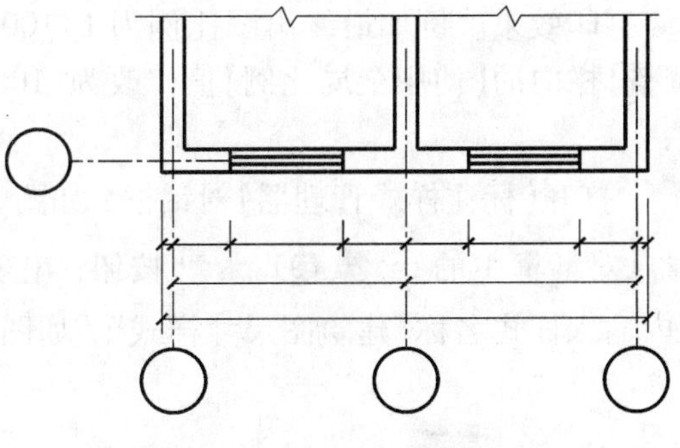

图 1 – 95　尺寸的排列

(6) 尺寸数字一般应依据其方向注写在靠近尺寸线的上方中部。如没有足够的注写位置，最外边的尺寸数字可注写在尺寸界线的外侧，中间相邻的尺寸数字可上下错开注写，引出线端部用圆点表示标注尺寸的位置。如图 1 – 96 所示。

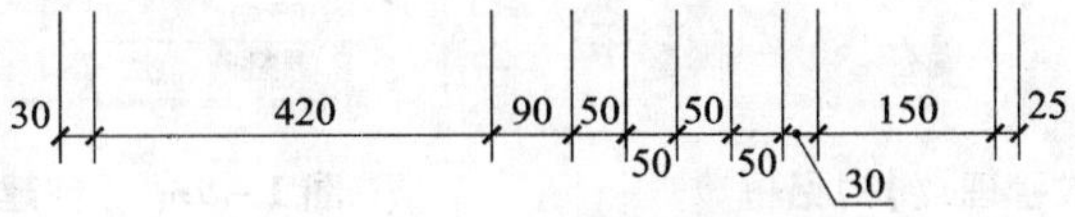

图 1 – 96　尺寸数字的注写位置

1.7.2　设置尺寸样式

尺寸的外观形式称为尺寸样式。创建尺寸样式的目的是为了保证标注的图形上的各个尺寸形式相同，风格一致。下面就来创建一个基本尺寸样式，取名为“建筑图尺寸样式”，各项目对应的尺寸要素设置如表 1 – 5 所示。

表 1－5 “建筑图尺寸样式”尺寸要素设置表

类别	项目名称	设置新值
尺寸界线	超出尺寸线	3
	超点偏移量	2
箭头	第一个	建筑标记
	第二个	建筑标记
	箭头大小	2
文字外观	文字样式	用户设置，如“数字”
	文字高度	2.5
文字位置	垂直	默认设置“上”
	水平	默认设置“居中”
	从尺寸线偏移	1

提示：表 1－5 中所列出的尺寸是最终打印在图纸上的尺寸，而绘图时各尺寸要素值需要乘上出图比例才能获得最终打印效果。例如最终出图比例为 1∶100，可以将所有的尺寸要素扩大 100 倍，也可以将【调整】栏内的【使用全局比例】值修改为“100”。

设置建筑图尺寸样式：

单击标注样式按钮，打开【标注样式管理器】对话框，如图 1－97 所示。

单击【标注样式管理器】对话框中的 新建(N)... 按钮，出现【创建新标注样式】对话框，在【新样式名】文本框内输入样式名称“建筑图尺寸样式”，如图 1－98 所示。

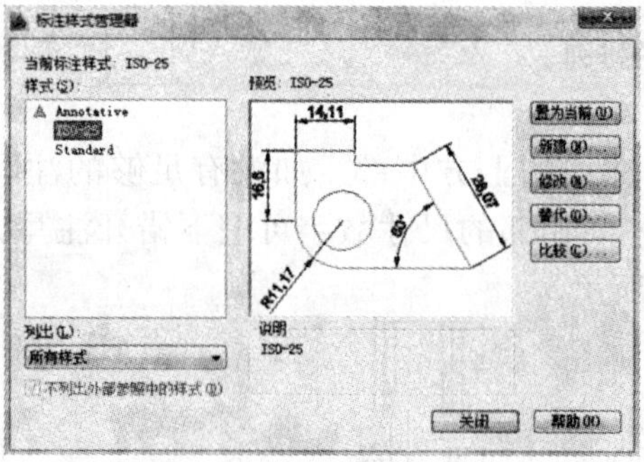

图 1－97 【标注样式管理器】对话框

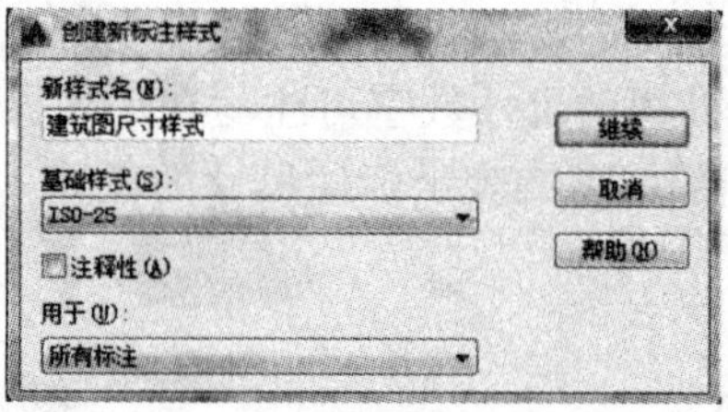

图 1－98 【创建新标注样式】对话框

单击【标注样式管理器】对话框中的 继续 按钮，出现【新建标注样式】对话框。

（1）在【线】选项卡内，作如下设置。

在【尺寸界线】区内，将【超出尺寸线】设置为“3”，【起点偏移量】设置为“2”。设置结果如图 1－99 所示。

（2）单击【符号和箭头】选项卡，并作如下设置。

①在【箭头】区内，单击【第一个】、【第二个】箭头样式下拉列表，选择“建筑标记”。

②在【箭头大小】文本框内，设置箭头长度为“2”。

此时，【符号和箭头】选项卡内的设置结果如图 1－100 所示。

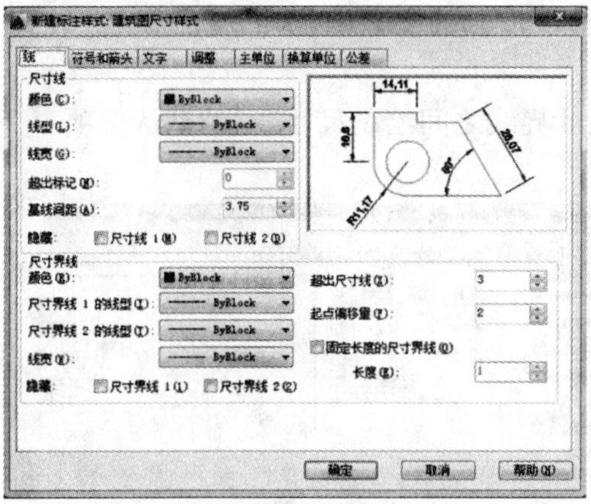

图 1－99　【线】选项卡内的设置结果

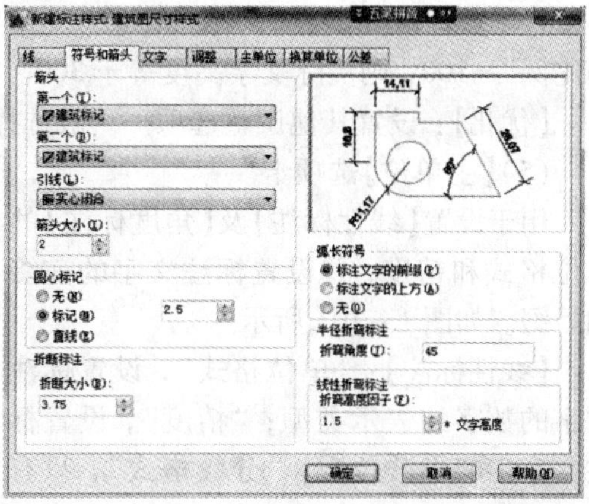

图 1－100　【符号和箭头】选项卡内的设置结果

(3)单击【文字】选项卡，并作如下设置。

①在【文字外观】区内，单击【文字样式】右侧的 [...] 按钮，在弹出的【文字样式】对话框中设置新的文本样式名为“数字”，字体为“romans. shx”，文字高度为 0。

②在【文字样式】右侧的下拉列表中选择“数字”。

③将【文字高度】设为“2.5”。

④在【文字位置】区内设置【从尺寸线偏移】的值为“1”。

此时，【文字】选项卡内的设置结果如图 1－101 所示。

(4)单击【调整】选项卡，屏幕弹出如图 1－102 所示的对话框。在该对话框中可以设置尺寸文本、尺寸箭头、指引线和尺寸线的相对位置关系。

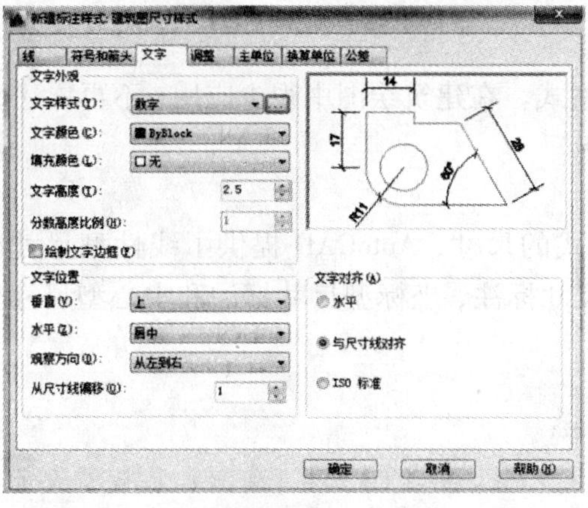

图 1－101　【文字】选项卡内的设置结果

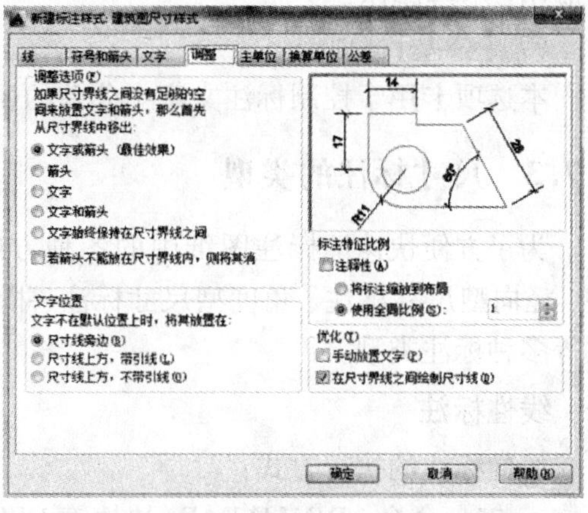

图 1－102　【调整】选项卡对话框

【调整选项】：控制基于尺寸界线之间可用空间的文字和箭头的位置。建议使用默认选项“文字或箭头，取最佳效果”。

【文字位置】：设置当标注文字不在默认位置时，如何确定标注文字的位置。

【标注特征比例】：通过比例数值控制尺寸标注四个元素的实际尺寸，即各元素实际大小＝设置的数值×比例数值。例如，在“文字”选项卡中设置的文字高度为3，若设置“使用全局比例”＝100，则实际文字高度等于300。

【优化】：设置其他调整选项。一般选择“在尺寸界线之间绘制尺寸线”的默认选项。

(5)【主单位】选项卡。

用于设置【线性标注】及【角度标注】的单位格式和精度，并设置标注文字的前缀和后缀。如图1－103所示。

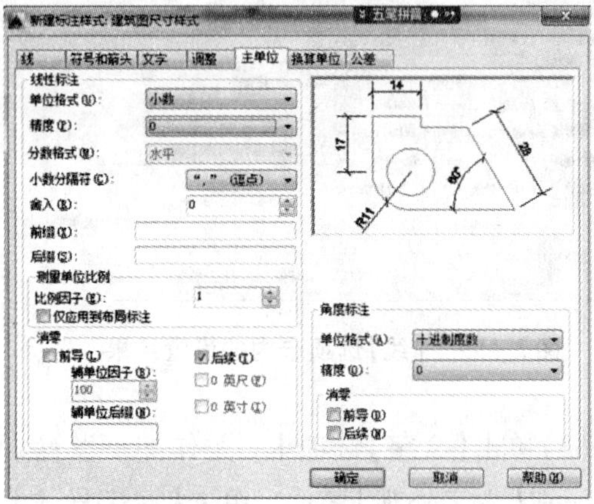

图1－103　【主单位】选项卡对话框

【线性标注】：“单位格式”，设置标注文字的数字的表示类型；“精度”，设置标注文字中的小数位数；“分数格式”，只有当“单位格式＝分数”时，本选项才有效；“小数分隔符”，设置十进制格式的分隔符；“舍入”，为除“角度”之外的所有标注类型设置标注测量值的舍入规则；“前缀”，给标注文字指示一个前缀；“后缀”，给标注文字指示一个后缀；“测量单位比例因子”，AutoCAD按公式“标注值＝测量值×比例因子”进行标注。例如，标注对象的实际测量长度值为10，当设置“比例因子＝100”后，尺寸标注值为1000；消零，控制前导或后续的“0”的显示，例如，选择“前导”，则“0.8”实际显示为“.8”。

【角度标注】：单位格式，一般选择十进制度数；精度为0。

(6)【换算单位】选项卡。

本选项卡用于指定标注测量值中换算单位的显示并设置其格式和精度。在建筑绘图中很少应用，不再详述。

(7)【公差】选项卡。

本选项卡用于控制标注文字中公差的显示与格式。在建筑绘图中很少应用，不再详述。

1.7.3　尺寸标注的类型

为了方便快速地标注图纸中的各种方向、形式的尺寸，AutoCAD提供了线性型尺寸标注、径向型尺寸标注、角度型尺寸标注、指引型尺寸标注、坐标型尺寸标注和中心型尺寸标注等多种标注类型。

一、线性标注

线性标注的执行方式：

- 键盘命令：DIMLINEAR(快捷键DLI)。
- 工具栏按钮：【标注】工具栏上的 ⊢ 按钮。

- 菜单命令：【标注】→【线性】。

该命令主要用于标注两点之间或线段两端点的水平方向或垂直方向的尺寸，如图 1－104 所示。

进行线性标注时，可以直接用鼠标分别选择被标注对象的两端点，AutoCAD 自动将这两点确定为标注尺寸界线。然后确定尺寸界线的高度，AutoCAD 自动计算出尺寸。

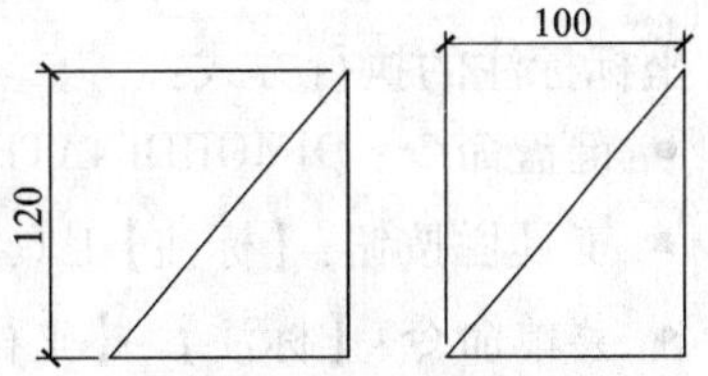

图 1－104 线性标注示例

二、对齐标注

对齐标注的执行方式：

- 键盘命令：DIMALIGNED。
- 工具栏按钮：【标注】工具栏上的 按钮。
- 菜单命令：【标注】→【对齐】。

使用对齐标注可以方便地标注出斜线、斜面的尺寸。其尺寸线将平行于两尺寸界线原点之间的直线。对齐标注的标注方法与线性标注的标注方法基本相同，图 1－105 给出了对齐标注和线性标注的对比样式。

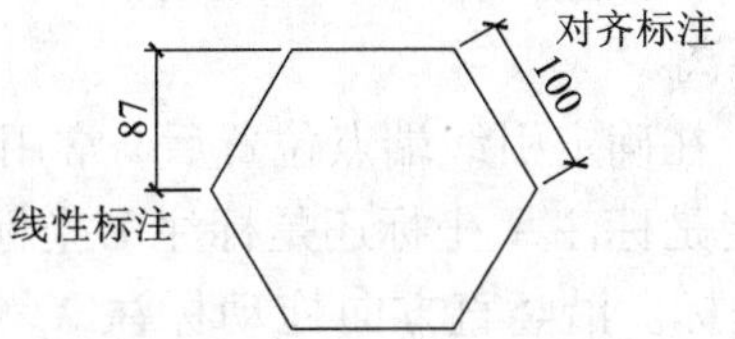

图 1－105 对齐标注示例

三、标注角度尺寸

角度标注的执行方式：

- 键盘命令：DIMANGULAR（快捷键 DAN）。
- 工具栏按钮：【标注】工具栏上的 按钮。
- 菜单命令：【标注】→【角度】。

图 1－106 标注角度的提示

角度尺寸标注用于标注两条直线间的夹角或圆弧的夹角。当启用命令后，将在命令行给出如图 1－106 所示的提示，其中共有四项供选择。

（1）选择圆弧。

对圆弧进行角度标注。先选择圆弧，然后确定弧形尺寸线的位置，AutoCAD 自动计算出该段圆弧的角度并标出。

（2）选择圆。

对圆上的一段弧进行角度标注。在圆上确定第一个点作为第一尺寸界线，再确定第另一个点作为第二尺寸界线，然后确定弧形尺寸线的位置，AutoCAD 自动计算出被选中圆弧的角度并标出。

（3）选择直线。

对两直线组成的角度进行标注。先选择角的第一条边作为第一尺寸界线，再选择另一条边作为第二尺寸界线，然后确定弧形尺寸线的位置，AutoCAD 自动计算出两条直线组成的角度并标出。

（4）直接回车。

该方式默认使用三点指定角度。先指定顶点，再指定另外两点作为两条尺寸界线，然后确定弧形尺寸线的位置，AutoCAD 自动计算出三点组成的角度并标出。

四、坐标标注

坐标标注的执行方式：

- 键盘命令：DIMORDINATE。
- 工具栏按钮：【标注】工具栏上的 按钮。
- 菜单命令：【标注】→【坐标】。

坐标标注用来标注点的绝对坐标，由 *X* 值或 *Y* 值和引线组成，每次要么标注 *X* 坐标，要么标注 *Y* 坐标。*X* 值标注被标注点到原点的 *X* 距离。*Y* 值标注被标注点到原点的 *Y* 距离。

在确定引线端点位置后，常用拖动标注线的方法动态确定是标注 *X* 坐标还是标注 *Y* 坐标。沿水平方向拖动标注 *Y* 坐标。沿竖直方向拖动标注 *X* 坐标。图 1－107 是标注一个圆的圆心的 *X* 坐标和 *Y* 坐标。

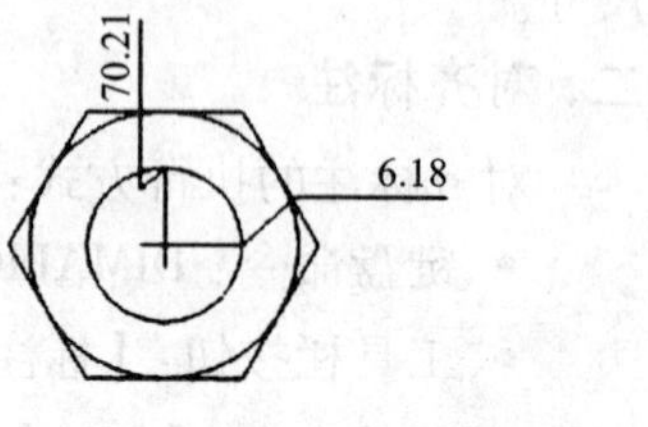

图 1－107　标注 *X* 坐标和 *Y* 坐标

五、基线标注

基线标注的执行方式：

- 键盘命令：DIMBASELINE。
- 工具栏按钮：【标注】工具栏上的 按钮。
- 菜单命令：【标注】→【基线】。

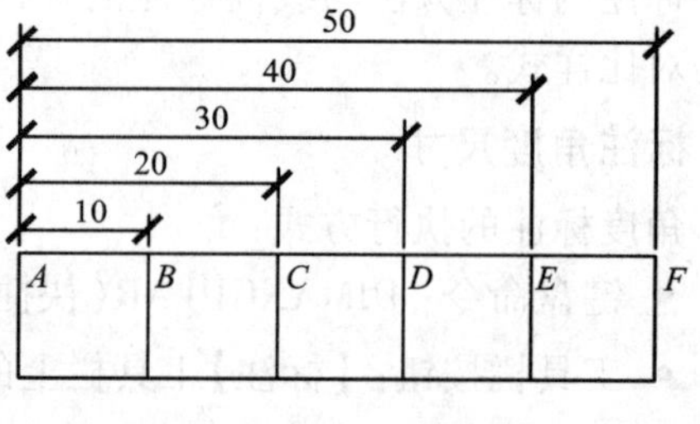

图 1－108　基线标注

基线标注以某一基准尺寸为基准位置，按某一方向标注一系列尺寸，所有尺寸共用一条基准尺寸界线。以图 1－108 为例介绍基线标注的方法，首先对 *A*、*B* 两点间的直线进行线性标注，执行 DIMBASELINE 命令，指定 *A*、*B* 两点间的直线的标注为基准标注，然后依次捕捉 *C*、*D*、*E*、*F* 点进行标注。

标注基线尺寸要求用户事先标出一条尺寸，该尺寸必须是线性尺寸、角度尺寸或坐标尺寸中的一种。

六、连续标注

连续标注的执行方式：

- 键盘命令：DIMCONTINUE。
- 工具栏按钮：【标注】工具栏上的 按钮。
- 菜单命令：【标注】→【连续】。

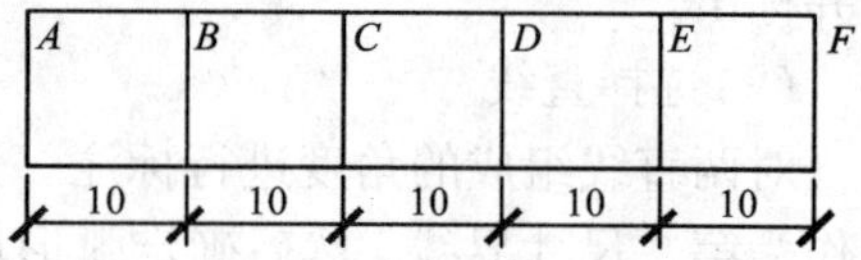

图 1－109　连续标注

连续标注是从某一基准尺寸界线开始，按某一方向顺序标注一系列尺寸，相邻的尺寸间共用一条尺寸界线，而且所有的尺寸线都在同一条直线上，如图 1－109 所示。

七、标注半径

标注半径的执行方式：

- 键盘命令：DIMRADIUS。
- 工具栏按钮：【标注】工具栏上的 按钮。
- 菜单命令：【标注】→【半径】。

半径标注用于标注圆和圆弧的半径。如图 1 – 110 所示。

八、标注直径

标注直径的执行方式：

- 键盘命令：DIMDIAMETER。
- 工具栏按钮：【标注】工具栏上的 按钮。
- 菜单命令：【标注】→【直径】。

直径标注用于标注圆和圆弧的直径。如图 1 – 110 所示。

九、圆心标记

圆心标记的执行方式：

- 键盘命令：DIMCENTER。
- 工具栏按钮：【标注】工具栏上的 按钮。
- 菜单命令：【标注】→【圆心标注】。

圆心标注用于标注圆和圆弧的圆心。如图 1 – 110 所示。

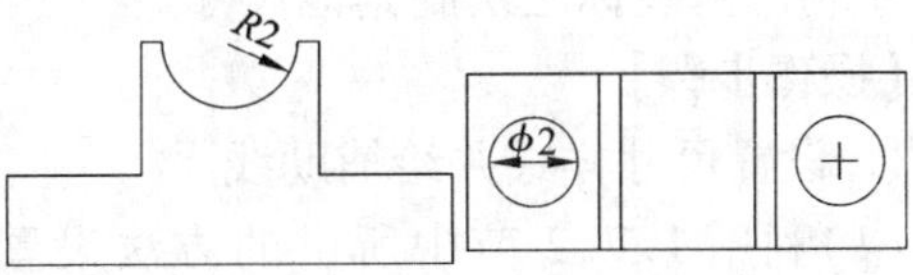

图 1 – 110　半径、直径与圆心标注

十、快速标注

快速标注的执行方式：

- 键盘命令：QDIM。
- 工具栏按钮：【标注】工具栏上的 按钮。
- 菜单命令：【标注】→【快速标注】。

执行命令并选择对象后，将在命令行给出如图 1 – 111 所示的提示。其中给出了一系列选项，这些选项与前面讲述的标注类型具有相同的使用方法。

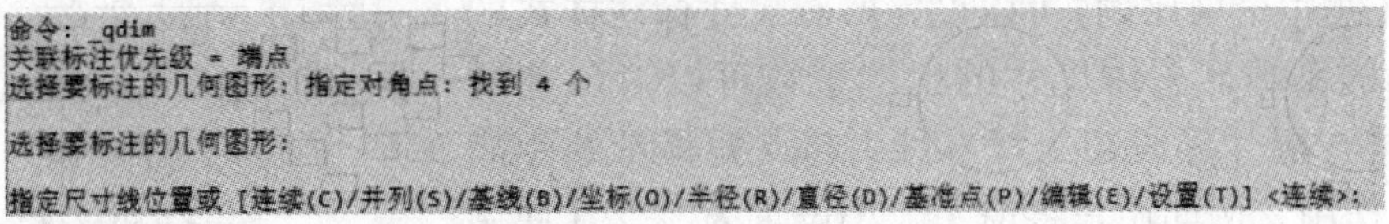
```
命令: _qdim
关联标注优先级 = 端点
选择要标注的几何图形: 指定对角点: 找到 4 个

选择要标注的几何图形:

指定尺寸线位置或 [连续(C)/并列(S)/基线(B)/坐标(O)/半径(R)/直径(D)/基准点(P)/编辑(E)/设置(T)] <连续>:
```

图 1 – 111　快速标注的提示

直接回车 AutoCAD 将按当前选项对对象进行快速标注，否则要选择一个选项才能完成标注。

如图 1 – 112 所示，对其中的圆进行快速标注。首先执行快速标注命令，然后分别选择所有的圆。单击鼠标右键结束对象的选择，输入字母 R 表示标注半径。接着将光标移至适当的位置并单击鼠标左键。标注所有圆的半径的尺寸线的倾斜角度是一致的。

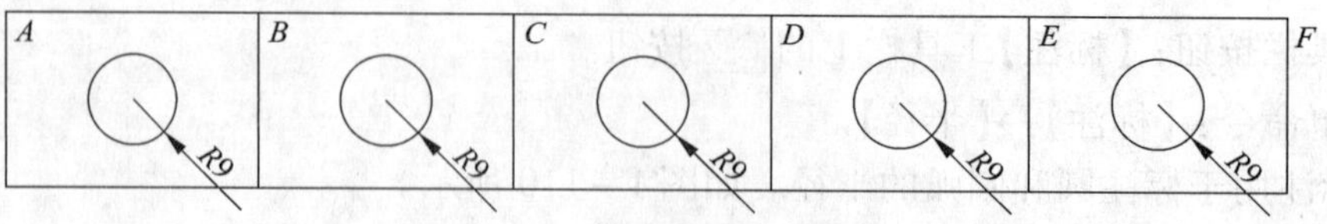

图 1－112　快速标注的结果

1.7.4　典型例题

【实例 1－32】　标注如图 1－113 所示的楼梯详图尺寸。

【解题思路】

①设置尺寸样式并绘辅助线。

②利用线性标注和连续标注方法标注尺寸。

③利用【文字替代】修改标注文字。

④利用基线标注绘制其他尺寸。

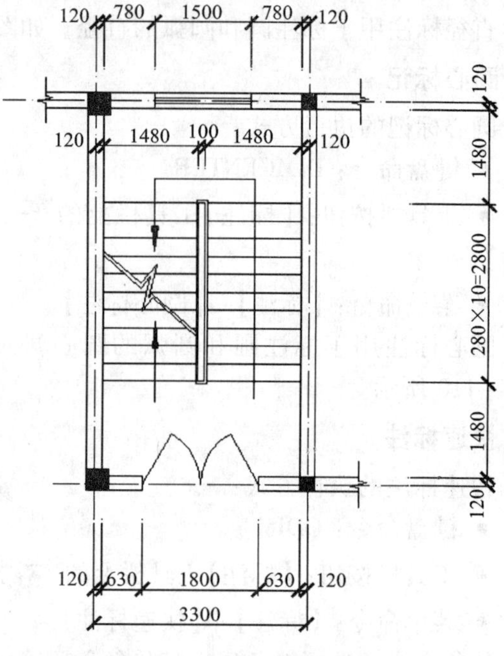

图 1－113　楼梯详图尺寸

【操作步骤】

1. 设置尺寸样式并绘辅助线

(1)利用 1.7.2 节中所讲的方法设置“建筑图尺寸样式”，在【线】选项卡内设置【基线间距】值为“8”。

提示：【基线间距】用来设置基线标注的尺寸线之间的间距，如图 1－114 所示。

(2)在【文字】选项卡内将“文本样式”设置为“romans. shx”，【宽度比例】为“0.7”，取名为“数字”。

(3)在【调整】选项卡内将【标注特征比例】下的【使用全局比例】值设置为“50”。如图 1－115 所示。

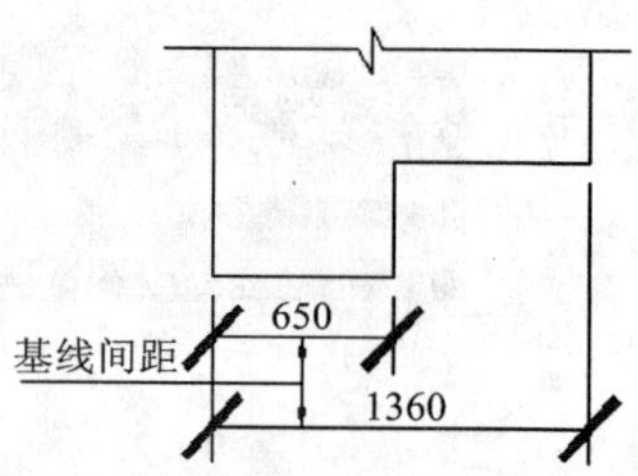

图 1－114　【基线间距】位置示意

提示：【使用全局比例】可以设置所有尺寸标注样式的总体尺寸比例系数。总体尺寸的比例系数可以对尺寸箭头、尺寸文本、尺寸界线超出尺寸线，起点偏移量的距离等参数产生作用。例如用户将箭头大小设置为“2”，【使用全局比例】系数设置为“5”，那么在标注尺寸时，所绘制出来的尺寸箭头实际上是 10($2\times5=10$)，在打印时将输出比例设置为“1∶5”，在出图时尺寸箭头在图纸上的大小仍为 2。

(4)单击图 1－115 中所示的 确定 按钮，返回【修改标注样式】对话框，单击 置为当前(U) 按钮，再单击 关闭 按钮，关闭此对话框，完成“建筑图尺寸样式”设置。

(5)按图 1－116 所示位置，绘制 *AB*、*CD*、*EF*、*GH* 几条辅助线，目的是为了让同一排的尺寸界线起点在同一直线上，以保证标注出来的尺寸整齐美观。

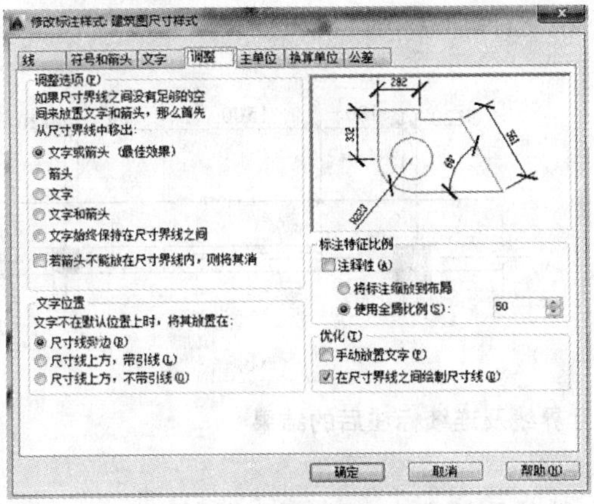

图 1－115 【调整】选项卡设置

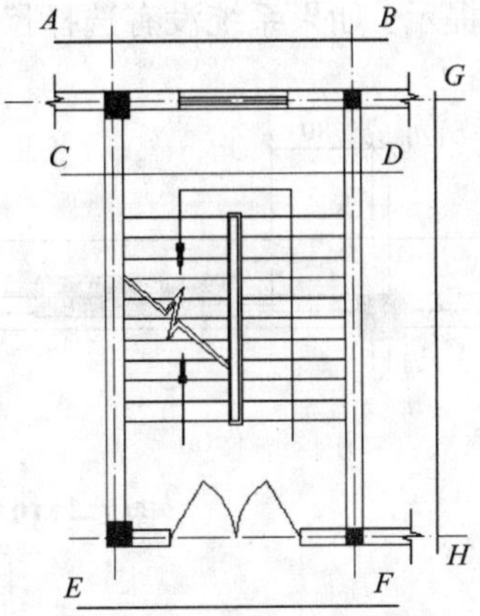

图 1－116 辅助线的位置

2. 利用线性标注和连续标注方法标注尺寸

(1)添加“标注”图层，并将该层设置为当前层。

(2)打开“轴线”图层的可见性，即标注时图中的轴线应显示出来。

(3)单击“线性标注”按钮 ，命令行提示：

命令：_dimlinear

指定第一个尺寸界线原点或 ＜选择对象＞：//捕捉如图 1－109 所示交点“1”。

指定第二条尺寸界线原点：//利用“对象追踪”功能把鼠标移到点“2”，出现追踪线后沿追踪线上移鼠标移到与直线 *AB* 的交点“2”，输入 120，或单击鼠标左键确认。确定第一条尺寸线。如图 1－117 所示。

指定尺寸线位置或[多行文字(M)/文字(T)/角度(A)/水平(H)/垂直(V)/旋转(R)]：// 将第一条尺寸线往辅助线 *AB* 上方移动并输入 300，确定尺寸线与图样之间的距离。完成后如图 1－118 所示。

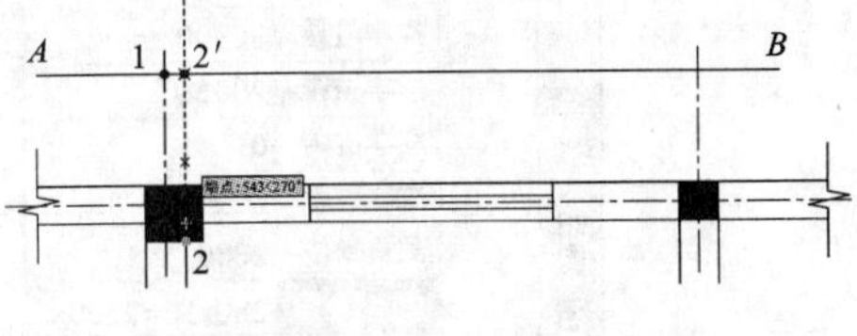

图 1－117 对象追踪点示意

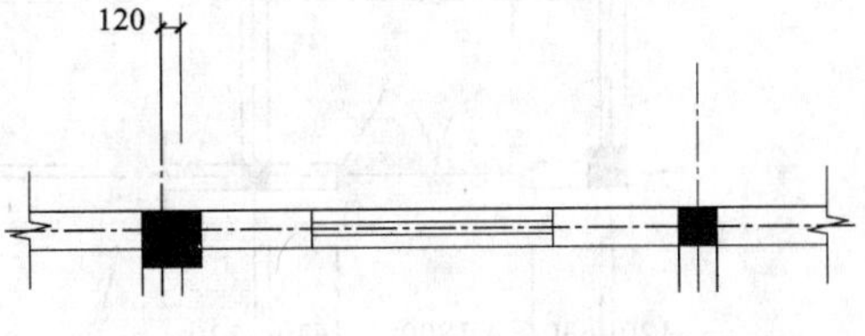

图 1－118 第一条线性尺寸标注结果

(4)单击连续标注按钮 ，命令行提示：

命令：_dimcontinue

指定第二条尺寸界线原点或[放弃(U)/选择(S)]＜选择＞：//利用“对象追踪”功能确定第二条尺寸界线，如图 1－119(a)图所示。

标注文字 =780

利用相同的方法标注其他尺寸，结果如图 1－119(b)图所示。

提示：如果系统没有选择尺寸界线，可调用“选择(S)”项自行选择。

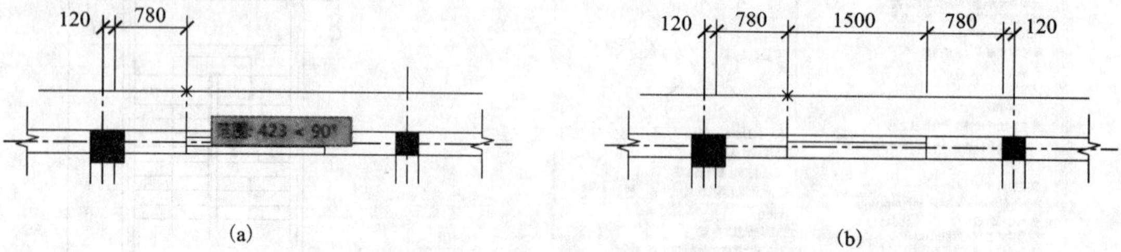

图 1－119　确定第二条尺寸界线及连续标注后的结果

重复线性标注和连续标注绘制楼梯详图中其他位置的细部尺寸，并修改注数字的位置，结果如图 1－120 所示。

3. 利用【文字替代】修改标注文字

(1)选择楼梯右侧其中一跑楼梯尺寸标注的数字“2800”，单击右键，在快捷菜单中选择【特性】选项，弹出【特性】窗口，在【文字】/【文字替代】栏内输入“280×10＝2800”，如图 1－121 所示。

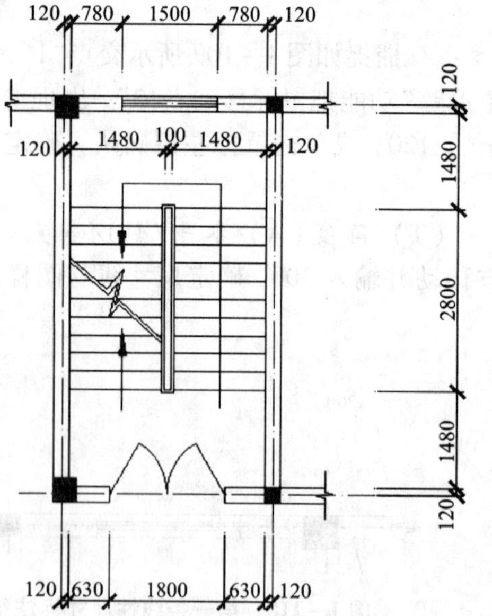

图 1－120　线性标注和连续标注绘制完成后的细部尺寸

图 1－121　【特性】窗口中的设置

4. 利用基线标注绘制其他尺寸

(1)单击基线标注按钮，命令行提示：

命令：_dimbaseline

指定第二条尺寸界线原点或［放弃(U)/选择(S)］<选择>：s //输入“S”，调用“选择(S)”选项，并回车确定。

选择基准标注：//选择最下方左侧的标注为“120”的尺寸中的第一条尺寸界线。

指定第二条尺寸界线原点或［放弃(U)/选择(S)］<选择>：//对象捕捉到右侧墙体轴线的下端点，单击鼠标左键确认。

标注文字 = 3300

指定第二条尺寸界线原点或［放弃(U)/选择(S)］<选择>：//按回车键确认，并结束命令。

完成的楼梯详图尺寸如图 1－113 所示，最后保存文件。

1.8 绘制建筑三维实体

1.8.1 三维视图观察与标准三维实体绘制

一、平面视图与三维视图

AutoCAD 提供了多种观察、显示三维图形的方法，在模型空间中，用户可以定义不同的视点来观察图形。所谓视点是指用户观察图形的方向，例如用户现在绘制了一个球体，如果用户当前位于平面坐标系，此时 *Z* 轴垂直于屏幕指向用户。视点位于屏幕正前方，则此时仅能看到球体在 *XY* 平面上的投影，即平面视图，如图 1－122 所示。在菜单栏选择【视图】→【三维视图】→【西南等轴测】命令，这时将看到一个三维球体，即三维视图，如图 1－123 所示。

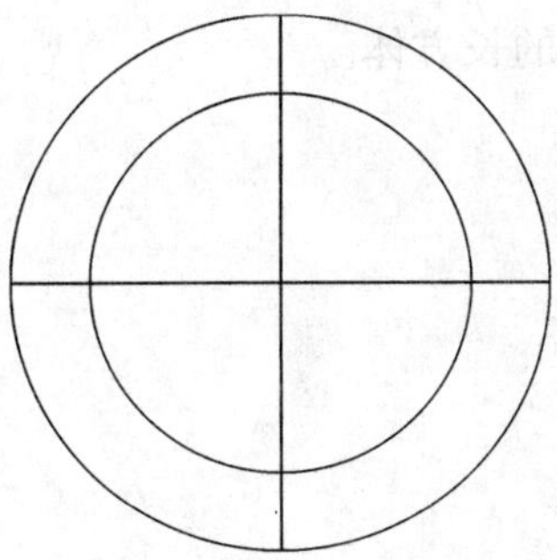

图 1－122 球的平面视图

图 1－123 球的三维视图

在 AutoCAD 中用 10 个视点去观察即得到 10 个标准的视图，这 10 个视图分两大类，即平面视图和三维视图。

选择菜单【视图】→【三维视图】命令，即有正投影视图的六种平面视图(图 1－124)，四种等轴测视图(图 1－125)。

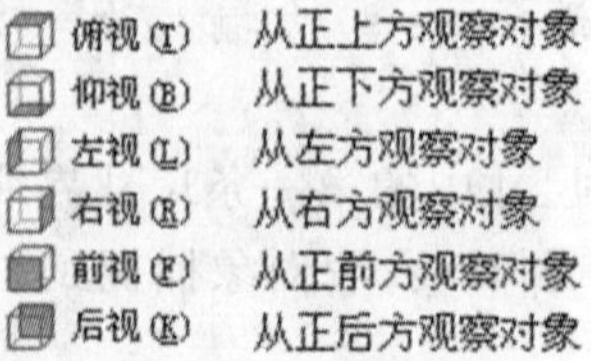

图 1－124　六种平面视图

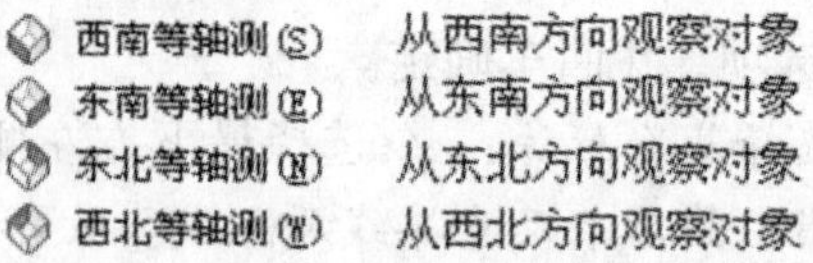

图 1－125　四种等轴测视图

二、"动态观察器"查看三维视图

AutoCAD 提供了具有交互功能的三维动态观察器，可方便用户同时从 *X*、*Y*、*Z* 三个方向动态观察对象。

执行方式：

- 键盘命令：3Dorbit。
- 工具栏按钮：【动态观察】工具栏上的按钮。
- 菜单命令：【视图】→【动态观察】。

命令执行后，进入动态观察模式，控制在三维空间交互查看对象。如图 1－126 所示。

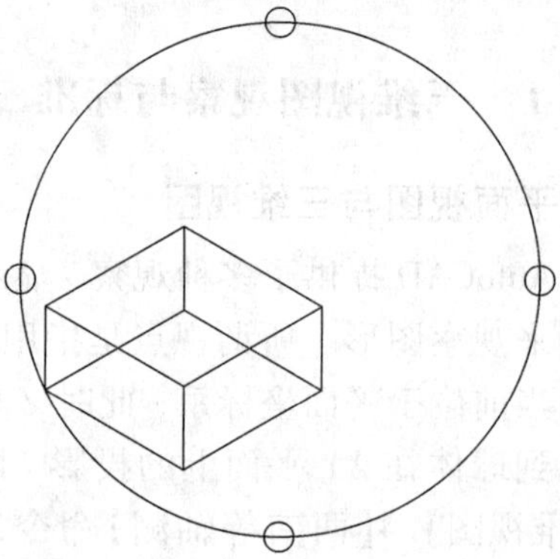

图 1－126　自由动态观察

三、标准三维实体绘制

1. 绘制长方体

执行方式：

- 键盘命令：BOX。
- 工具栏按钮：【建模】工具栏上的按钮。
- 菜单命令：【绘图】→【建模】→【长方体】。

【实例 1－33】　绘制长、宽、高分别为 100、120、80 的长方体。

【操作步骤】

命令：box　//长方体

指定第一个角点或［中心(C)］：100，100

指定其他角点或［立方体(C)/长度(L)］：@100，120

指定高度或［两点(2P)］<50.0000>：80

2. 绘制球体

执行方式：

- 键盘命令：SPHERE。
- 工具栏按钮：【建模】工具栏上的按钮。
- 菜单命令：【绘图】→【建模】→【球体】。

【实例 1－34】　绘制半径为 50 的球体。

【操作步骤】

命令：_sphere　//球体

指定中心点或［三点(3P)/两点(2P)/切点、切点、半径(T)］:

指定半径或［直径(D)］<40.0000>：50

3. 绘制圆柱体

执行方式:

- 键盘命令：CYLINDER。
- 工具栏按钮:【建模】工具栏上的 按钮。
- 菜单命令:【绘图】→【建模】→【圆柱体】。

【实例 1－35】 绘制半径为 40 高为 60 的圆柱体。

【操作步骤】

命令：_cylinder //圆柱体

指定底面的中心点或［三点(3P)/两点(2P)/切点、切点、半径(T)/椭圆(E)］:

指定底面半径或［直径(D)］<50.0000>：40

指定高度或［两点(2P)/轴端点(A)］<80.0000>：60

4. 绘制圆环体

执行方式:

- 键盘命令：torus。
- 工具栏按钮:【建模】工具栏上的 按钮。
- 菜单命令:【绘图】→【建模】→【圆环体】。

【实例 1－36】 绘制半径为 50，圆管半径为 20 的圆环体

【操作步骤】

命令：_torus //圆环体

指定中心点或［三点(3P)/两点(2P)/切点、切点、半径(T)］:

指定半径或［直径(D)］<40.0000>：50

指定圆管半径或［两点(2P)/直径(D)］<10.0000>：20

5. 绘制圆锥体

执行方式:

- 键盘命令：cone。
- 工具栏按钮:【建模】工具栏上的 按钮。
- 菜单命令:【绘图】→【建模】→【圆锥体】。

【实例 1－37】 绘制底半径为 40，高为 40 的圆锥体。

【操作步骤】

命令：_cone //圆锥体

指定底面的中心点或［三点(3P)/两点(2P)/切点、切点、半径(T)/椭圆(E)］:

指定底面半径或［直径(D)］<50.0000>：40

指定高度或［两点(2P)/轴端点(A)/顶面半径(T)］<60.0000>：40

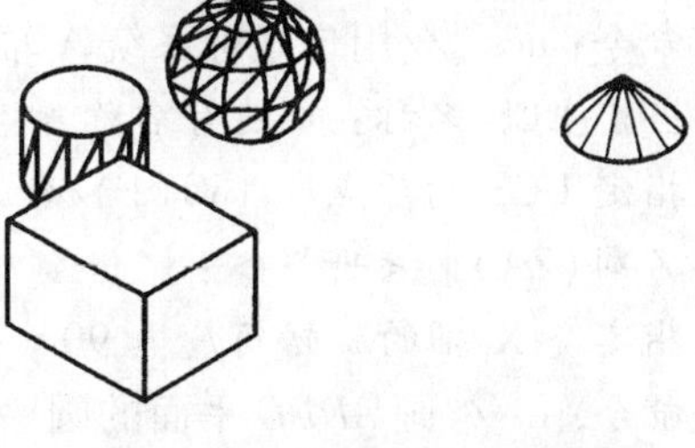

图 1－127　绘制标准三维实体

1.8.2 拉伸与布尔运算建模

一、建立 UCS 坐标系

在三维模型视口绘制平面图形的过程中，CAD 的坐标分为世界坐标系和用户坐标系。世界坐标是系统默认的坐标系，有时为了绘图的方便，用户可以重新设置坐标系，用户设置的坐标系叫用户坐标系。当设置了用户坐标系后世界坐标系就不起作用了。

执行方式：

- 键盘命令：UCS。
- 菜单命令：【工具】→【新建 UCS】。

【实例 1-38】 绘制一个边长 300 的正方体，并在正方体的三个不同面的中心位置画半径为 100 的圆，完成后如图 1-128(a)所示。

【操作步骤】

①调整到西南等轴测视图：【视图】菜单→【三维视图】→【西南等轴测】。

②画边长为 300 的正方体。

命令：_box

指定第一个角点或［中心(C)］：//在屏幕任意位置单击一点

指定其他角点或［立方体(C)/长度(L)］：@300，300

指定高度或［两点(2P)］ <100.0000>：300

③新建用户坐标系，画 *CDEF* 平面的圆，如图 128(b)所示。

【工具】菜单→【新建 UCS】→【三点】。

命令：_ucs

当前 UCS 名称：*没有名称*

指定 UCS 的原点或［面(F)/命名(NA)/对象(OB)/上一个(P)/视图(V)/世界(W)/X/Y/Z/Z 轴(ZA)］ <世界>：_3

指定新原点 <0，0，0>：//单击 *E* 点

在正 X 轴范围上指定点 <1.0000，0.0000，0.0000>：//单击 *D* 点

在 UCS XY 平面的正 Y 轴范围上指定点 <0.0000，1.0000，0.0000>：//单击 *F* 点

命令：c //画 *CDEF* 面的圆

CIRCLE 指定圆的圆心或［三点(3P)/两点(2P)/切点、切点、半径(T)］：150，150

指定圆的半径或［直径(D)］：100

④新建用户坐标系，画 *ADEG* 平面的圆，如图 128(c)所示。

命令：ucs //用户坐标系绕 *X* 轴转 90 度

当前 UCS 名称：*没有名称*

指定 UCS 的原点或［面(F)/命名(NA)/对象(OB)/上一个(P)/视图(V)/世界(W)/X/Y/Z/Z 轴(ZA)］ <世界>：x

指定绕 X 轴的旋转角度 <90>：//回车取默认值 90

命令：c //画 *ADEG* 平面的圆

命令：_circle 指定圆的圆心或［三点(3P)/两点(2P)/切点、切点、半径(T)］：150，-150

指定圆的半径或［直径(D)］ <100.0000>：100

⑤新建用户坐标系，画 *ABCD* 平面的圆，如图 1－128(d)所示。

【工具】菜单→【新建 UCS】→【三点】。

当前 UCS 名称：*没有名称*

指定 UCS 的原点或［面(F)/命名(NA)/对象(OB)/上一个(P)/视图(V)/世界(W)/X/Y/Z/Z 轴(ZA)］ <世界>：_3

指定新原点 <0, 0, 0>：//单击 *A* 点

在正 *X* 轴范围上指定点 <301.0000, -300.0000, 0.0000>：//单击 *B* 点

在 UCS *XY* 平面的正 *Y* 轴范围上指定点 <300.0000, -299.0000, 0.0000>：//单击 *D* 点

命令：c //画 *ABCD* 平面的圆

CIRCLE 指定圆的圆心或［三点(3P)/两点(2P)/切点、切点、半径(T)］：150, 150

指定圆的半径或［直径(D)］ <100.0000>：100

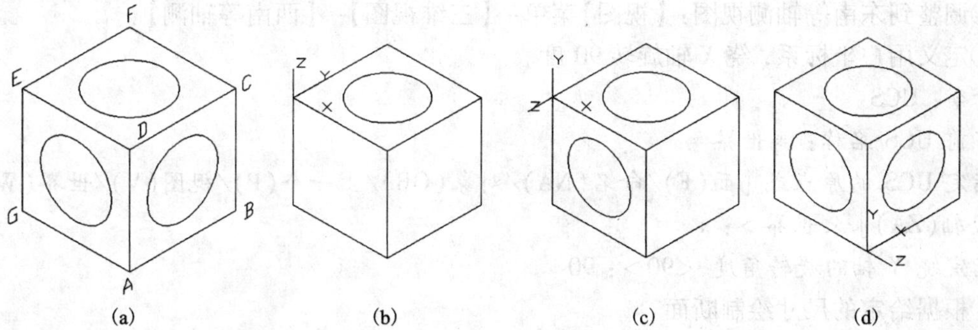

图 1－128　用户坐标练习

二、拉伸建模

1. 面域命令 REGION

面域是封闭区所形成的二维实体对象，可以看成一个平面实体区域，具有物理性质(如面积、质心、惯性矩等)，虽然从外观来说，面域和一般的封闭线框没有区别，但实际上面域就像是一张没有厚度的纸，除了包括边界外，还包括边界内的平面。

执行方式：

- 键盘命令：REGION(快捷键 REG)。
- 工具栏按钮：【绘图】工具栏上的  按钮。
- 菜单命令：【绘图】→【面域】。

2. 拉伸建模命令 EXTRUDE

执行方式：

- 键盘命令：EXTRUDE(快捷键 EXT)。
- 工具栏按钮：【建模】工具栏上的 按钮。
- 菜单命令：【绘图】→【建模】→【拉伸】。

注意：可直接拉伸的平面图形有：矩形、多边形、圆、椭圆、闭合的多段线、闭合的样条

线。其他闭合图形都要转为面域后才能拉伸。

【实例1－39】 绘制如图1－129所示的挑水屋檐。

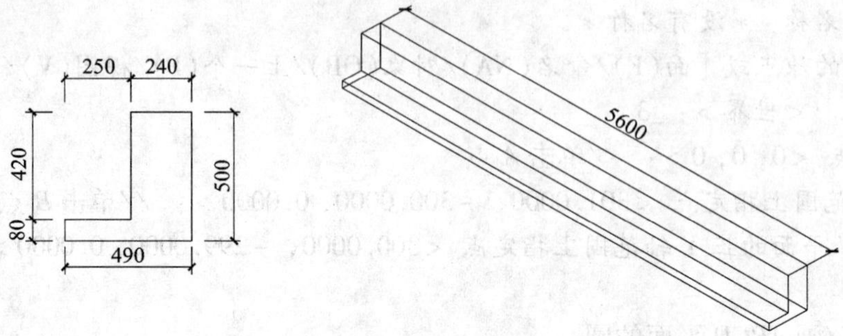

图1－129 挑水屋檐

【操作步骤】

①调整到东南等轴测视图：【视图】菜单→【三维视图】→【西南等轴测】。

②定义用户坐标系，绕 X 轴旋转90度。

命令：UCS

当前 UCS 名称：＊世界＊

指定 UCS 的原点或［面(F)/命名(NA)/对象(OB)/上一个(P)/视图(V)/世界(W)/X/Y/Z/Z 轴(ZA)］＜世界＞：x

指定绕 X 轴的旋转角度 ＜90＞：90

③根据给定的尺寸绘制断面。

命令：l

LINE 指定第一点： // 拾取屏幕上的任一点

指定下一点或［放弃(U)］：490 // 沿0度方向追踪490

指定下一点或［放弃(U)］：500 // 沿90度方向追踪500

指定下一点或［闭合(C)/放弃(U)］：240 // 沿180度方向追踪240

指定下一点或［闭合(C)/放弃(U)］：420 // 沿270度方向追踪420

指定下一点或［闭合(C)/放弃(U)］：250 // 沿180度方向追踪250

指定下一点或［闭合(C)/放弃(U)］：C // 闭合

④面域。

命令：_region

选择对象：指定对角点：找到 6 个 //选择绘制的断面

选择对象： //回车结束选择

已提取 1 个环。

已创建 1 个面域。

⑤拉伸生成实体。

命令：EXTRUDE

当前线框密度：ISOLINES＝4，闭合轮廓创建模式 ＝ 实体

选择要拉伸的对象或［模式(MO)］：指定对角点：找到 1 个

选择要拉伸的对象或［模式(MO)］：//回车结束选择

指定拉伸的高度或［方向(D)/路径(P)/倾斜角(T)/表达式(E)］ < -300.0000 >：5600

三、布尔运算修改实体

布尔操作是用于两个或两个以上的实体(也可以用于面域)的编辑工作，通过它可以完成并集、差集、交集运算，各种运算的结果均将产生新的实体。

1. 并集命令 UNION

并集运算所建立的实体是以参加运算的物体叠加在一起形成的。

执行方式：

- 键盘命令：UNION(快捷键 UNI)。
- 工具栏按钮：【建模】工具栏上的 按钮。
- 菜单命令：【修改】→【实体编辑】→【并集】。

【实例 1-40】 将图 1-130(a)所示的圆柱体和长方体进行并操作，结果如图 1-130(b)。

【操作步骤】

命令：_union

选择对象：指定对角点：找到 2 个 //选择圆柱体和长方体

选择对象： //回车结束选择

2. 差集命令 SUBTRACT

差集运算所建立的实体是以参加运算的母体为基础去掉与子体共同的部分。

执行方式：

- 键盘命令：subtract(快捷键 SU)。
- 工具栏按钮：【建模】工具栏上的 按钮。
- 菜单命令：【修改】→【实体编辑】→【差集】。

【实例 1-41】 将图 1-130(a)将圆柱体从长方体中减去，结果如图 1-130(c)。

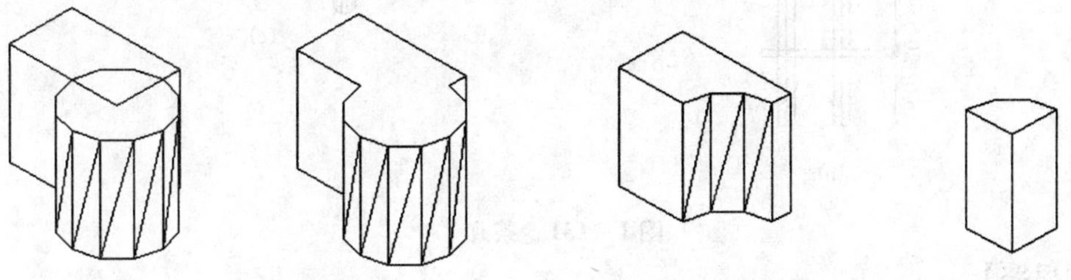

(a)独立的两实体　(b)两实体的“并”　(c)两实体的“差”　(d)两实体的“交”

图 1-130 两个同高实体的布尔运算

【操作步骤】

命令：_subtract 选择要从中减去的实体、曲面或面域...

选择对象：找到 1 个 //选择长方体

选择对象：//回车结束选择
选择要减去的实体、曲面或面域...//选择圆柱体
选择对象：找到 1 个
选择对象：//回车结束选择

3. 交集命令 INTERSECT

交集运算从两个或者多个相交的实体中建立一个合成实体，所建立的合成实体是参加运算实体的共同部分。

执行方式：

- 键盘命令：intersect（快捷键 IN）。
- 工具栏按钮：【建模】工具栏上的  按钮。
- 菜单命令：【修改】→【实体编辑】→【交集】。

【实例 1-42】 求图 1-130（a）所示的圆柱体和长方体的交集，结果如图 1-130（d）。

【操作步骤】

命令：_intersect
选择对象：指定对角点：找到 2 个 //选择圆柱体和长方体
选择对象：//回车结束选择

四、应用举例

【实例 1-43】 绘制如图 1-131 所示茶几。

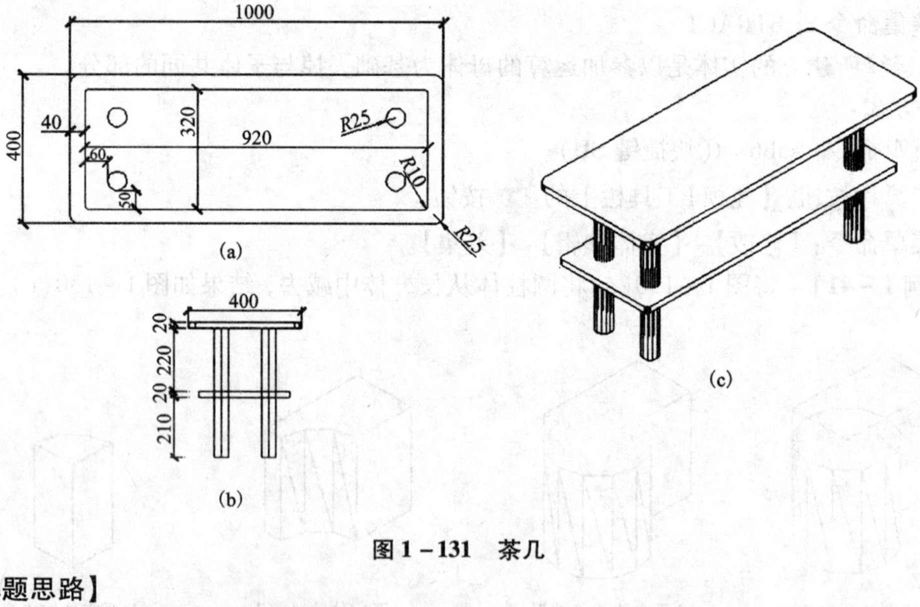

图 1-131 茶几

【解题思路】

①绘制如图 1-131（a）所示平面图形。

②将平面图形转换成面域，通过拉伸建模得到茶几的四条腿及两块板，其中大矩形拉伸高度为 20，小矩形拉伸高度为 -20，四个圆的拉伸高度为 -450。

③将小的那块板向下移动 220。

④将六个实体作并集，结果如图 1-131（c）所示。

【操作步骤】

打开极轴、对象捕捉按钮，并设置端点、圆心、中点捕捉。

点击“视图”工具栏的按钮，进入“西南等轴测”视图。

①绘制 1000×400 的矩形。

命令：_rectang

指定第一个角点或［倒角(C)/标高(E)/圆角(F)/厚度(T)/宽度(W)］：// 在屏幕单击一点作为矩形的一个角点

指定另一个角点或［面积(A)/尺寸(D)/旋转(R)］：@ 1000，400 // 输入矩形另一角点的坐标

②将矩形向内偏移 40。

命令：o

OFFSET

指定偏移距离或［通过(T)/删除(E)/图层(L)］<通过>：40 // 偏移 40

选择要偏移的对象，或［退出(E)/放弃(U)］<退出>：// 选择矩形

指定要偏移的那一侧上的点，或［退出(E)/多个(M)/放弃(U)］<退出>：// 选择矩形内一点

选择要偏移的对象，或［退出(E)/放弃(U)］<退出>：// 回车退出

③作辅助线定左下圆心的位置。

命令：LINE 指定第一点：// 选择小矩形的左下角点

指定下一点或［放弃(U)］：@85，75 // 圆心到左下角点的相对坐标

指定下一点或［放弃(U)］：// 回车结束命令

④画半径为 25 的圆。

命令：c

CIRCLE 指定圆的圆心或［三点(3P)/两点(2P)/切点、切点、半径(T)］：// 单击辅助线的右上端点

指定圆的半径或［直径(D)］：25 // 圆半径 25

⑤删除辅助线。

命令：_erase

选择对象：找到 1 个 // 选择辅助线

选择对象：// 回车结束选择

⑥通过镜像命令得到其他三个圆。

命令：MIRROR

选择对象：找到 1 个 // 选择圆

选择对象：//回车结束选择

指定镜像线的第一点：//选择矩形水平的中点

指定镜像线的第二点：// 选择矩形水平的另一侧中点

是否删除源对象？［是(Y)/否(N)］<N>：// 回车不删除源对象

命令：MIRROR // 镜像两个圆

选择对象：找到 1 个

选择对象：找到 1 个，总计 2 个 // 选择两个圆

选择对象： //回车结束选择

指定镜像线的第一点： //选择矩形竖直的中点

指定镜像线的第二点： //选择矩形竖直的另一中点

是否删除源对象？[是(Y)/否(N)] <N>： // 回车不删除源对象

⑦两个矩形倒圆角。

命令：_fillet//大矩形倒圆角

当前设置：模式 = 修剪，半径 = 0.0000

选择第一个对象或 [放弃(U)/多段线(P)/半径(R)/修剪(T)/多个(M)]：r //设置圆角半径

指定圆角半径 <0.0000>：25 //圆角半径 25

选择第一个对象或 [放弃(U)/多段线(P)/半径(R)/修剪(T)/多个(M)]：M //一次倒多个圆角

选择第一个对象或 [放弃(U)/多段线(P)/半径(R)/修剪(T)/多个(M)]： //以下依次选择大矩形的各边

选择第二个对象：

选择第一个对象或 [放弃(U)/多段线(P)/半径(R)/修剪(T)/多个(M)]：

选择第二个对象：

选择第一个对象或 [放弃(U)/多段线(P)/半径(R)/修剪(T)/多个(M)]：

选择第二个对象：

选择第一个对象或 [放弃(U)/多段线(P)/半径(R)/修剪(T)/多个(M)]：

选择第二个对象：

选择第一个对象或 [放弃(U)/多段线(P)/半径(R)/修剪(T)/多个(M)]：

命令：FILLET //小矩形倒半径 10 的圆角

当前设置：模式 = 修剪，半径 = 25.0000

选择第一个对象或 [放弃(U)/多段线(P)/半径(R)/修剪(T)/多个(M)]：r //设置圆角半径

指定圆角半径 <25.0000>：10 //圆角半径 10

选择第一个对象或 [放弃(U)/多段线(P)/半径(R)/修剪(T)/多个(M)]：M //一次倒多个圆角

选择第一个对象或 [放弃(U)/多段线(P)/半径(R)/修剪(T)/多个(M)]： //以下依次选择小矩形的各边

选择第二个对象：

选择第一个对象或 [放弃(U)/多段线(P)/半径(R)/修剪(T)/多个(M)]：

选择第二个对象：

选择第一个对象或 [放弃(U)/多段线(P)/半径(R)/修剪(T)/多个(M)]：

选择第二个对象：

选择第一个对象或 [放弃(U)/多段线(P)/半径(R)/修剪(T)/多个(M)]：

选择第二个对象：

选择第一个对象或［放弃(U)/多段线(P)/半径(R)/修剪(T)/多个(M)］:

⑧将平面图形转换成面域。

命令：_region

选择对象：指定对角点：找到 6 个 //选全部的平面图形

选择对象：

已提取 6 个环。

已创建 6 个面域。

⑨将矩形和圆拉伸成实体。

命令：_extrude //将大矩形拉伸成板

当前线框密度：ISOLINES =4，闭合轮廓创建模式 = 实体

选择要拉伸的对象或［模式(MO)］：找到 1 个 //选择大矩形

选择要拉伸的对象或［模式(MO)］： //回车结束选择

指定拉伸的高度或［方向(D)/路径(P)/倾斜角(T)/表达式(E)］<300.0000>：20 //大矩形拉伸高度 20

命令：

EXTRUDE //将小矩形拉伸成板

当前线框密度：ISOLINES =4，闭合轮廓创建模式 = 实体

选择要拉伸的对象或［模式(MO)］：找到 1 个 //选择小矩形

选择要拉伸的对象或［模式(MO)］： //回车结束选择

指定拉伸的高度或［方向(D)/路径(P)/倾斜角(T)/表达式(E)］<300.0000>：-20 //小矩形拉伸高度 -20

命令：

EXTRUDE //将圆拉伸为圆柱

当前线框密度：ISOLINES =4，闭合轮廓创建模式 = 实体

选择要拉伸的对象或［模式(MO)］：指定对角点：找到 4 个 //选择 4 个圆

选择要拉伸的对象或［模式(MO)］： //回车结束选择

指定拉伸的高度或［方向(D)/路径(P)/倾斜角(T)/表达式(E)］<300.0000>：-450 //圆拉伸高度 -450

⑩将小板向下移动 220。

命令：_move

选择对象：找到 1 个 //选择小板

选择对象： //回车结束选择

指定基点或［位移(D)］<位移>： //选择圆心

指定第二个点或 <使用第一个点作为位移>：@0，0，-220 //将小板向下移动 220

⑪将六个实体作并集。

命令：_union

选择对象：指定对角点：找到 6 个 //选择六个实体

选择对象： //回车结束选择

习　题

1. 绘制如图 1－132 所示的图形。

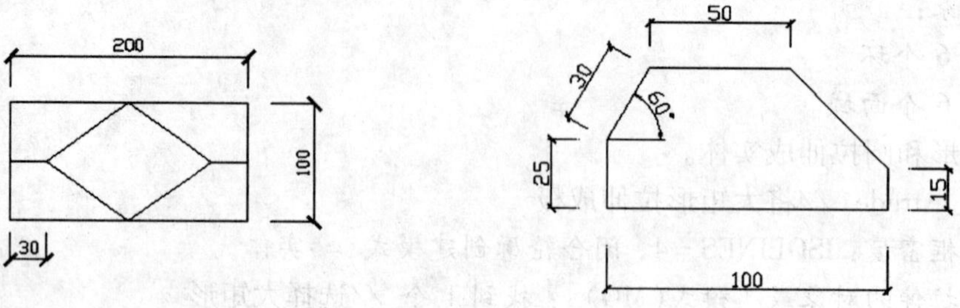

(a)　　(b)

图 1－132

2. 绘制如图 1－133 所示的图形。

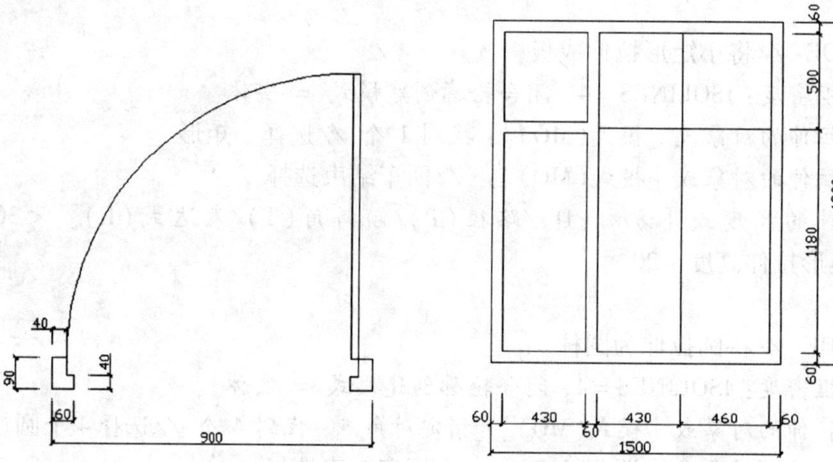

(a)　　(b)

图 1－133

3. 绘制一个长为 60，宽为 30 的矩形；在矩形对角线交点处绘制一个半径为 10 的圆。在矩形下边线左右各 1/8 处绘制圆的切线；再绘制一个圆的同心圆，半径为 5，完成后的图形参见图 1－134。

4. 绘制一个两轴长分别为 100 及 60 的椭圆。在椭圆中绘制一个三角形，三角形三个顶点分别为：椭圆上四分点，椭圆左下四分之一椭圆弧的中点以及椭圆右四分之一椭圆弧的中点；绘制三角形的内切圆。完成后的图形参见图 1－135。

图 1－134

图 1－135

5. 绘制二条长度为 80 的垂直平分线。绘制如图 1－136 所示的多段线，其中弧的半径为 25，完成后的图形参见图 1－136。

图 1－136

6. 按图 1－137(a)所示尺寸绘制双向箭头，线的颜色为红色。填充颜色为绿色，要求轮廓线可见，完成后的图形参见图 1－137(b)。

7. 将图 1－138(a)中的圆放大 1.2 倍。通过编辑命令形成图 1－138(b)所示图形。

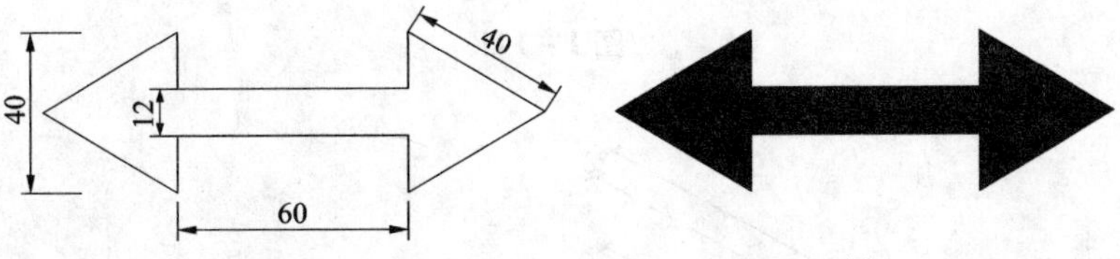

(a)　(b)

图 1－137

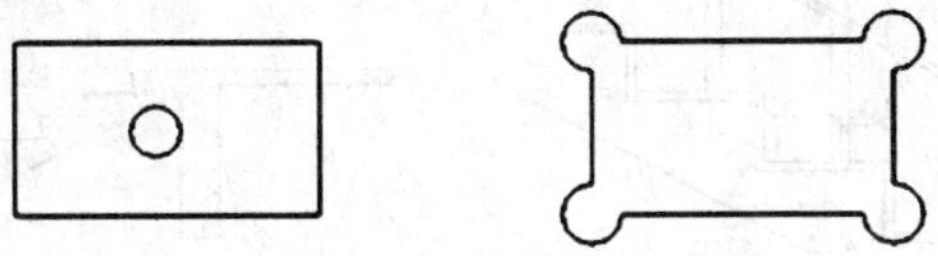

(a)　(b)

图 1－138

8. 将图 1－139(a)中的矩形以对角线交点为基准等比缩放 0.6 倍。将缩放后的矩形阵列成图 1－139(b)所示形状；行数为 4，行偏移为 25；列数为 4，列偏移为 30，整个图形与水平方向夹角为 45°，完成后的图形见图 1－139(b)。

9. 将图 1－140(a)中的矩形以矩形对角线交点为中心旋转 90°。以旋转后的矩形作环形阵列，阵列中心为圆心，阵列后矩形个数为 8，环形阵列的圆心角为 270°，完成后的图形见图 1－140(b)。

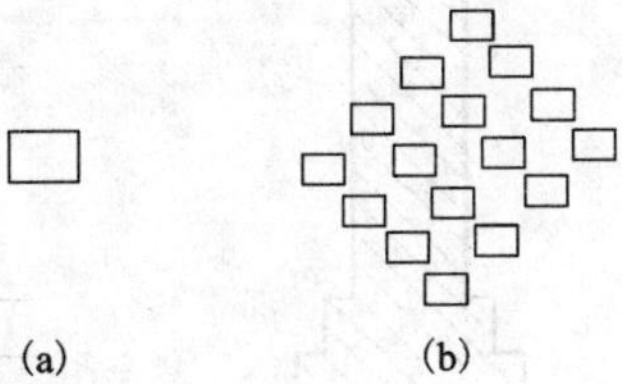

(a)　(b)

图 1－139

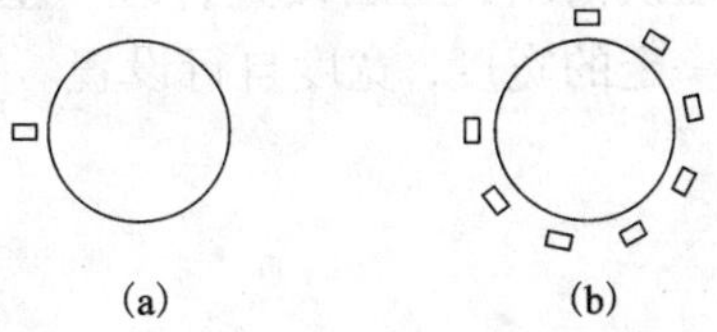

(a)　(b)

图 1－140

10. 以图 1－141(a)图中的四边形及圆为基准，通过编辑命令完成图，其中：E 点为 CD 线中点垂直向上位伸 80 单位；小圆半径相等，大圆弧比小圆半径大 6；轮廓线线宽为 3。填充图案，完成后的图形见图 1－141(b)。

11. 按图 1－142 规定尺寸精确绘图，要求图形层次清晰，图层设置合理。楼梯轮廓线应给一定的宽度，宽度自行设置。

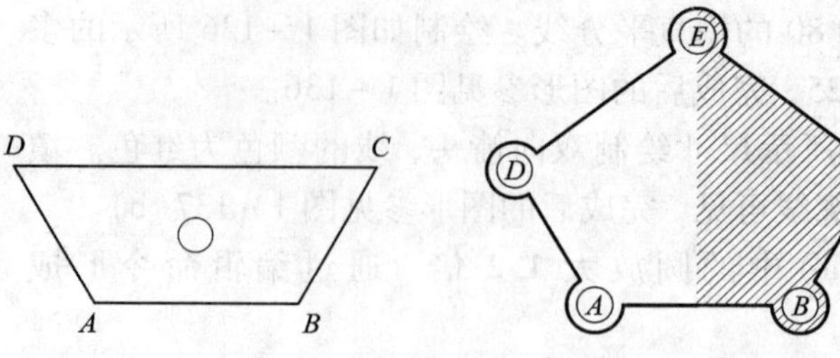

(a) (b)

图 1－141

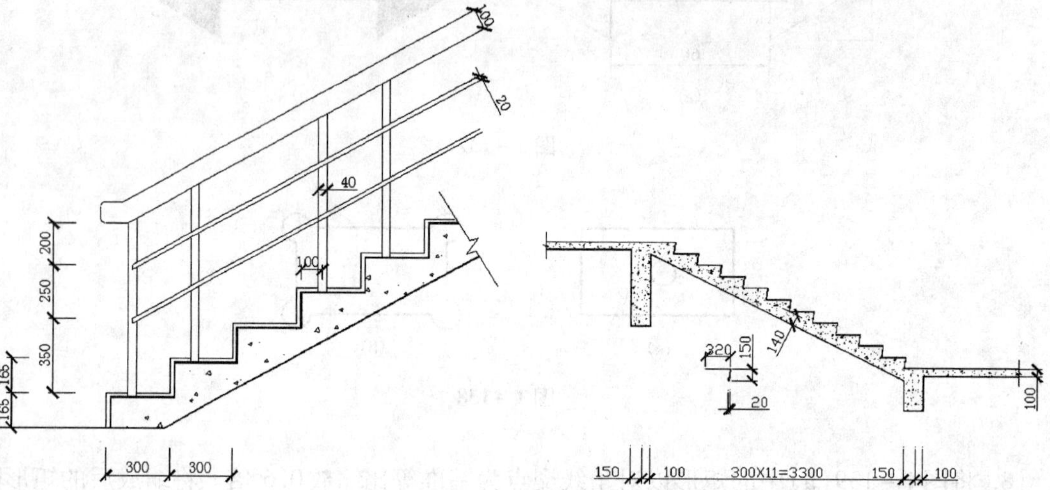

(a) (b)

图 1－142

12. 按图 1－143 规定尺寸精确绘图，要求图形层次清晰，图层设置合理。基础轮廓线应给一定的宽度，宽度自行设置。

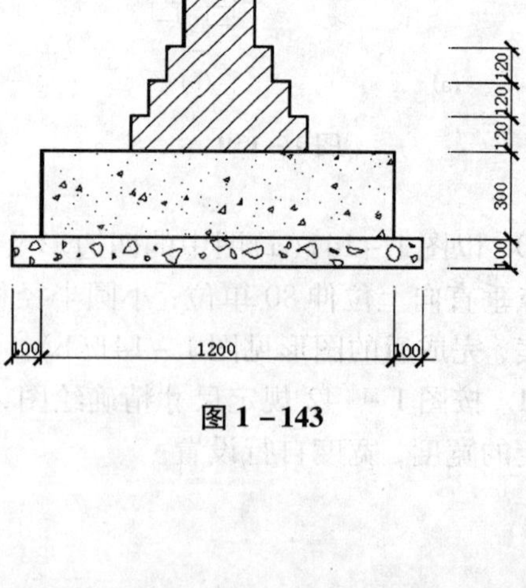

图 1－143

13．按图 1－144 规定尺寸精确绘图，要求图形层次清晰，图层设置合理。墙线应给一定的宽度，宽度自行设置。

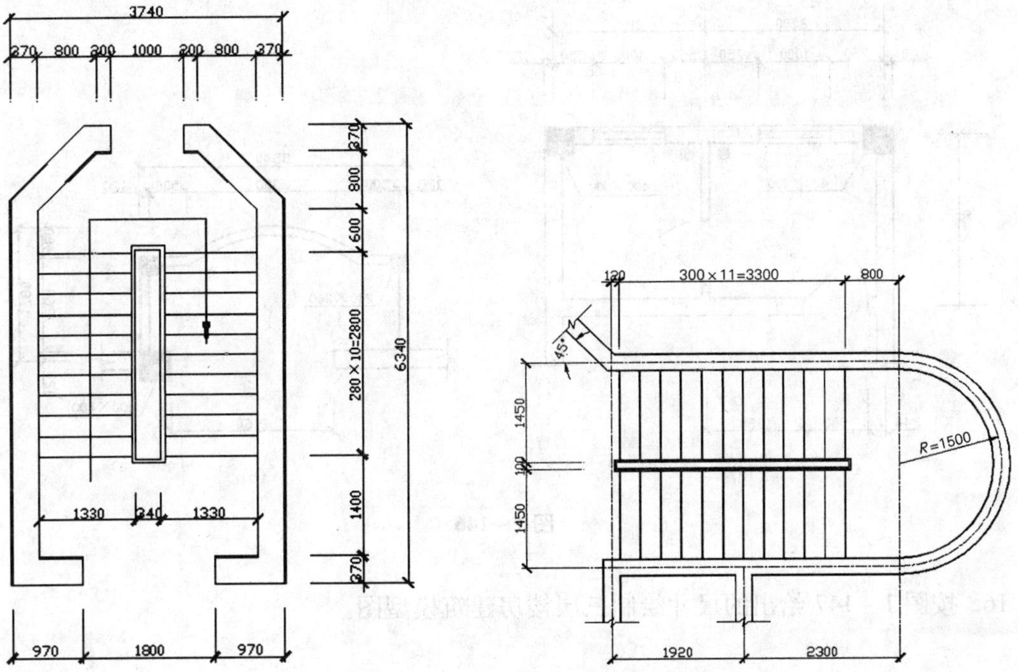

(a)　　　　(b)

图 1－144

14．按图 1－145 规定尺寸精确绘图，要求图形层次清晰，图层设置合理。图形轮廓线应给一定的宽度，宽度自行设置。

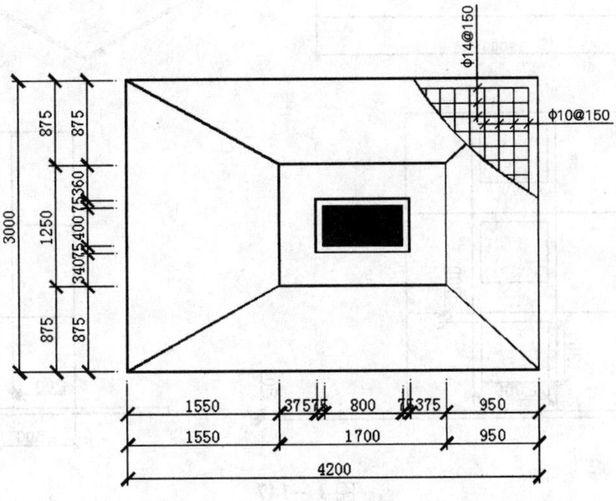

图 1－145

15. 按图 1－146 规定尺寸精确绘图，要求图形层次清晰，图层设置合理。墙线宽度自行设置。

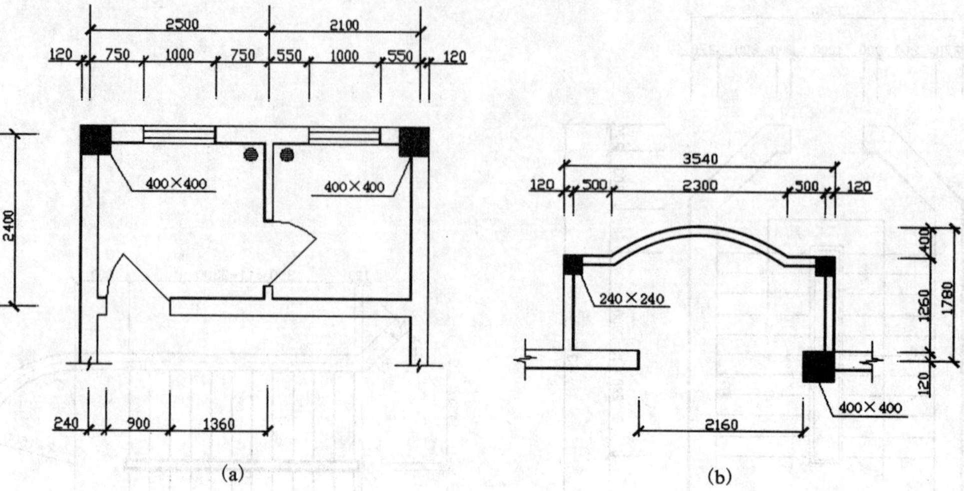

图 1－146

16. 按图 1－147 给出的尺寸绘制三层楼房建筑模型图。

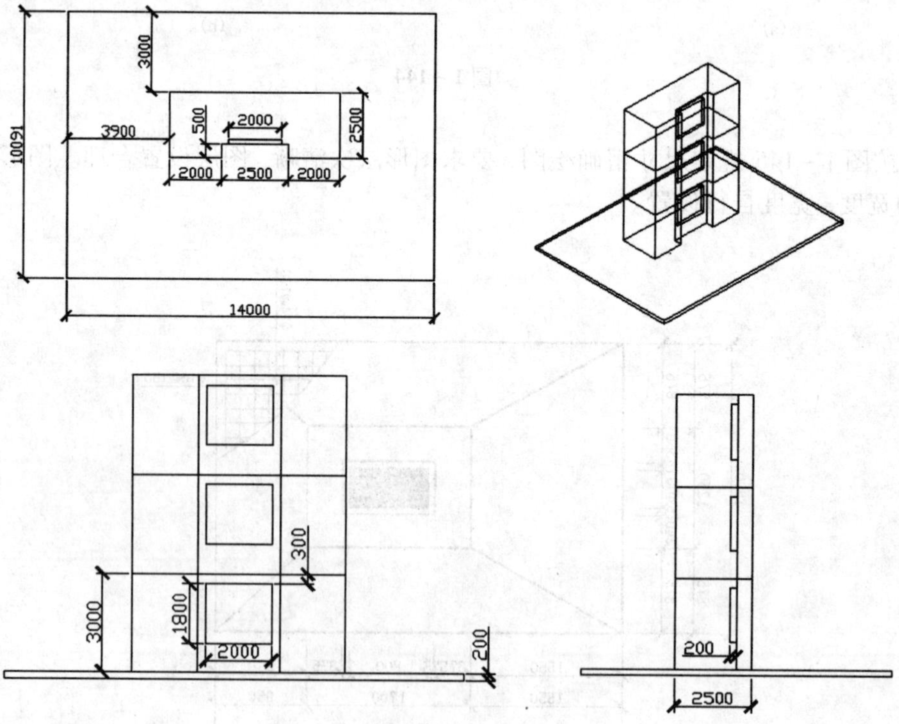

图 1－147

17. 按图 1 - 148 给出的尺寸绘制平房建筑模型图并填充。

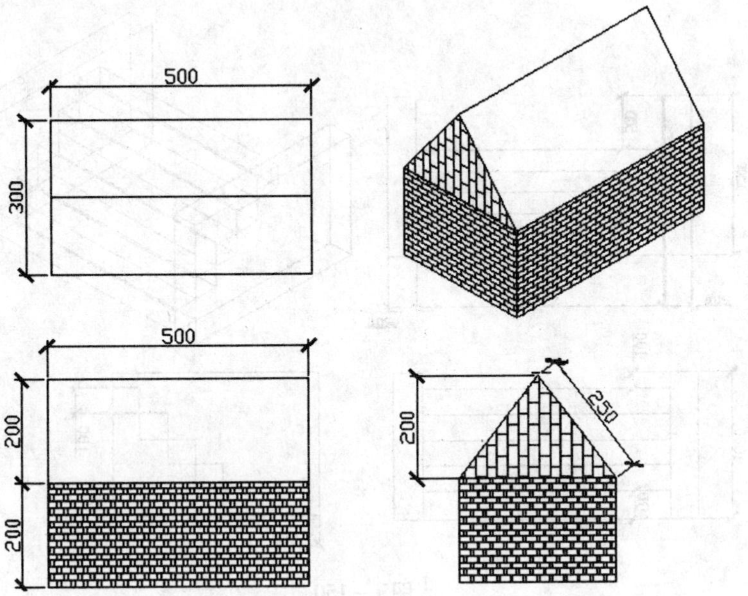

图 1 - 148

18. 按图 1 - 149 给出的尺寸绘制书桌实体。

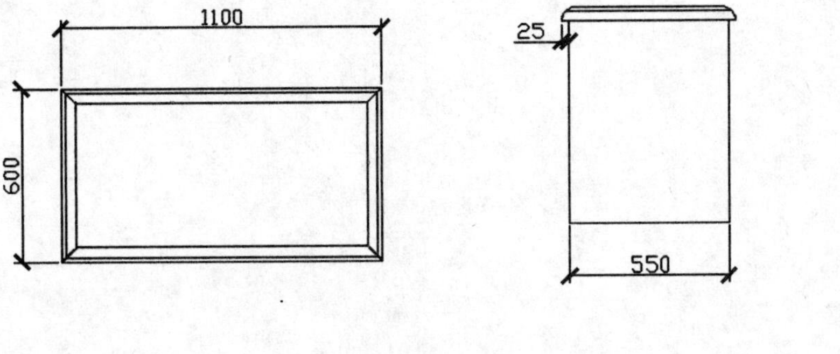

图 1 - 149

19. 按图 1－150 给出的尺寸绘制台阶实体。

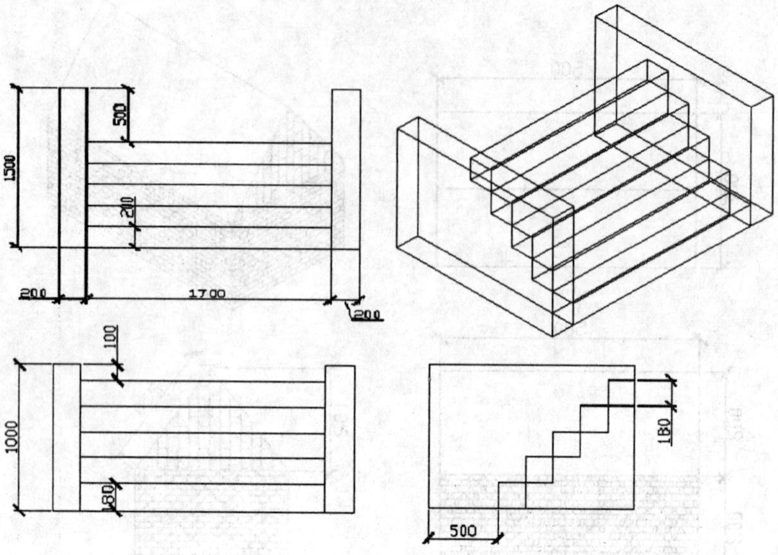

图 1－150

模块二　绘制 A3 图框

【知识目标】

通过本模块的学习，认识建筑制图标准，遵循制图标准，掌握 CAD 软件中基本命令，按照制图步骤和要求绘制 A3 图框。

【技能目标】

通过本模块的学习，能够按照制图规范要求正确绘制 A3 图框，掌握矩形命令、偏移、分解命令，以及在 CAD2014 中添加字体的方法。

2.1　图框基本知识

一、建筑制图标准

为便于绘制、阅读和管理工程图样，以便有一个统一规定，中华人民共和国住房和城乡建设部、国家质量监督检验检疫总局联合发布了有关制图国家标准。本部分主要介绍国家制订的《房屋建筑制图统一标准》(GB/T 50001—2010)(以下简称国标)和《建筑制图标准》(GB/T 50104—2010)中有关图幅、图线、字体、尺寸标注、比例、符号、定位轴线和图例等的一些规定。

1. 图纸幅面及格式(GB/T 50001—2010)

(1)图纸与幅面。

图纸幅面是指图纸宽度与长度组成的图面，也就是图纸的大小。图纸幅面及图框尺寸应符合表 2－1 的规定及图 2－1、图 2－2、图 2－3 的格式。

表 2－1　幅面及图框尺寸(mm)

尺寸代号 \ 横面代号	A0	A1	A2	A3	A4
$b \times l$	841×1189	594×841	420×594	297×420	210×297
c	10			5	
a	25				

注：表中 b 为幅面短边尺寸，l 为幅面长边尺寸，c 为图框线与幅面线间宽度，a 为图框线与装订边间宽度。

(2)图纸格式。

图纸的摆放格式有横式与立式两种，图纸中应有标题栏、图框线、幅面线、装订边线和对中标志。图纸的标题栏及装订边的位置，如图 2 - 1 所示。

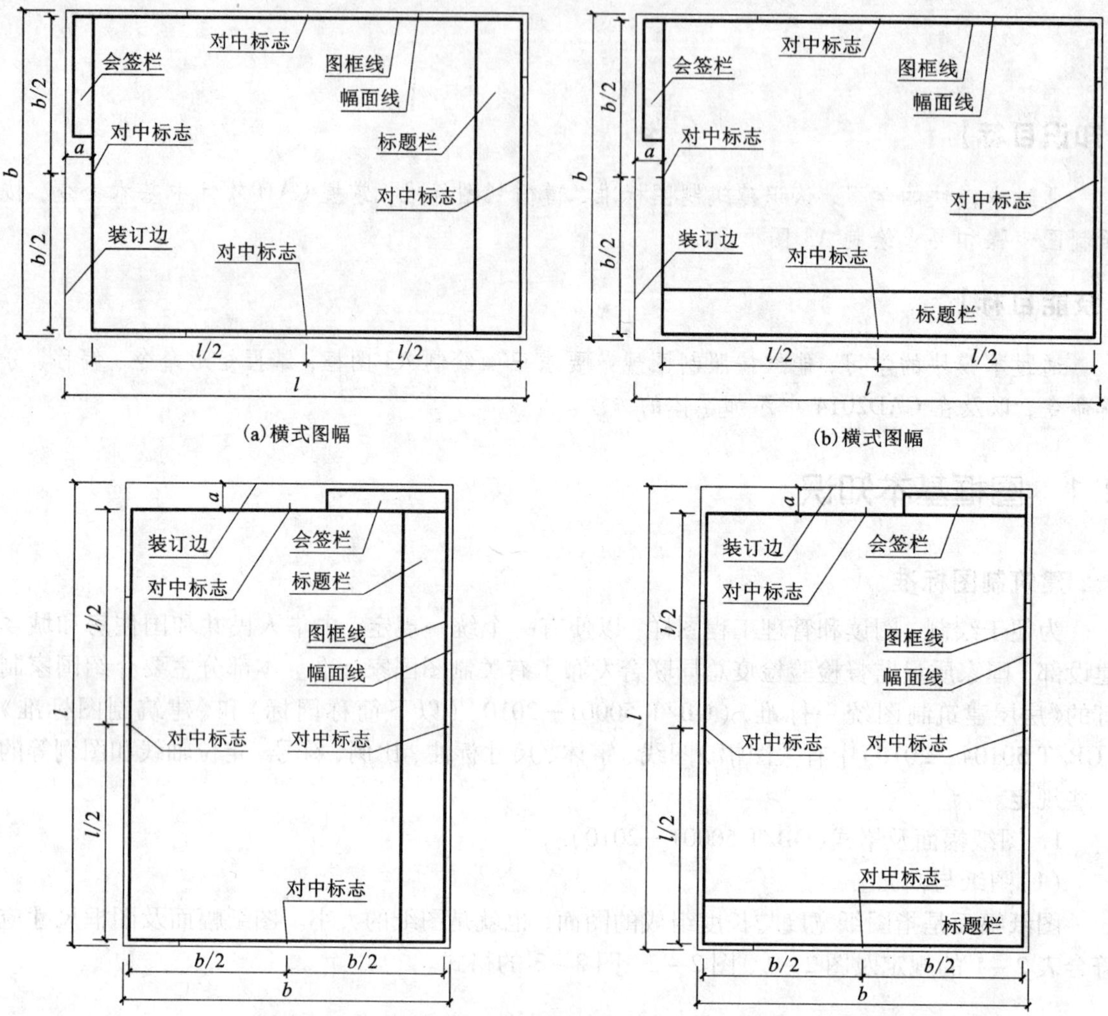

(a)横式图幅　(b)横式图幅　(c)竖式图幅　(d)竖式图幅

图 2 - 1

图纸中的标题栏包括设计单位名称区、注册师签章区、修改记录区、工程名称区、图号区、签字区、会签栏等内容，标准格式应符合图 2 - 2 的规定，根据工程的需要选择确定其尺寸、格式及分区。通常在学校所用的作业标题栏均由各学校制定，学生作业参考标题栏如图 2 - 2(c)所示。

2. 图线(GB/T 50001—2010)

(1)基本线型与线宽。

《房屋建筑制图统一标准》(GB/T 50001—2010)中规定，绘图要采用不同的线宽和不同

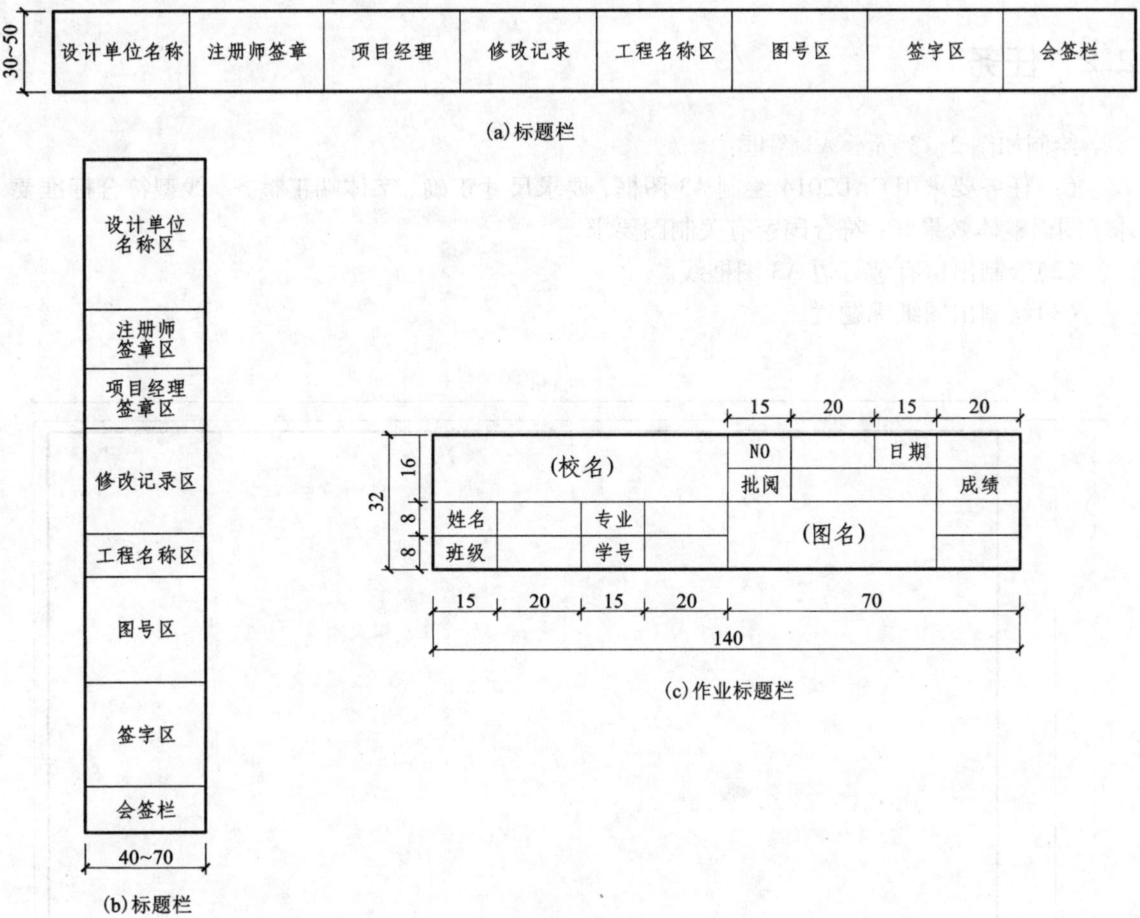

(a)标题栏

(b)标题栏

(c)作业标题栏

图 2－2

的线型来表示图中不同的内容。图线的宽度 b 宜从 1.4、1.0、0.7、0.5、0.35、0.25、0.18、0.13 mm 线宽系列中选取，图线的宽度不应小于 0.1 mm。同一张图纸内，相同比例的各图样，应选用相同的线宽组。图纸的图框和标题栏线可采用表 2－2 的线宽。

表 2－2 图框和标题栏的宽度

幅面代号	图框线	标题外框线	标题栏分格线
A0、A1	b	$0.5b$	$0.25b$
A2、A3、A4	b	$0.7b$	$0.35b$

3. 字体

施工图中一般有文字说明，包括汉字、字母、数字等。汉字：规范中规定，图样上书写的汉字，宜采用长仿宋体或黑体，同一图纸，字体的种类不应超过两种。数字与字母：数字及字母可写成斜体和正体。斜体字的字头向右倾斜，水平成 75°角。

2.2 任务

绘制如图 2－3 所示 A3 图框：

(1)任务要求用 CAD2014 绘制 A3 图框，要求尺寸正确、字体端正整齐、线型符合标准要求，图面整体效果好，符合国家有关制图要求。

(2)绘制出留有装订边 A3 图框线。

(3)绘制出图纸标题栏。

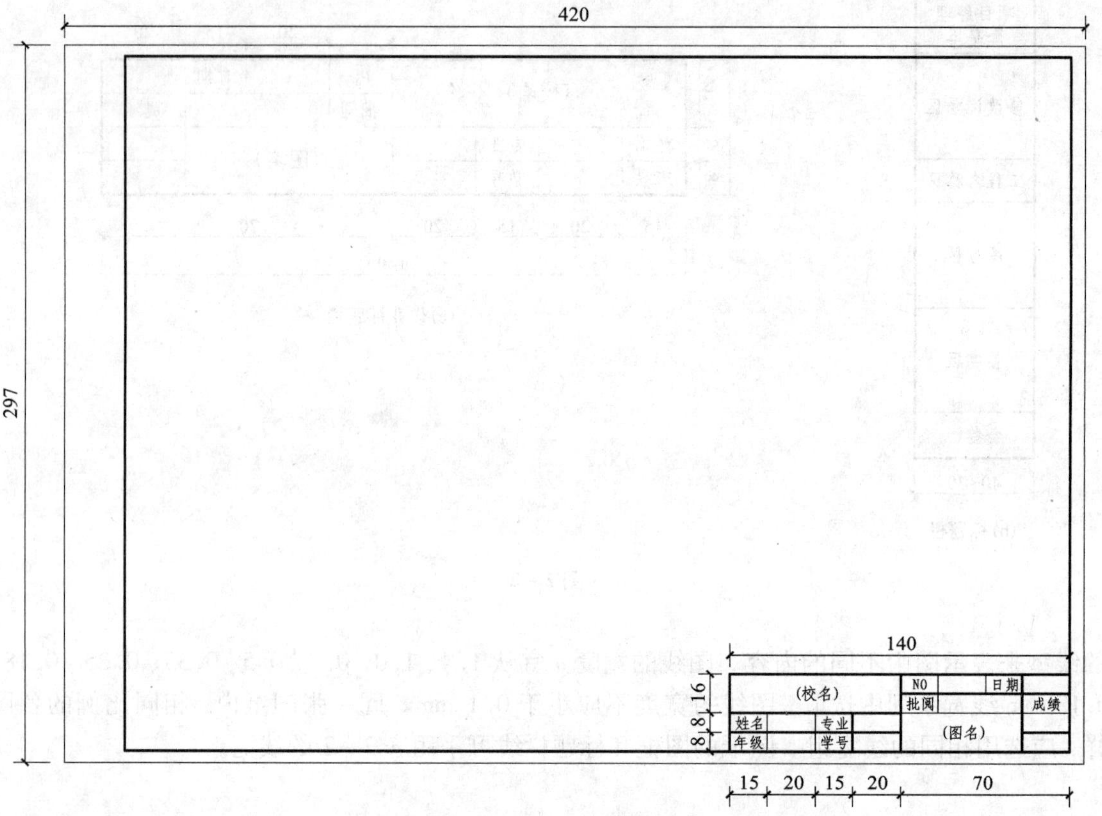

图 2－3　A3 图框

2.3 操作步骤

一、绘制边框线

启动 AutoCAD，在选择模板对话框中空白模板。

1. 设置图形界限

命令：limits

重新设置模型空间界限：

指定左下角点或［开(ON)/关(OFF)］ <0.0000，0.0000>：

指定右上角点 <12.0000, 9.0000>: 500, 300

命令: z　　　或 ZOOM

ZOOM

指定窗口角点，输入比例因子 (nX 或 nXP)，或

[全部(A)/中心点(C)/动态(D)/范围(E)/上一个(P)/比例(S)/窗口(W)] <实时>: a

正在重生成模型。

2. 画外框

用直线命令来画。

命令: l　　或 line

LINE 指定第一点:

指定下一点或 [放弃(U)]: 420

指定下一点或 [放弃(U)]: 297

指定下一点或 [闭合(C)/放弃(U)]: 420

指定下一点或 [闭合(C)/放弃(U)]: c

画出的图形如图 2-4。

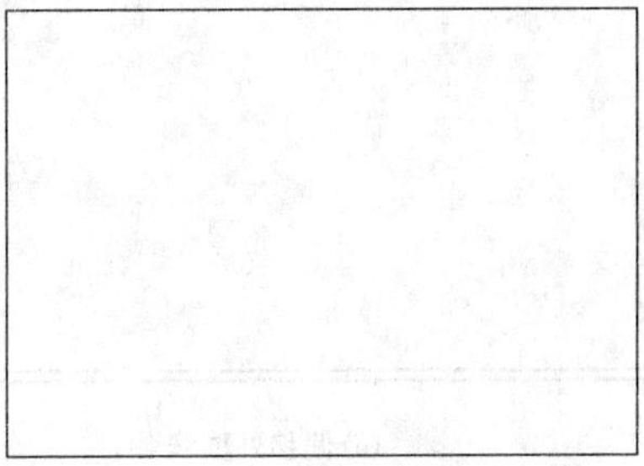

图 2-4　外框

3. 画内框

用偏移复制命令来画。

命令: o　　或 offset //偏移复制三根边距为 5 的直线

OFFSET

当前设置: 删除源 = 否　图层 = 源　OFFSETGAPTYPE = 0

指定偏移距离或 [通过(T)/删除(E)/图层(L)] <25.0000>: 5 //输入偏移间距

选择要偏移的对象，或 [退出(E)/放弃(U)] <退出>: //点取上面直线

指定要偏移的那一侧上的点，或 [退出(E)/多个(M)/放弃(U)] <退出>: //在此直线下侧点击一下

选择要偏移的对象，或 [退出(E)/放弃(U)] <退出>: 点取下面直线

指定要偏移的那一侧上的点，或 [退出(E)/多个(M)/放弃(U)] <退出>: //在此直线上侧点击一下

选择要偏移的对象，或 [退出(E)/放弃(U)] <退出>: 点取右边直线

指定要偏移的那一侧上的点，或 [退出(E)/多个(M)/放弃(U)] <退出>: //在此直线左侧点击一下

选择要偏移的对象，或 [退出(E)/放弃(U)] <退出>: //按空格或回车或右键结束命令执行

命令: o

OFFSET

指定偏移距离或 [通过(T)] <20.0000>: 25

选择要偏移的对象，或 [退出(E)/放弃(U)] <退出>: 点取左边直线

指定要偏移的那一侧上的点，或 [退出(E)/多个(M)/放弃(U)] <退出>: 在此直线右侧点击一下

选择要偏移的对象，或［退出(E)/放弃(U)］<退出>：按空格或回车或右键结束命令执行

画出的图形如图 2－5(a)，再用修剪命令修剪掉多余的部分。

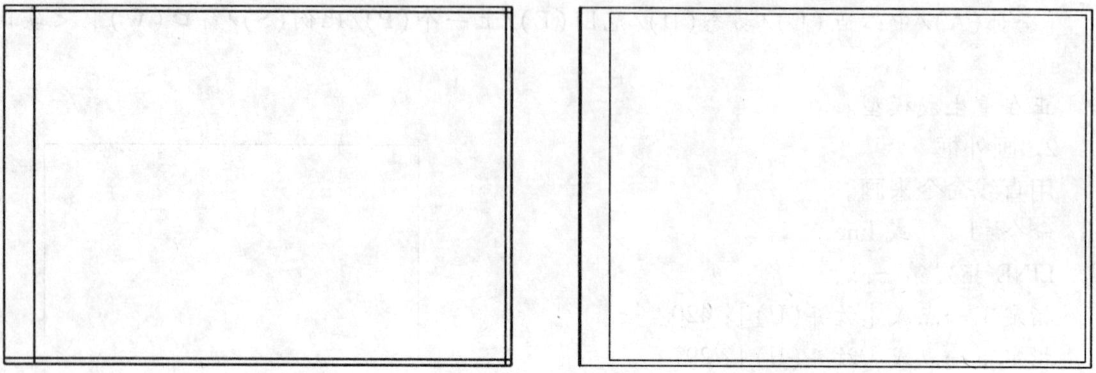

(a)偏移外框线　　(b)修剪得内框

图 2－5

选择剪切边... //依次选取内框的 4 条直线

命令：tr //或 trim

当前设置：投影＝UCS，边＝无

选择对象或 <全部选择>：找到 1 个

选择对象：找到 1 个，总计 2 个

选择对象：找到 1 个，总计 3 个

选择对象：找到 1 个，总计 4 个

选择对象：

选择要修剪的对象，或按住 Shift 键选择要延伸的对象，或［栏选(F)/窗交(C)/投影(P)/边(E)/删除(R)/放弃(U)］：//点取要修剪的部分

选择要修剪的对象，或按住 Shift 键选择要延伸的对象，或［栏选(F)/窗交(C)/投影(P)/边(E)/删除(R)/放弃(U)］：//点取要修剪的部分

完成后图形如图 2－5(b)。

二、绘制标题栏

1. 绘制标题栏框

用偏移复制命令来画。

工具栏：【修改】|单击【偏移】按钮

命令：o　　偏移复制垂直直线 //选择内框最右直线

命令：O//

OFFSET

当前设置：删除源＝否　图层＝源　OFFSETGAPTYPE＝0

指定偏移距离或［通过(T)/删除(E)/图层(L)］<5.0000>：140

选择要偏移的对象，或［退出(E)/放弃(U)］<退出>：
指定要偏移的那一侧上的点，或［退出(E)/多个(M)/放弃(U)］<退出>：
选择要偏移的对象，或［退出(E)/放弃(U)］<退出>：
命令： //直接按回车或空格重复执行上一条命令
命令：O
OFFSET
当前设置：删除源 = 否　图层 = 源　OFFSETGAPTYPE = 0
指定偏移距离或［通过(T)/删除(E)/图层(L)］<32.0000>：20
指定要偏移的那一侧上的点，或［退出(E)/多个(M)/放弃(U)］<退出>：
选择要偏移的对象，或［退出(E)/放弃(U)］<退出>：*取消*
命令：O
OFFSET
当前设置：删除源 = 否　图层 = 源　OFFSETGAPTYPE = 0
指定偏移距离或［通过(T)/删除(E)/图层(L)］<20.0000>：15
选择要偏移的对象，或［退出(E)/放弃(U)］<退出>：
指定要偏移的那一侧上的点，或［退出(E)/多个(M)/放弃(U)］<退出>：
选择要偏移的对象，或［退出(E)/放弃(U)］<退出>：
命令：O
OFFSET
当前设置：删除源 = 否　图层 = 源　OFFSETGAPTYPE = 0
指定偏移距离或［通过(T)/删除(E)/图层(L)］<15.0000>：20
选择要偏移的对象，或［退出(E)/放弃(U)］<退出>：
指定要偏移的那一侧上的点，或［退出(E)/多个(M)/放弃(U)］<退出>：
选择要偏移的对象，或［退出(E)/放弃(U)］<退出>：
命令：O
OFFSET
当前设置：删除源 = 否　图层 = 源　OFFSETGAPTYPE = 0
指定偏移距离或［通过(T)/删除(E)/图层(L)］<20.0000>：15
选择要偏移的对象，或［退出(E)/放弃(U)］<退出>：
指定要偏移的那一侧上的点，或［退出(E)/多个(M)/放弃(U)］<退出>：
选择要偏移的对象，或［退出(E)/放弃(U)］<退出>：
命令：O
OFFSET
当前设置：删除源 = 否　图层 = 源　OFFSETGAPTYPE = 0
指定偏移距离或［通过(T)/删除(E)/图层(L)］<8.0000>：15
选择要偏移的对象，或［退出(E)/放弃(U)］<退出>：
指定要偏移的那一侧上的点，或［退出(E)/多个(M)/放弃(U)］<退出>：
选择要偏移的对象，或［退出(E)/放弃(U)］<退出>：
命令：O

OFFSET

当前设置：删除源 = 否　图层 = 源　OFFSETGAPTYPE = 0

指定偏移距离或［通过(T)/删除(E)/图层(L)］<15.0000>：20

选择要偏移的对象，或［退出(E)/放弃(U)］<退出>：

指定要偏移的那一侧上的点，或［退出(E)/多个(M)/放弃(U)］<退出>：

选择要偏移的对象，或［退出(E)/放弃(U)］<退出>：

命令：O

OFFSET

当前设置：删除源 = 否　图层 = 源　OFFSETGAPTYPE = 0

指定偏移距离或［通过(T)/删除(E)/图层(L)］<20.0000>：15

选择要偏移的对象，或［退出(E)/放弃(U)］<退出>：

指定要偏移的那一侧上的点，或［退出(E)/多个(M)/放弃(U)］<退出>：

选择要偏移的对象，或［退出(E)/放弃(U)］<退出>：//按空格或回车或右键结束命令，如图 2-6(a)所示。

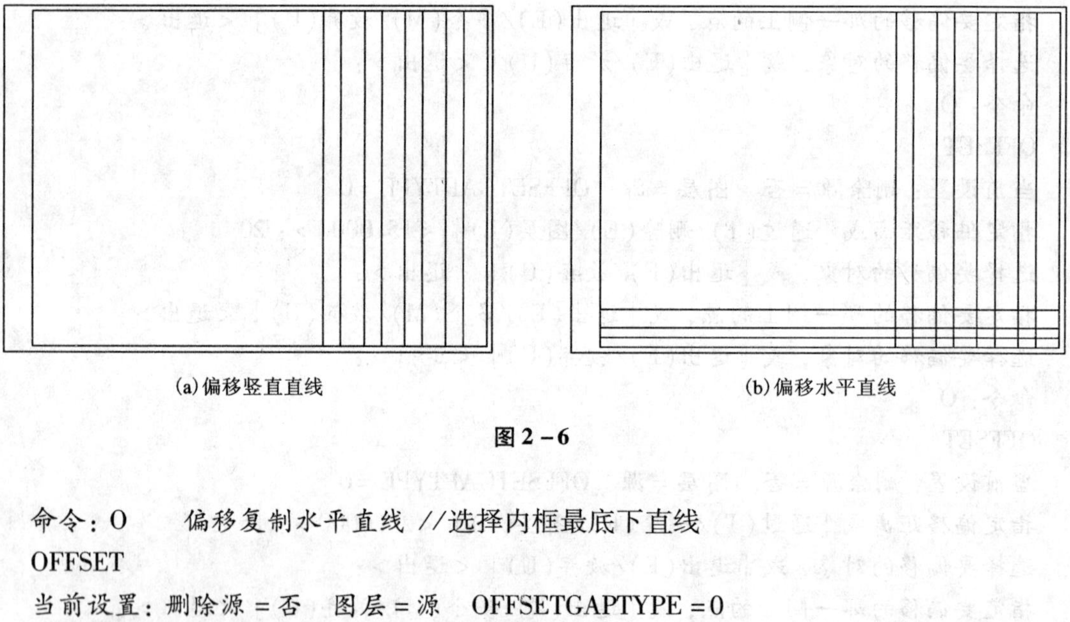

(a)偏移竖直直线　　(b)偏移水平直线

图 2-6

命令：O　偏移复制水平直线 //选择内框最底下直线

OFFSET

当前设置：删除源 = 否　图层 = 源　OFFSETGAPTYPE = 0

指定偏移距离或［通过(T)/删除(E)/图层(L)］<140.0000>：32

选择要偏移的对象，或［退出(E)/放弃(U)］<退出>：

指定要偏移的那一侧上的点，或［退出(E)/多个(M)/放弃(U)］<退出>

选择要偏移的对象，或［退出(E)/放弃(U)］<退出>：

命令：指定对角点或［栏选(F)/圈围(WP)/圈交(CP)］：

命令：O

OFFSET

当前设置：删除源 = 否　图层 = 源　OFFSETGAPTYPE = 0

指定偏移距离或［通过(T)/删除(E)/图层(L)］<15.0000>：8

选择要偏移的对象，或［退出(E)/放弃(U)］<退出>：

指定要偏移的那一侧上的点，或［退出(E)/多个(M)/放弃(U)］<退出>：

选择要偏移的对象，或［退出(E)/放弃(U)］<退出>：

命令：O

OFFSET

当前设置：删除源 = 否　图层 = 源　OFFSETGAPTYPE = 0

指定偏移距离或［通过(T)/删除(E)/图层(L)］<15.0000>：8

选择要偏移的对象，或［退出(E)/放弃(U)］<退出>：

指定要偏移的那一侧上的点，或［退出(E)/多个(M)/放弃(U)］<退出>：

选择要偏移的对象，或［退出(E)/放弃(U)］<退出>：//按空格或回车或右键结束命令，如图 2-6(b)所示。

2. 修剪多余线段

命令：TR

TRIM

当前设置：投影 = UCS，边 = 无

选择剪切边... // 按回车一次

选择对象或 <全部选择>：//按回车第二次

选择要修剪的对象，或按住 Shift 键选择要延伸的对象，或 //点击要剪去的线的多余部分，也可以框选，如图 2-7(a)所示。

［栏选(F)/窗交(C)/投影(P)/边(E)/删除(R)/放弃(U)］：

选择要修剪的对象，或按住 Shift 键选择要延伸的对象，或

［栏选(F)/窗交(C)/投影(P)/边(E)/删除(R)/放弃(U)］：//按空格或回车或右键结束命令。如图 2-7(b)所示。

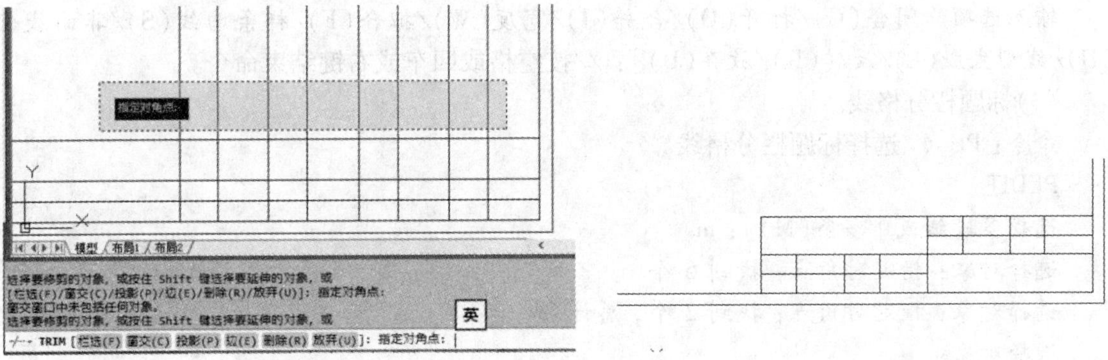

(a)修剪多余线　　(b)修剪后的标题栏

图 2-7

3. 加粗框线

用编辑多线段命令(pedit)来加粗内框线与标题栏框。

(1)加粗内框线。

命令：PE

PEDIT

选择多段线或［多条(M)］：m //选择四条内框线

选择对象：找到 1 个

选择对象：找到 1 个，总计 2 个

选择对象：找到 1 个，总计 3 个

选择对象：找到 1 个，总计 4 个

选择对象：

是否将直线、圆弧和样条曲线转换为多段线？［是(Y)/否(N)］？<Y>

输入选项［闭合(C)/打开(O)/合并(J)/宽度(W)/拟合(F)/样条曲线(S)/非曲线化(D)/线型生成(L)/反转(R)/放弃(U)］：W

指定所有线段的新宽度：0.7

输入选项［闭合(C)/打开(O)/合并(J)/宽度(W)/拟合(F)/样条曲线(S)/非曲线化(D)/线型生成(L)/反转(R)/放弃(U)］：//按空格或回车或右键结束命令。

(2)加粗标题栏框线。

命令：PE //选择标题栏框线

PEDIT

选择多段线或［多条(M)］：m

选择对象：找到 1 个

选择对象：找到 1 个，总计 2 个

选择对象：

是否将直线、圆弧和样条曲线转换为多段线？［是(Y)/否(N)］？<Y>

输入选项［闭合(C)/打开(O)/合并(J)/宽度(W)/拟合(F)/样条曲线(S)/非曲线化(D)/线型生成(L)/反转(R)/放弃(U)］：W

指定所有线段的新宽度：0.5

输入选项［闭合(C)/打开(O)/合并(J)/宽度(W)/拟合(F)/样条曲线(S)/非曲线化(D)/线型生成(L)/反转(R)/放弃(U)］：//按空格或回车或右键结束命令。

(3)标题栏分格线。

命令：PE //选择标题栏分格线

PEDIT

选择多段线或［多条(M)］：m

选择对象：指定对角点：找到 6 个

选择对象：指定对角点：找到 2 个，总计 8 个

选择对象：

是否将直线、圆弧和样条曲线转换为多段线？［是(Y)/否(N)］？<Y>

输入选项［闭合(C)/打开(O)/合并(J)/宽度(W)/拟合(F)/样条曲线(S)/非曲线化(D)/线型生成(L)/反转(R)/放弃(U)］：W

指定所有线段的新宽度：0.25

输入选项［闭合(C)/打开(O)/合并(J)/宽度(W)/拟合(F)/样条曲线(S)/非曲线化(D)/线型生成(L)/反转(R)/放弃(U)］：//按空格或回车或右键结束命令，如图 2-8 所示。

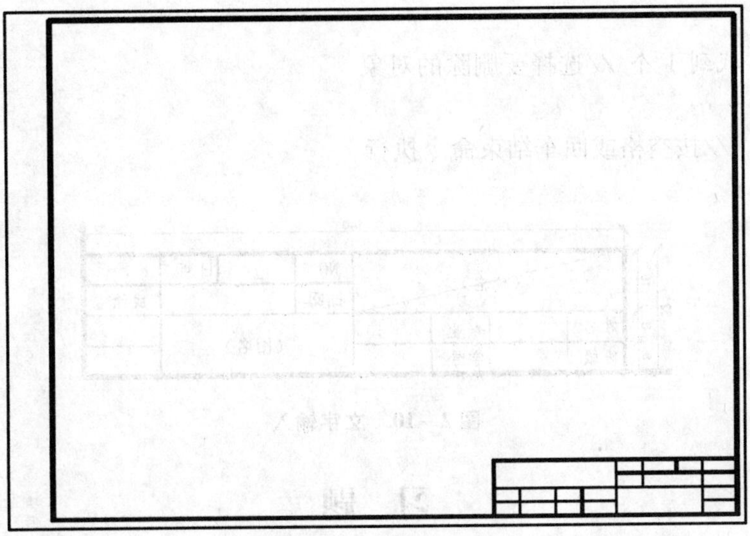

图 2－8　加粗标题栏

4. 输入标题栏文字

(1)设置文字样式。

命令：style

在弹出的对话框中去掉“大字体”复选框中的勾，选字体为仿宋，宽度比为 0.7。

命令：line　在要输入文字的单元格(图 2－9)中画一对角线。

line 指定第一点：

指定下一点或［放弃(U)］：

指定下一点或［放弃(U)］：

命令：dt

TEXT

当前文字样式：“Standard”　文字高度：2.5000　注释性：否

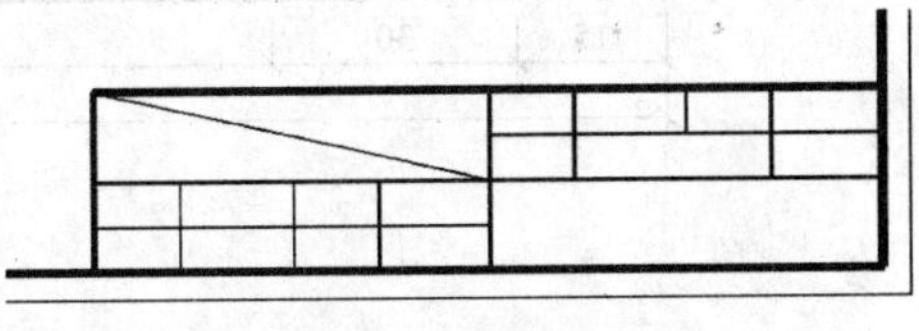

图 2－9　画对角线

指定文字的起点或［对正(J)/样式(S)］：j　//选择文字对正

输入选项

［对齐(A)/调整(F)/中心(C)/中间(M)/右(R)/左上(TL)/中上(TC)/右上(TR)/左中(ML)/正中(MC)/右中(MR)/左下(BL)/中下(BC)/右下(BR)］：mc　//正中对齐

指定文字的中间点：//捕捉对角线中点

指定高度 <2.5000>：3.5　//指定文字大小

指定文字的旋转角度 <0>：

输入文字：“姓名、班级、专业、学号、日期、批阅、成绩等”

然后按两次回车结束单行文本输入。此时的局部图形如图 2－10。用同样的方法可输入其他文本，只是字的高度为 7.0。最后删除所有的对角线。

命令：e
ERASE
选择对象：找到 1 个 //选择要删除的对象
选择对象：……
选择对象：//按空格或回车结束命令执行

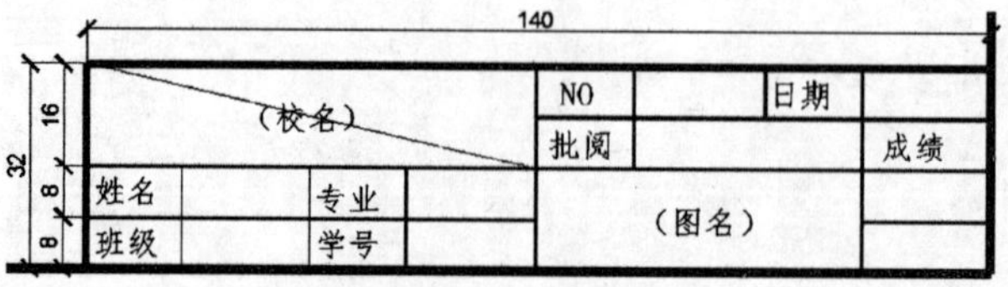

图 2-10 文字输入

习 题

1. 绘制 A2 图框，图框标题栏尺寸如图 2-11 所示。

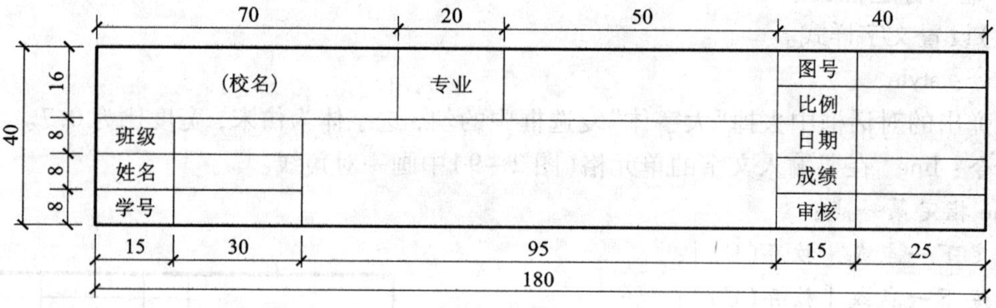

图 2-11

模块三 绘制建筑平面图

【知识目标】

通过本模块的学习，进一步领会图形界限、图层、线型、多线样式、文字样式的概念与设置方法，进一步掌握 CAD 的图形绘制与编辑命令的功能及其使用方法。

【技能目标】

通过本模块的学习，熟悉建筑平面图的绘制内容，掌握建筑平面图的绘制步骤，能够较快地正确绘制施工图。

3.1 建筑平面图绘制的基础知识

3.1.1 建筑平面图的分类与绘制内容

一、建筑平面图的分类

建筑平面图即为房屋的水平剖视图，也就是假想用一个水平平面经门窗洞口处将房屋剖开，对水平面下的部分用正投影法得到的投影图。建筑平面图是用来表达建筑物的平面大小、形状，门、窗、柱等建筑构件，房间的布局的图形。

一个建筑的每一层都有对应层的平面图，分别叫一层(底层)平面图、二层平面图……除此还有一个屋顶平面图，一般每层的平面图应分别绘制。如果有一些楼层的结构相同，就可以共用一个平面图，但要标出这些层的层数，如“2 ~4 层平面图”或“标准层平面图”。

二、建筑平面图的绘制内容

建筑平面图绘制内容，一般包括轴线、墙、柱、门窗、楼梯等构件的位置、形状和材料，尺寸与文字标注等内容。有时还可能要绘制平面详图。对不同结构的多层建筑应分层绘制对应层的平面图。

建筑平面图所绘制的构件和内容较多，为了绘制、编辑管理的方便，对每一类构件应建立对应的图层，便于分类分层管理。

3.1.2 建筑平面图的绘制一般步骤

在绘制建筑平面图时，一般应先绘制二层(或标准层)平面图，再利用二层平面图依次修改成其他层次(包括屋顶)的平面图。

根据建筑构件的位置和尺寸关系，建筑平面图的一般绘制步骤如下：

(1)设置绘图环境：包括图形界限、图层、线型设置；
(2)绘制定位轴线网；
(3)绘制墙线、柱子；
(4)绘制门窗；
(5)轴号、文字、尺寸标注；
(6)绘制楼梯；
(7)厨卫洁具、家具等
(8)绘制户外台阶、散水；
(9)组图、出图。

3.2 任务

绘制图 3－1 所示的一层平面图。

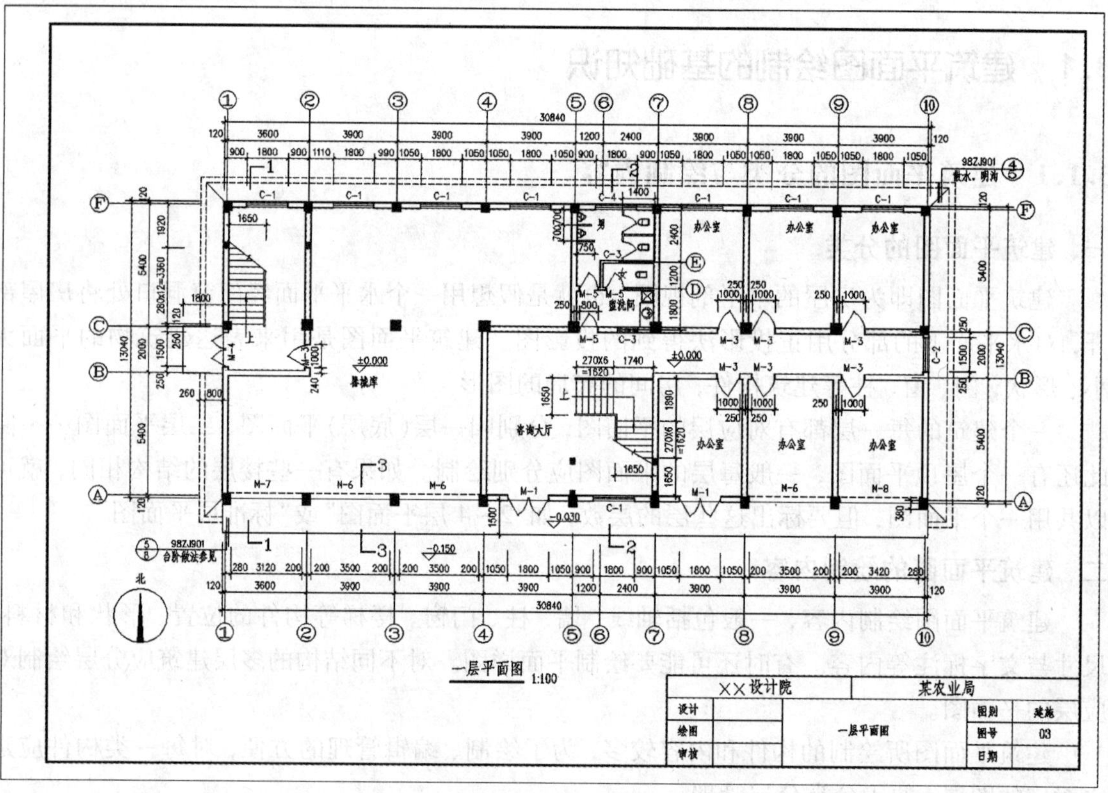

图 3－1　一层平面图

3.3　建筑平面图绘制步骤

3.3.1　绘图准备

启动 CAD 并新建一个文件"一层平面图. DWG"。

一、建立图层

用图层特性管理器命令 layer(快捷命令为 la)新建轴线、墙线、柱子、门窗、楼梯、标注文字、厨卫、台阶散水等图层。

命令：la

LAYER　//按图 3－2 建立图层。

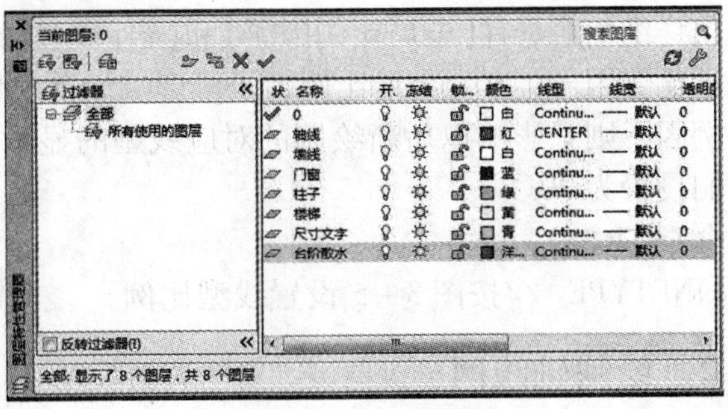

图 3－2　图层管理器

注意：在指定轴线图层的线型时会弹出图 3－3【选择线型】对话框，单击【加载】按钮后又弹出图 3－4【加载或重载线型】对话框，从中选择"CENTER"线型后，单击【确定】后完成线型加载。再在选择线型对话框中选择"CENTER"线型后，单击【确定】后完成线型指定。

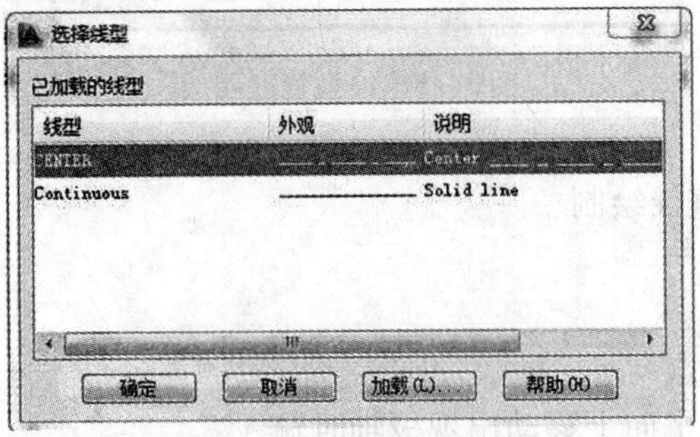

图 3－3　加载或重载线型

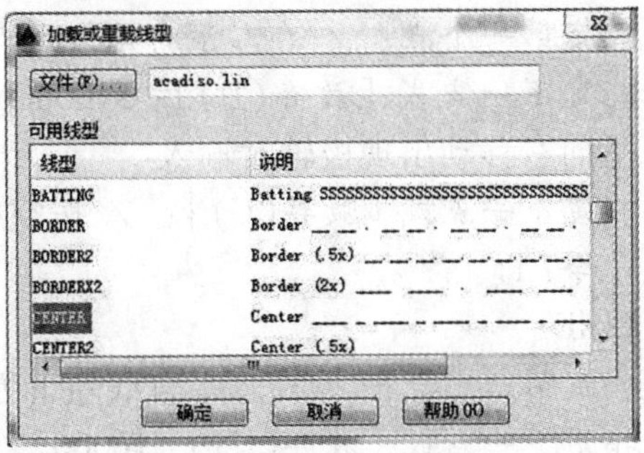

图 3－4　加载或重载线型

二、设置图形界限

用 LIMITS 命令来设置图形界限，图形界限就是通过观察图形大小，确定能容纳所有绘制对象(包括标注)的大致范围，这里图形界限我们设置为 50000，30000。设置完后要用缩放图形显示命令 ZOOM(快捷命令为 Z)将所设置的范围在屏幕上显示出来。

命令：LIMITS

重新设置模型空间界限：

指定左下角点或［开(ON)/关(OFF)］<0.0000，0.0000>：

指定右上角点 <12.0000，9.0000>：50000，30000

命令：Z

ZOOM

指定窗口的角点，输入比例因子 (nX 或 nXP)，或者

[全部(A)/中心(C)/动态(D)/范围(E)/上一个(P)/比例(S)/窗口(W)/对象(O)] <实时>: a

正在重新生成模型

三、设置线型比例

如果在图形中要使用除细实线(continuous)外的其他线型，则一般要用线型管理器命令 LINETYPE(快捷命令为 LT)来设置线型显示比例，发出这个命令后弹出如图 3-4 所示的【线型管理器】对话框，如果在这个对话框的下方没有显示详细信息则单击【显示细节】按钮后会显示出详细信息，有【全局比例因子】和【当前缩放比例因子】设置的编辑框，在此可设置线型的显示比例因子，改变全局比例因子可影响以前绘制过的对应线型的显示比例，改变当前缩放比例因子则只影响以后新绘制的对应线型的显示比例。所以一般只设置全局比例因子。这里我们设置为 30。

命令: lt

LINETYPE //按图 3-5 设置线型比例

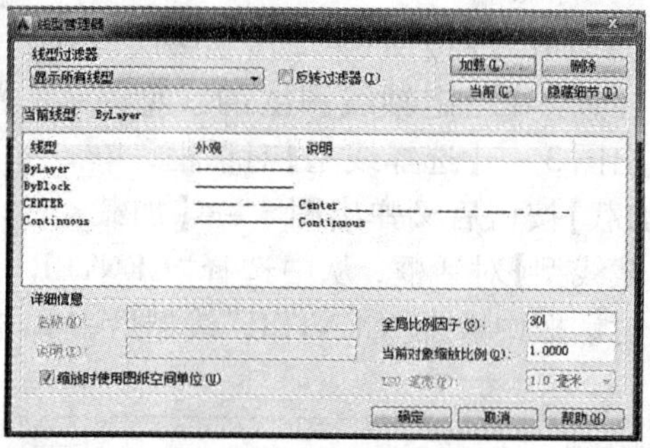

图 3-5 线型管理器

3.3.2 绘制轴线网

将“轴线”图层设为当前图层。

一、绘制两条水平正交直线(如图 3-6)

命令: l

LINE

指定第一个点: //在左下方拾取一点

指定下一点或[放弃(U)]: 34000 //鼠标水平向右移动出现极轴时输入

指定下一点或[放弃(U)]: //按空格结束直线绘制

命令: l

LINE

指定第一个点: //在水平直线左下方拾取一点

指定下一点或[放弃(U)]: 16000 //鼠标水平向上移动出现极轴时输入

指定下一点或[放弃(U)]: //按空格结束直线绘制

图 3-6 两条正交直线

二、偏移复制轴线网(如图 3-7)

按图 3-7 所示的尺寸使用偏移复制命令 (OFFSET 或 O)绘制轴线网。

命令：O

OFFSET

当前设置：删除源=否　图层=源　OFFSETGAPTYPE=0

指定偏移距离或［通过(T)/删除(E)/图层(L)］<通过>：5400

选择要偏移的对象，或［退出(E)/放弃(U)］<退出>：//拾取水平轴线，即纵向定位轴线

指定要偏移的那一侧上的点，或［退出(E)/多个(M)/放弃(U)］<退出>：//在上方单击左键

选择要偏移的对象，或［退出(E)/放弃(U)］<退出>：

命令：O

OFFSET

指定偏移距离或［通过(T)/删除(E)/图层(L)］<通过>：2000

选择要偏移的对象，或［退出(E)/放弃(U)］<退出>：//拾取刚画的水平轴线

指定要偏移的那一侧上的点，或［退出(E)/多个(M)/放弃(U)］<退出>：//在上方单击左键

选择要偏移的对象，或［退出(E)/放弃(U)］<退出>：

……

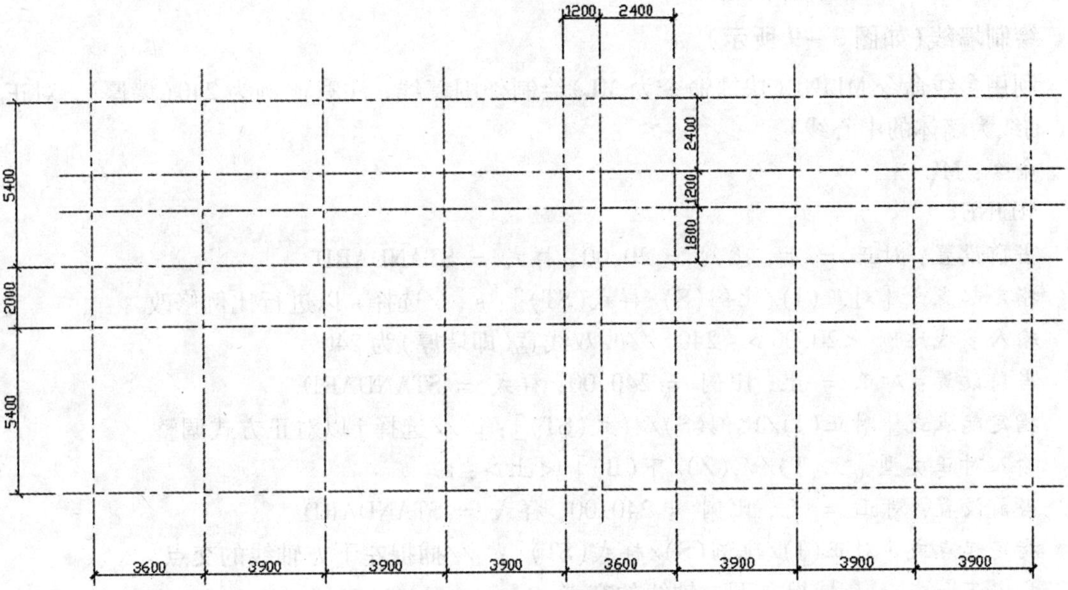

图 3-7　轴线网

三、整理轴线网(如图 3-7)

在所有轴线都偏移复制完后，为使四周轴线伸出的长度一致，最好先使用偏移复制命令外围轴线再向外偏移复制间距为 1000 的轴线为边界，然后再进行必要修剪或延伸。长度较

短的轴线，一般要进行修剪，只保留有墙体的部分。如果有些轴线上没有墙体，也可用修剪命令修剪掉。

整理后的轴线网如图 3－8 所示。

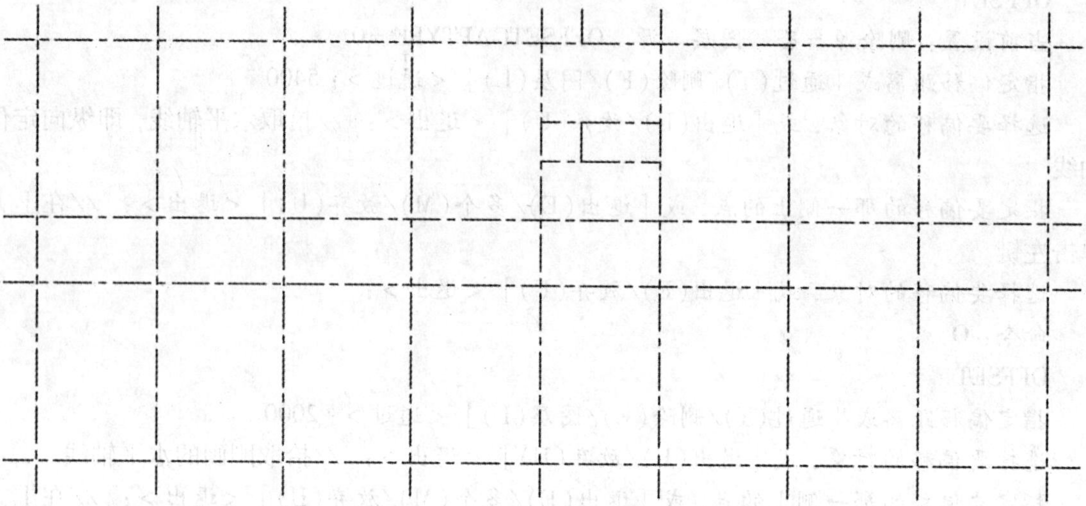

图 3－8　整理后轴线网

3.3.3　绘制墙线

将墙线图层设置成当前图层。

一、绘制墙线(如图 3－9 所示)

利用多线命令 MLINE(快捷命令为 ML)绘制外围墙线，注意比例为 240(墙厚)，对正为无(轴线为墙体的中心线)。

命令：ML

MLINE

当前设置：对正 ＝ 上，比例 ＝ 20.00，样式 ＝ STANDARD

指定起点或［对正(J)/比例(S)/样式(ST)］：s　//选择 s 以进行比例修改

输入多线比例 <20.00>：240　//改双线宽(即墙厚)为 240

当前设置：对正 ＝ 上，比例 ＝ 240.00，样式 ＝ STANDARD

指定起点或［对正(J)/比例(S)/样式(ST)］：j　//选择 j 以对正方式调整

输入对正类型［上(T)/无(Z)/下(B)］<上>：z

当前设置：对正 ＝ 无，比例 ＝ 240.00，样式 ＝ STANDARD

指定起点或［对正(J)/比例(S)/样式(ST)］：//捕捉左下方轴线的交点

指定下一点：//捕捉右下方轴线的交点

指定下一点或［放弃(U)］：//捕捉右上方轴线的交点

指定下一点或［闭合(C)/放弃(U)］：//捕捉左上方轴线的交点

指定下一点或［闭合(C)/放弃(U)］：c　//多线首尾闭合、结束命令的执行

用类似的方法绘制其他墙线。

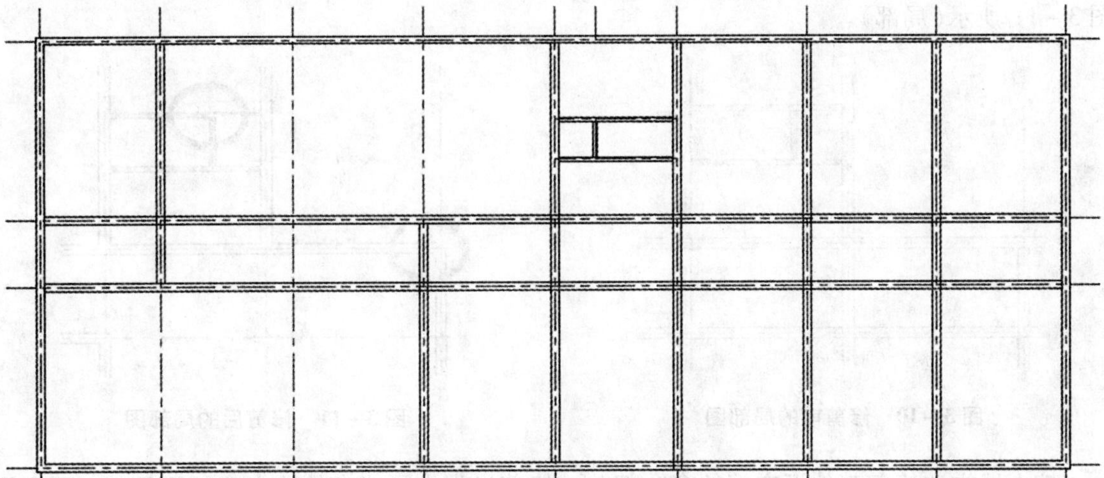

图 3－9　用多线画的墙线图

二、修剪汇交处的多余墙线

修剪汇交处的多余墙线有两种方法，一是使用修改选项卡中的多线，在弹出的编辑多线对话框中选择一种汇交类型，在图形对应位置上选择两组多线来进行修剪多余部分，二是先分解所有墙线，再用修剪命令修剪多余部分。这里我们使用第二种方法来修剪多余部分。

1．分解所有的多线

命令：X

EXPLODE

选择对象：指定对角点：找到 22 个 //框选所有的墙线

13 个不能分解。

选择对象：

2．修剪汇交处的多余墙线

修剪的汇交处如图 3－10 所示(局部)。

命令：TR

TRIM

当前设置：投影＝UCS，边＝无

选择剪切边...

选择对象或 <全部选择>：//按空格就是将有对象全选为边界

选择要修剪的对象，或按住 Shift 键选择要延伸的对象，或[栏选(F)/窗交(C)/投影(P)/边(E)/删除(R)/放弃(U)]：//可以以窗交选择要修剪的部分

选择要修剪的对象，或按住 Shift 键选择要延伸的对象，或[栏选(F)/窗交(C)/投影(P)/边(E)/删除(R)/放弃(U)]：//可以以窗交选择要修剪的部分

：……

修剪前的汇交处的局部示意图形如图 3 – 10 所示，修剪后的汇交处的局部示意图形如图 3 – 11 所示(局部)。

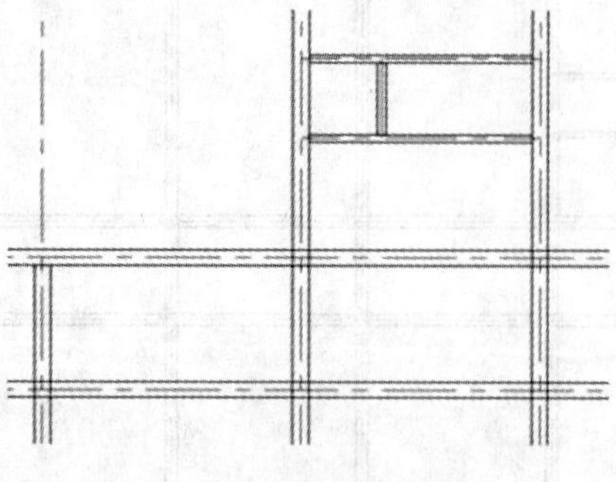

图 3 – 10　修剪前的局部图

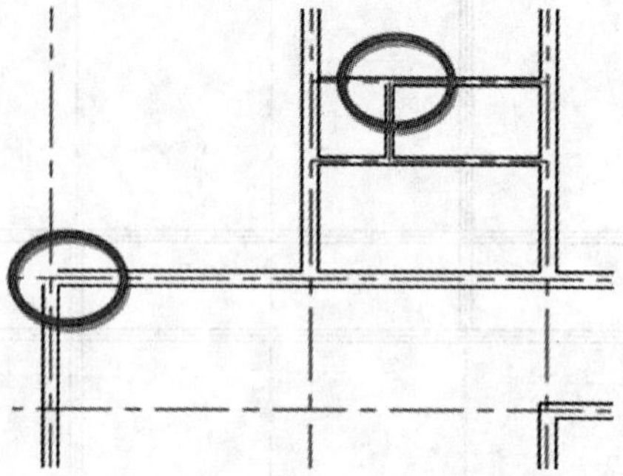

图 3 – 11　修剪后的局部图

按上述方法修剪其他汇交处的多余部分。修剪过程中可能有的地方会留下短线，可用删除命令删除。

修剪后有些转角处墙线可能没有连接好(如图 3 – 11 所示的打圈处)，可使用倒角命令 CHAMFER(快捷命令为 CHA)进行倒角(倒角距离为 0)连接，操作如下：

命令：CHA

CHAMFER

(“修剪”模式) 当前倒角距离 1 = 0.0000，距离 2 = 0.0000

选择第一条直线或［放弃(U)/多段线(P)/距离(D)/角度(A)/修剪(T)/方式(E)/多个(M)］：//拾取要倒直角连接的第一条边

选择第二条直线，或按住 Shift 键选择直线以应用角点或［距离(D)/角度(A)/方法(M)］：//拾取要倒直角连接的第二条边

用相同的方法完成其他需要倒角连接的地方的整理，完成整理后的墙线图如图 3 – 12 所示。

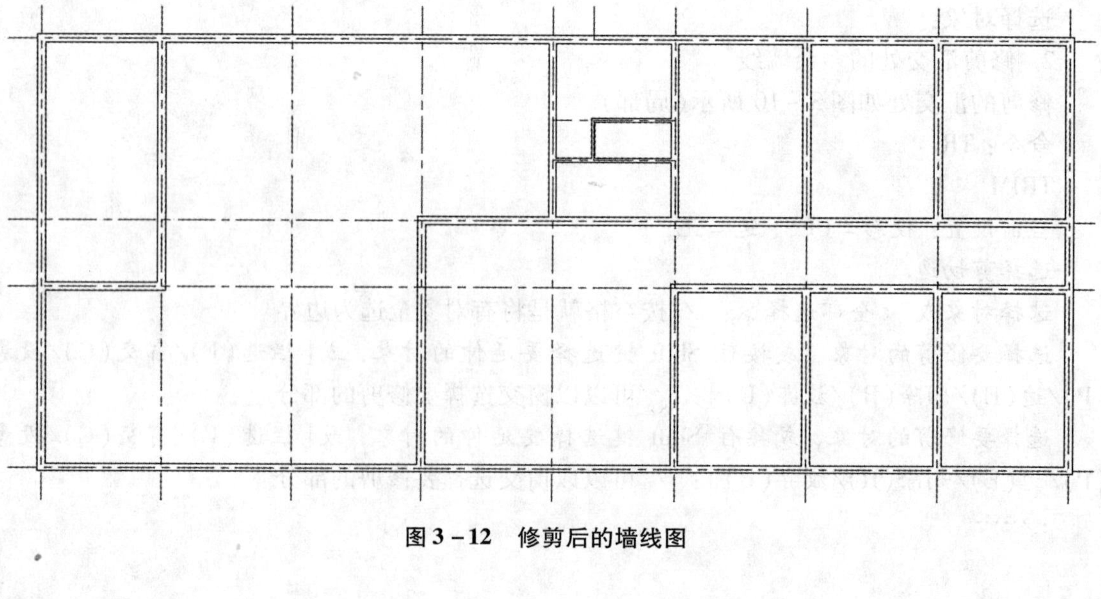

图 3 – 12　修剪后的墙线图

3.3.4　绘制柱子

在这个平面图中有构造柱和结构柱，构造柱截面尺寸为240 mm×240 mm，框架柱截面尺寸为400 mm×450 mm。用矩形命令 RECTANGE（快捷命令为 REC）和图案填充命令 BHATCH（快捷命令为 BH）来完成，也可以用多段线命令来完成。

一、绘制构造柱

将墙线图层设置成当前图层。先在如图 3－13 处用矩形命令与图案填充命令来绘制一个构造柱。再镜像对称的构造柱。

1．绘制矩形

命令：REC

RECTANG

指定第一个角点或［倒角（C）/标高（E）/圆角（F）/厚度（T）/宽度（W）］：1920 //在图 3－13 左上角点处停一下后，沿墙线向下移动一段距离出现极轴时输入

指定另一个角点或［面积（A）/尺寸（D）/旋转（R）］：@240，－240

2．图案填充

命令：BH

HATCH

拾取内部点或［选择对象（S）/放弃（U）/设置（T）］：//在要填充的矩形中拾取内部点

拾取内部点或［选择对象（S）/放弃（U）/设置（T）］：//按空格直接填充单色

此时绘制的图型如图 3－13。

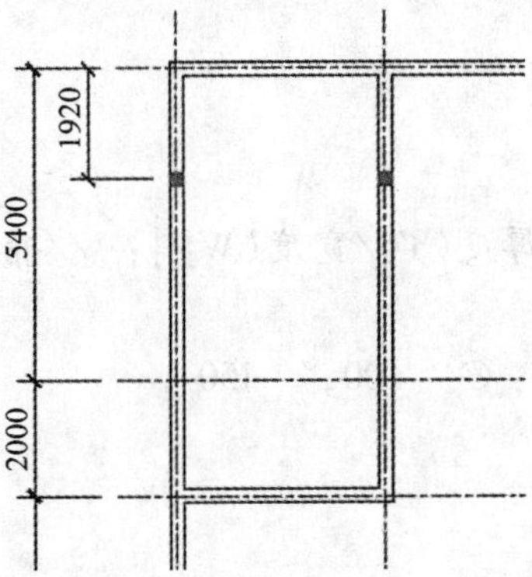

图 3－13　在左上角绘制构造柱

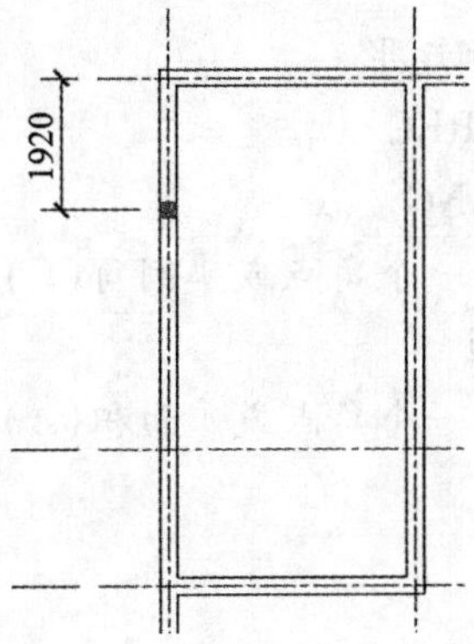

图 3－14　镜像对称构造柱

3．镜像对称柱子

用镜像命令（快捷命令为 MI）完成其对称柱子的绘制。完成后如图 3－14。

命令：MI

MIRROR

选择对象：指定对角点：找到 2 个 //选择要镜像的矩形及其填充部分

选择对象：//按空格结束选择

指定镜像线的第一点：//捕捉房间上边水平内墙线中点
指定镜像线的第二点：//垂直向上或向下移动一定距离后点击鼠标
要删除源对象吗？[是(Y)/否(N)] <N>：//按空格不删除源对象
完成镜像后如图 3－14 所示。用类似方法可完成如图 3－15 中另一处的构造柱的绘制。

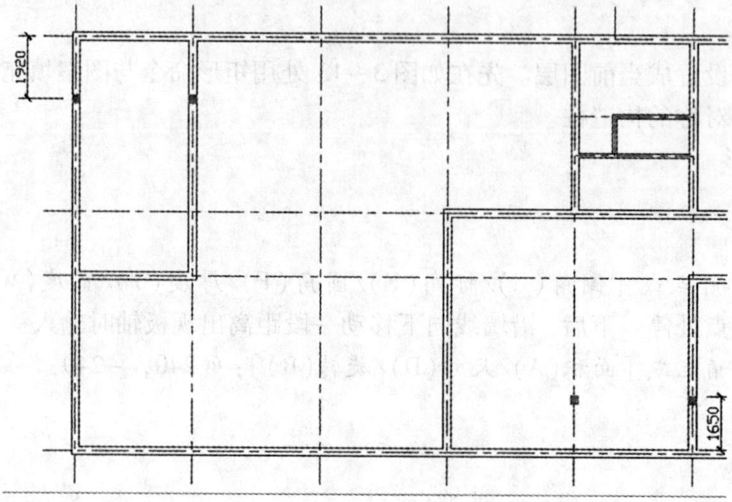

图 3－15　完成后的构造柱例图

二、绘制框架柱

先在如图 3－16 处用矩形命令与图案填充命令来绘制一个框架柱。再复制其他位置的框架柱。

1. 绘制矩形

命令：REC

RECTANG

指定第一个角点或[倒角(C)/标高(E)/圆角(F)/厚度(T)/宽度(W)]：//捕捉图 3－16 左上角点

指定另一个角点或[面积(A)/尺寸(D)/旋转(R)]：@－400，－450

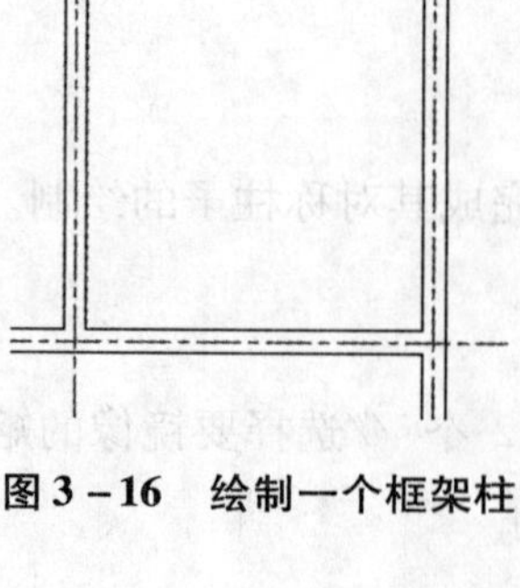

图 3－16　绘制一个框架柱

2. 图案填充

命令：BH

……

3. 复制其他位置的框架柱

多次用复制命令 COPY（快捷命令）来完成。在后面复制时可多个柱子一起复制。完成后如图 3－17

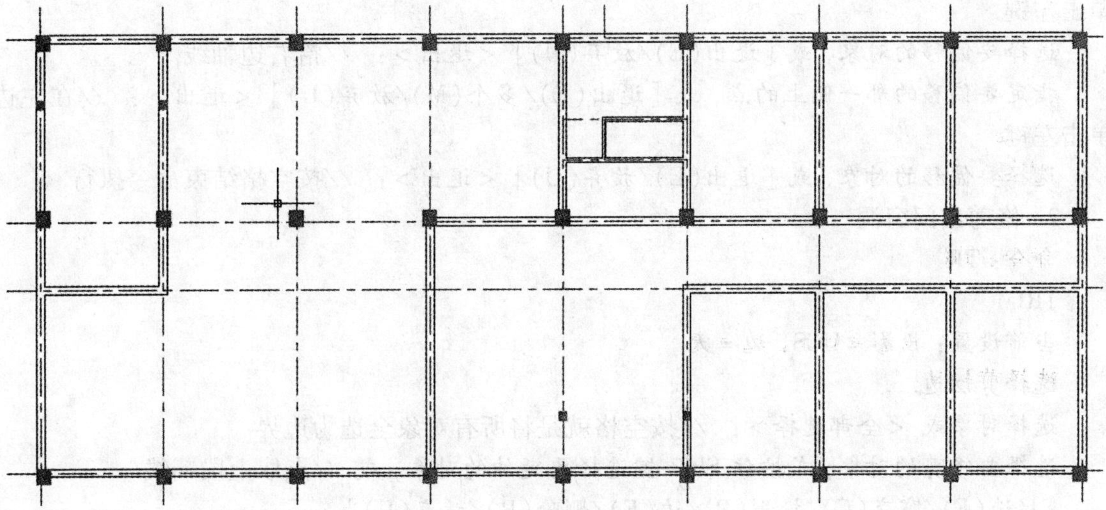

图 3－17　构造柱与框架柱网

3.3.5　绘制门窗

绘制门窗时一般要根据门窗的位置开出门窗洞，再在对应门窗洞处分别绘制门窗。

一、开门窗洞

在图 3－17 的左上角开一个门窗洞。一般先将轴线偏移出门窗的位置，然后修剪出门窗洞，再补上墙线，最后删除偏移的轴线，如图 3－19。

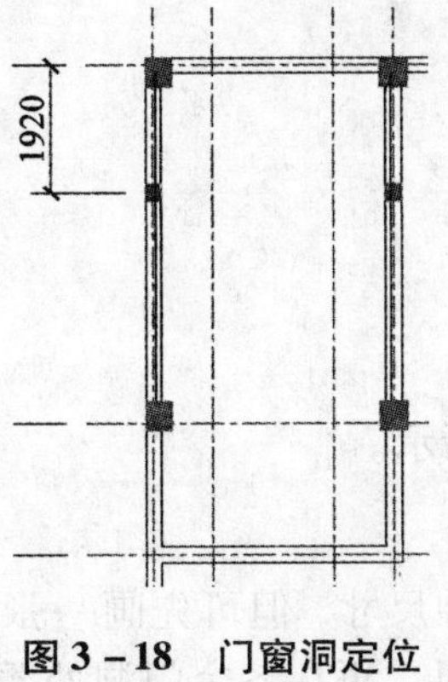

图 3－18　门窗洞定位

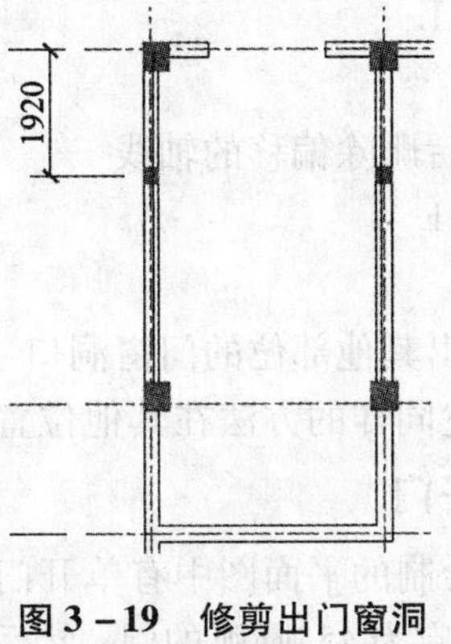

图 3－19　修剪出门窗洞

1. 洞口定位

命令：O

OFFSET

当前设置：删除源 = 否　图层 = 源　OFFSETGAPTYPE = 0

指定偏移距离或［通过(T)/删除(E)/图层(L)］<通过>：900

选择要偏移的对象，或［退出(E)/放弃(U)］<退出>：//拾左边轴线

指定要偏移的那一侧上的点，或［退出(E)/多个(M)/放弃(U)］<退出>：//在右边单击左键

选择要偏移的对象，或［退出(E)/放弃(U)］<退出>：//拾右边轴线

指定要偏移的那一侧上的点，或［退出(E)/多个(M)/放弃(U)］<退出>：//在左边单击左键

选择要偏移的对象，或［退出(E)/放弃(U)］<退出>：//按空格结束命令执行

2. 修剪出门窗洞

命令：TR

TRIM

当前设置：投影 = UCS，边 = 无

选择剪切边...

选择对象或 <全部选择>：//按空格就是将所有对象全选为边界

选择要修剪的对象，或按住 Shift 键选择要延伸的对象，或 //点取上段墙线

［栏选(F)/窗交(C)/投影(P)/边(E)/删除(R)/放弃(U)］：

选择要修剪的对象，或按住 Shift 键选择要延伸的对象，或 //点取下段墙线

［栏选(F)/窗交(C)/投影(P)/边(E)/删除(R)/放弃(U)］：//按空格结束命令执行

3. 门窗洞封口

命令：L

LINE

指定第一个点：//捕捉洞口左上端点

指定下一点或［放弃(U)］：//捕捉洞口左下端点

指定下一点或［放弃(U)］：//按空格结束命令执行

命令：L

……

4. 最后删除偏移的轴线

命令：E

……

5. 开出其他部位的门窗洞口

用上述同样的方法在其他位置开门窗洞，如图 3 – 20 所示。

二、画平开门

在所绘制的平面图中有单开门和双开门，门宽也有三种尺寸，但可先画一张 1000 mm × 50 mm，开启为 45°圆弧的门，然后创建一个名为 door 的图块，再在各个门洞处插入这个 door 块，在插入时可以通过改变比例来绘制各种门宽的门。

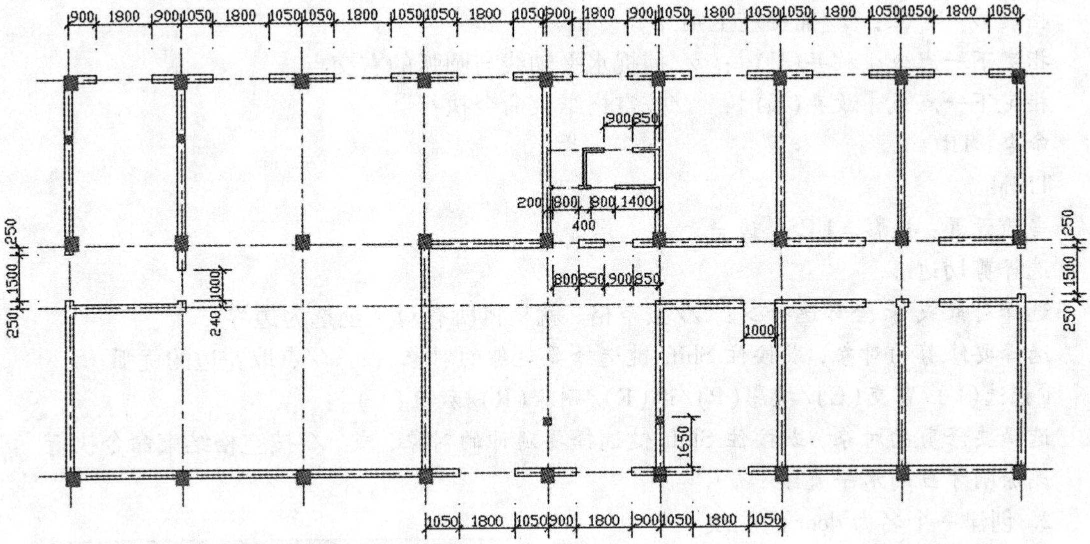

图 3－20　门窗洞图

1．在空白处画一张 1000 mm 的门

门扇为长方形(50×1000)及半径为 1000 的 45°圆弧，如图 3－21 所示。

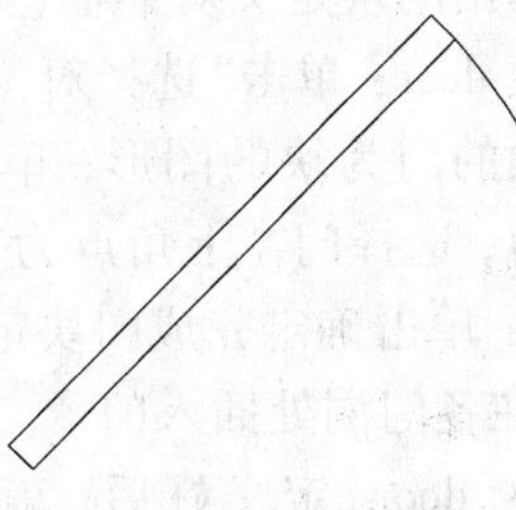

图 3－21　平开门

(1)用矩形命令绘制门板并将其旋转 45°。

命令：REC

RECTANG

指定第一个角点或［倒角(C)/标高(E)/圆角(F)/厚度(T)/宽度(W)］：//在空白处拾取一点

指定另一个角点或［面积(A)/尺寸(D)/旋转(R)］：@1000，50

命令：RO

ROTATE

UCS 当前的正角方向：ANGDIR＝逆时针　ANGBASE＝0

选择对象：找到 1 个 //选择刚绘制的矩形

选择对象：//按空格结束选择

指定基点：//捕捉矩形的左下角点为旋转的中心

指定旋转角度，或［复制(C)/参照(R)］<0>：45

(2)用画圆命令绘一个圆并修剪为 45°圆弧

命令：C

CIRCLE

指定圆的圆心或［三点(3P)/两点(2P)/切点、切点、半径(T)］：//捕捉左上角点为圆心

指定圆的半径或［直径(D)］：命令：//捕捉右上角点为圆周上的点

命令：L

LINE
指定第一个点：//捕捉左上角点
指定下一点或［放弃(U)］：//捕捉水平轴线与圆弧的右交点
指定下一点或［放弃(U)］：//按空格结束命令执行
命令：TR
TRIM
当前设置：投影 = UCS，边 = 无
选择剪切边...
选择对象或 <全部选择>：//按空格，就是将所有对象全选为边界
选择要修剪的对象，或按住 Shift 键选择要延伸的对象，或 //点取左边的优弧
［栏选(F)/窗交(C)/投影(P)/边(E)/删除(R)/放弃(U)］：
选择要修剪的对象，或按住 Shift 键选择要延伸的对象，或 //按空格结束命令执行
删除刚才画的水平直线

2. 创建一个名为 door 的图块

命令：B

BLOCK

在弹出的块定义对话框（如图 3－22）中，名称栏填 door；单击"选择对象"左边的按钮，选择刚画的门为块的图形；单击"拾取点"左边的按钮，选择门左上角点为基点（插入时定位的点）；单击确定完成门块定义。

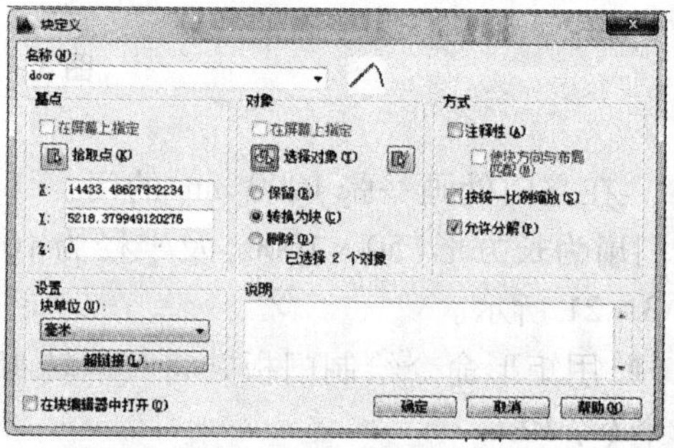

图 3－22　图块定义对话框

3. 在各门洞处插入门

门块（door）定义好后，就可以在平面的对应门洞处使用用插入图块命令 INSERT（快捷命令为 I）插入各种宽度的门。先在图 3－23 处插入一张宽度为 800 的门。

命令：I

在弹出的块插入对话框中（如图 3－24），名称栏选 door；插入点、缩放比例、旋转各项中均要勾选"在屏幕上指定"复选框，单击确定后门块跟随鼠标出现在屏幕上，接着拾取插入点，确定门宽比例和旋转角度。

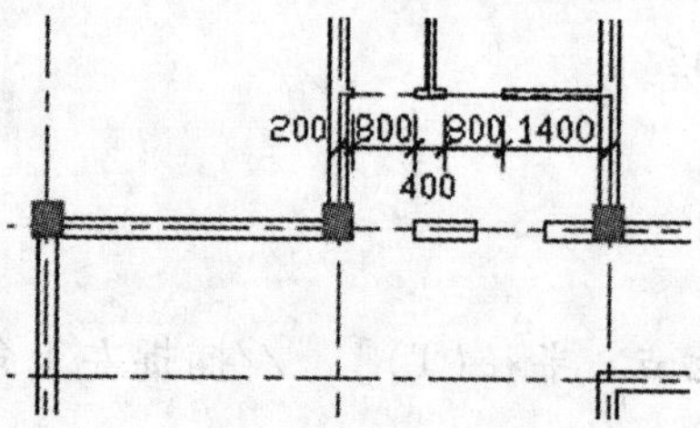

图 3－23　待插入门的门洞（左边）

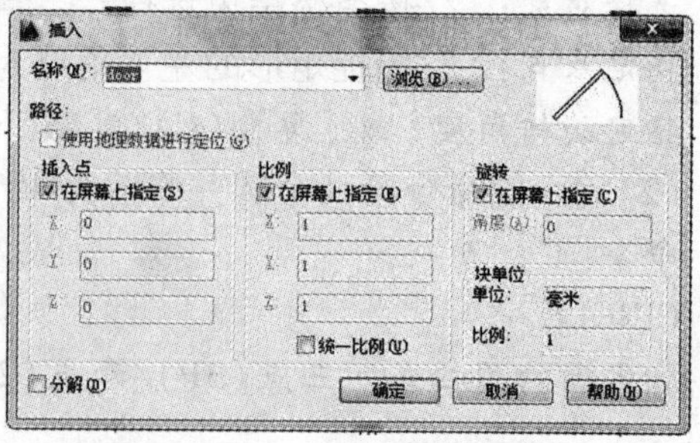

图 3－24　块插入对话框

指定插入点或［基点(B)/比例(S)/X/Y/Z/旋转(R)］：捕捉门洞左端轴线交点为插入点

输入 X 比例因子，指定对角点，或［角点(C)/XYZ(XYZ)］<1>：0.8

输入 Y 比例因子或 <使用 X 比例因子>：

指定旋转角度 <0>：

插入后的图形如图 3－25 所示。

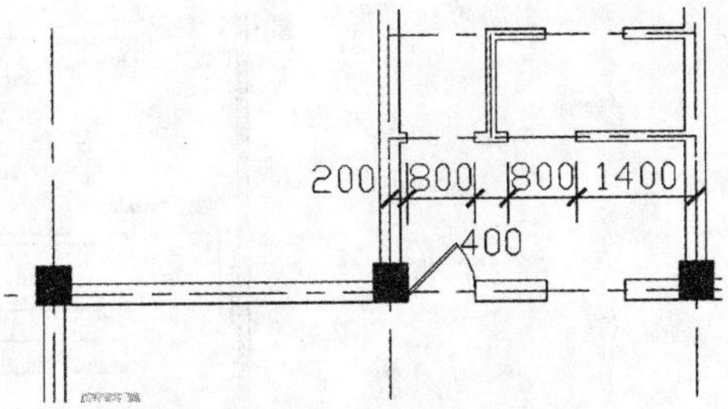

图 3－25 插入的一张门块

按上述方法依次在各个门洞处插入门块，插入时要注意插入点和比例以及方向调整，比例因子为负数时可将图块反向。插入门块时可能出现下面两种情形，要分别作出相应处理。

(1)在插入时如果发现方向怎么调整都不对的可先插入，然后使用镜像命令(mirror)进行反向处理。

(2)绘制双扇门：可插入一张单扇门，然后使用镜像命令(mirror)进行镜像复制来实现。

另外，图形中有卷闸门，一般在绘制卷闸门时，只要将有卷闸门处的内墙线改为虚线就可，并将其改至门窗图层即可，插入门及处理后的平面图如图 3－26。

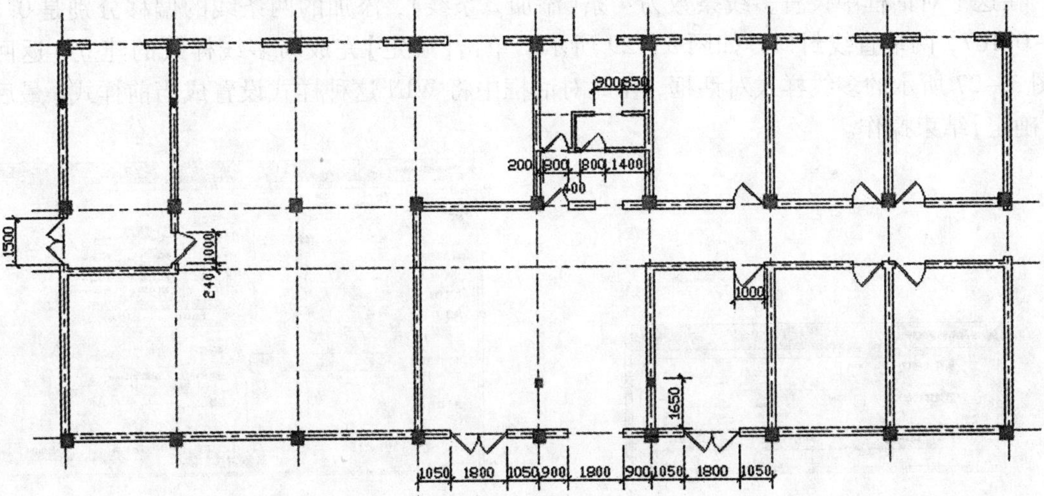

图 3－26 插入门后的平面图

三、画窗

建筑 CAD 平面图中有各种类型的窗户，这里我们介绍平开窗的绘制。一般用多线命令来绘制。所以先要定义一种有四根平行线、间距相等的多线样式，再用多线命令来绘制窗户平面图。

1. 设置多线样式

命令：MLST

发出 MLST 多线样式管理命令后会弹出如图 3－27 所示的多线样式对话框。

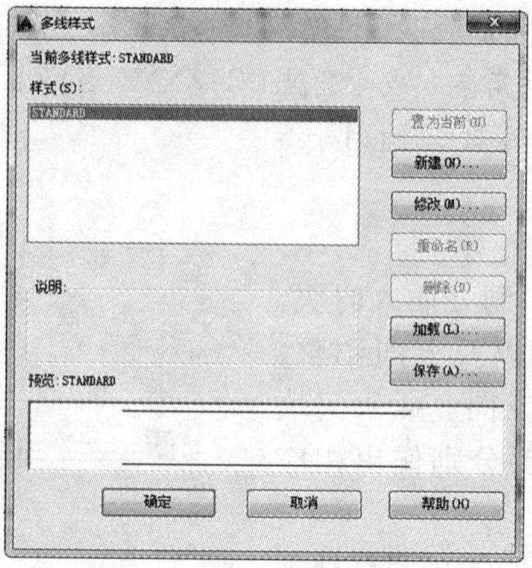

图 3－27　多线样式管理对话框

在此多线样式对话框中单击【新建】按钮，会弹出如图 3－28 所示的新建新的多线样式对话。

在此对话框中确定新建多线样式的名称为“win”，单击继续按钮，则弹出如图 3－29 所示的修改多线样式 WIN 对话框。

在这个对话框中设置多线条数为 4 条(添加 2 条线)，添加的两条线的偏移分别是 0.167 和 －0.167，两端直线封口。如图 3－29 所示。单击【确定】完成新多线样式的建立，返回到如图 3－27 所示的多线样式对话框，在此对话框中将 WIN 这种样式设置成当前样式，最后单击【确定】结束操作。

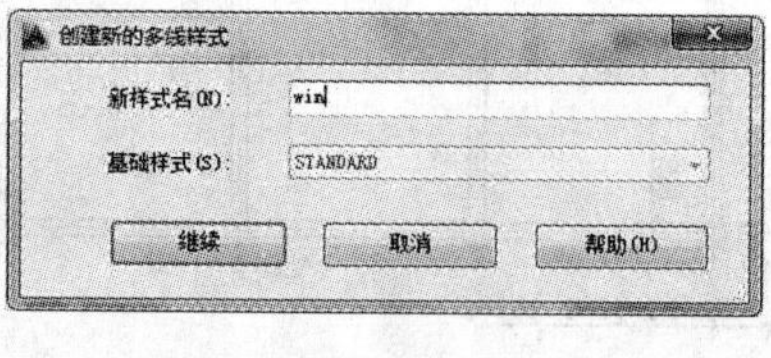

图 3－28　创建新的多线样式对话框

图 3－29　创建新的多线样式对话框

2. 绘制窗线

用多线绘制命令 MLINE(快捷命令为 ML)来绘制，要注意多线的对正为无，比例为 240.00，样式为 WIN。

在平面图的左上角(如图 3－30)的窗洞处绘制一个窗线的操作过程如下：

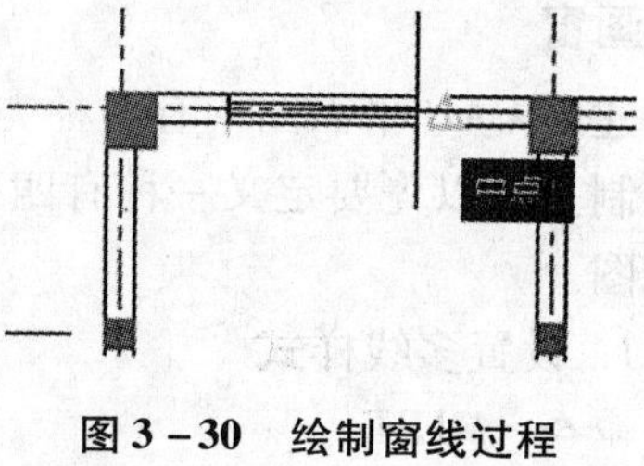

图 3－30　绘制窗线过程

命令：ML

MLINE

当前设置：对正 = 无，比例 = 240.00，样式 = WIN

指定起点或［对正(J)/比例(S)/样式(ST)］：//捕捉窗洞的左端轴线交点

指定下一点：//捕捉窗洞的左端轴线交点

指定下一点或［放弃(U)］：//按空格结束命令的执行

继续使用 ML 绘制其他窗线，绘制完成后如图 3－31。

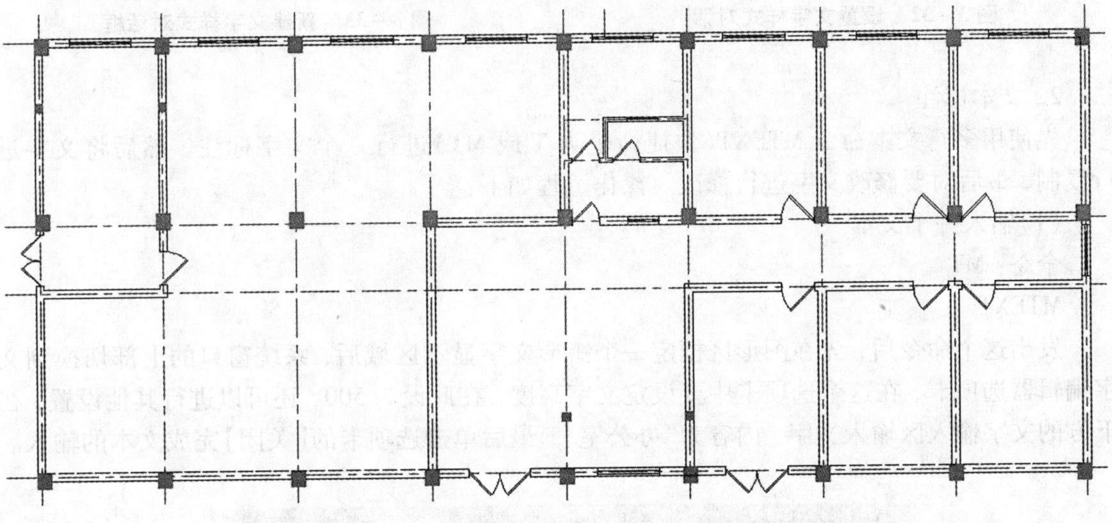

图 3－31　门窗图

3.3.6　文字标注、尺寸标注、轴线编号

建筑平面图的标注一般包括尺寸标注、轴线编号、文字标注等工作。

一、文字标注

建筑平面图的文字标注包括房间名称、门窗编号、装饰材料名称，以及图名比例等内容，在标注前要先定义文字样式。

1. 定义文字样式

使用文字命令 ST 定义(设置)文字样式。

命令：ST

发出 ST 命令后就弹出如图 3－32 的定义文字样式对话框。首先在此对话框中单击【新建】按钮，会弹出新建样式对话框(图 3－33)，输入样式名称(如“Text1”)，单击“确定”返回到文字样式对话框。在此对话框的字体栏中的“字体名”列表中选择一种字体，输入汉字字体选“仿宋”，宽度比例设为 0.67(注意选择汉字字体时不要勾选下方的“使用大字体”，汉字字体一般不能选带@符号的字体)，高度为文字大小，这时不要指定。对效果栏中的作适当的设置。单击应用生效，同时单击置为当前样式。最后关闭对话框。通常图中：图名 10 号字，比例 7 号字，正文 5 号字，门窗编号 3.5 号字。

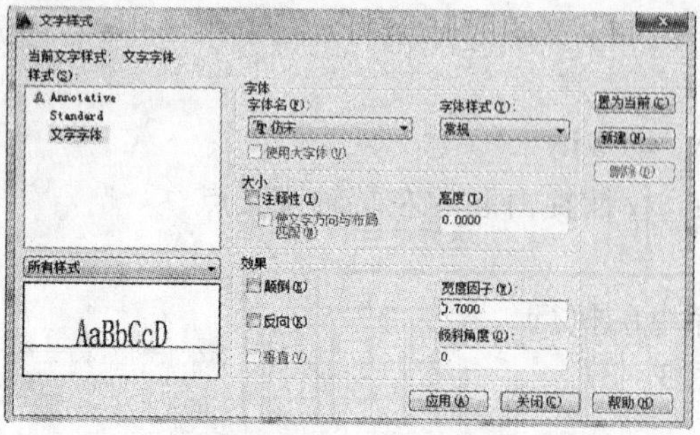

图 3-32　设置文字样式对话

图 3-33　新建文字样式对话框

2. 文本标注

先使用多行文本命令 MTEXT(快捷命令为 T 或 MT)进行一个文字标注。然后将文字进行复制，最后对要修改文字进行修改。操作过程如下：

(1)输入一个文本。

命令：MT

MTEXT

发出这个命令后，先在图形区框定一个矩形文字显示区域后，系统窗口的上部切换到文字编辑器选项卡，在这个选项卡中要设定文字高度，在此设为500，还可以进行其他设置，在下方的文字输入区输入文字，内容为“办公室”，最后单击选项卡的【关闭】完成文本的输入。

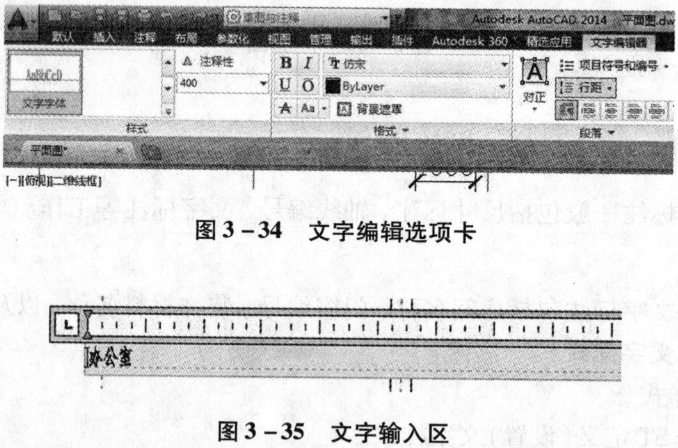

图 3-34　文字编辑选项卡

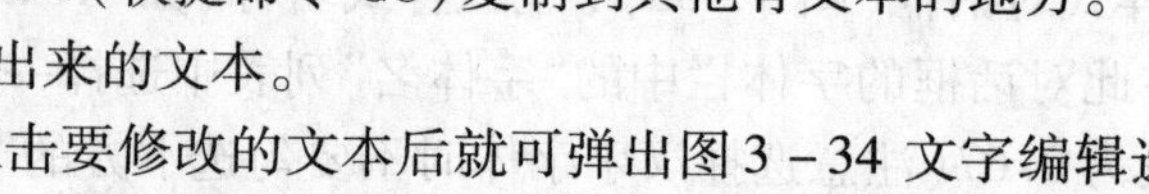

图 3-35　文字输入区

文字输入后可使用移动对象命令 MOVE(快捷命令 M)对其位置进行移动。

(2)用复制命令 COPY(快捷命令 CO)复制到其他有文本的地方。

(3)逐个修改复制出来的文本。

修改文本时只要双击要修改的文本后就可弹出图 3-34 文字编辑选项卡和图 3-35 文字输入区，可对字体、高度以及内容等进行修改，最后单击选项卡的【关闭】完成文本的修改。

完成文字标注后的图形如图 3-36。

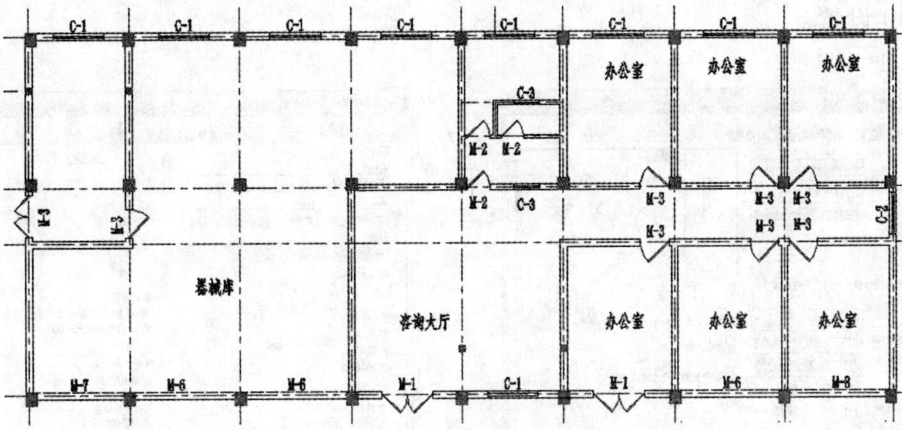

图3-36　房间、门窗编号

二、尺寸标注

尺寸标注是绘制建筑平面图很重要的工作，在进行尺寸标注时，先要定义标注样式，然后再进行尺寸标注。

1. 定义标注样式

使用定义标注样式命令 DDIM 命令(或“格式”菜单中的“标注样式”命令或 DST 命令)可定义标注样式。

命令：DST

弹出如图3-37的“标注样式管理器”对话框。在此对话框中单击“新建”按钮进入“新建标注样式”对话框(如图3-38)。

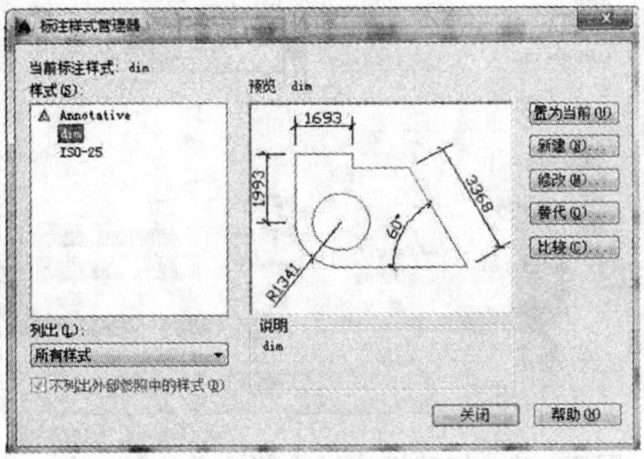

图3-37　标注样式对话框

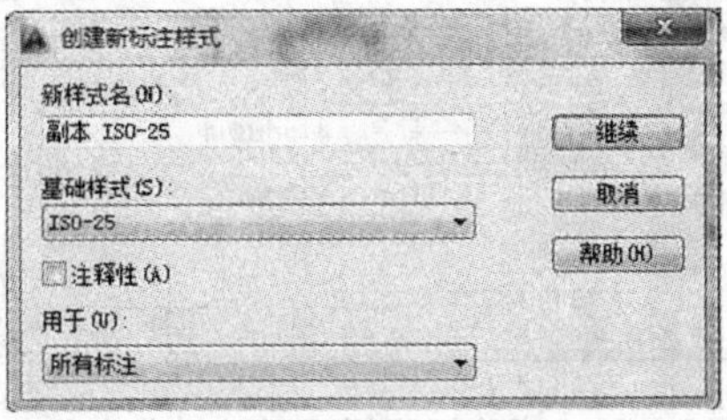

图3-38　创建新标注样式对话框

在此对话框中定义样式的名称(“标注”)。单击“继续”按钮进入“新建标注样式”对话框(如图3-39)的设定。

在如图3-39的“修改标注样式”对话框中有线、符号和箭头、文字、调整、主单位等选项卡。单击“线”选项卡(如图3-39)从中确定尺寸线、尺寸界线的长短、位置、大小。建筑设计中一般按图3-39设置。

单击“符号和箭头”选项卡(如图3-40)从中确定箭头样式、长短。建筑设计中一般按图 3－40 设置。

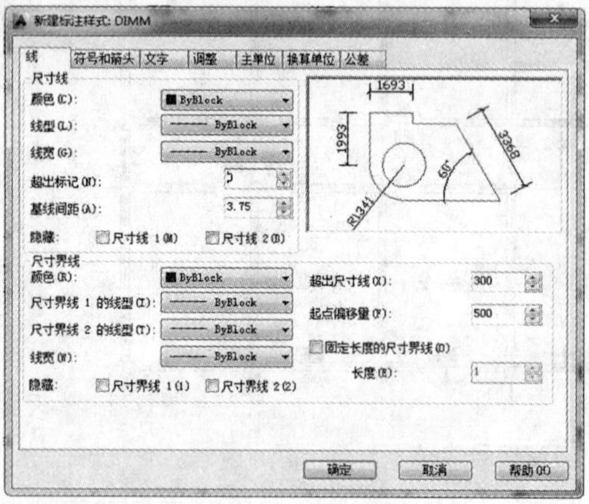

图 3－39　修改标注样式(“线”选项卡)

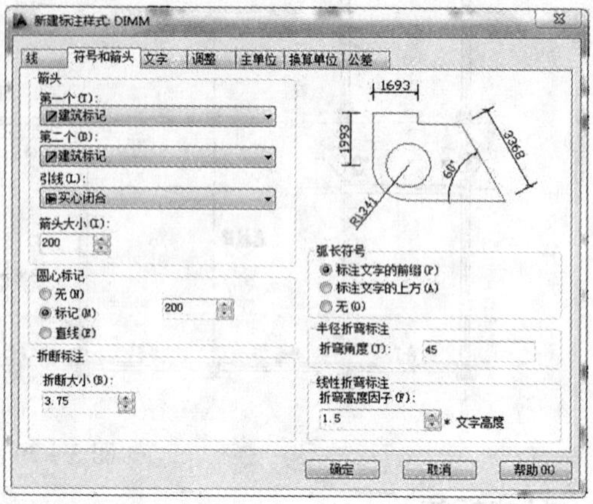

图 3－40　修改标注样式(“符号与箭头”选项卡)

单击“文字”选项卡(如图 3－41)从中确定文字高度(大小)、文字位置(水平和垂直位置)和文字的对齐方式。建筑设计中一般按图 3－41 设置。

单击“主单位”选项卡(如图 3－42)从中确定线性标注的小数位数与测量比例因子以及角度标注时小数位数建筑设计中一般按图 3－42 设置。

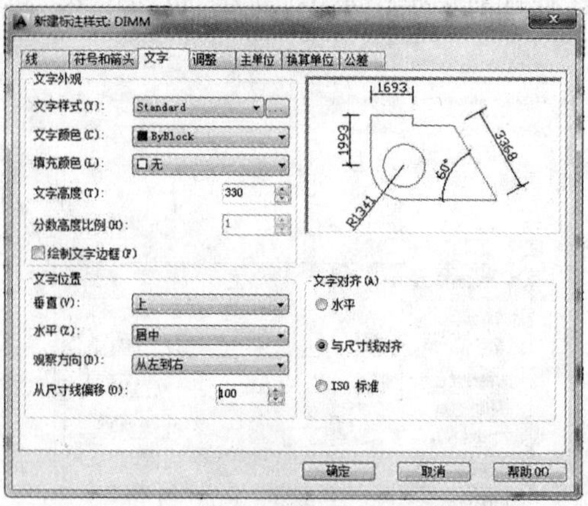

图 3－41　修改标注样式(“文字”选项卡)

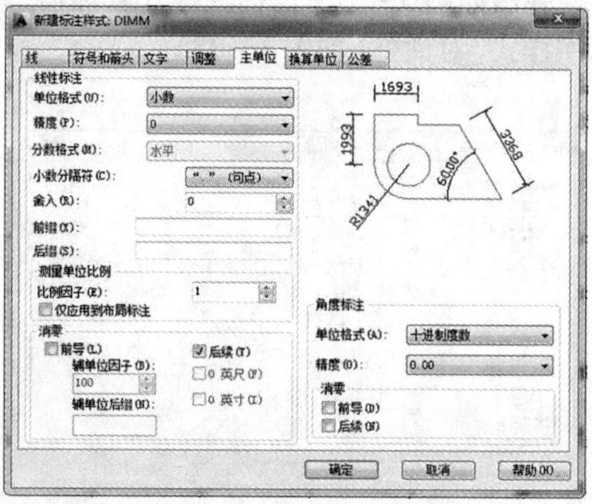

图 3－42　修改标注样式(“主单位”选项卡)

单击确定回到如图 3－37 的“标注样式管理器”对话框。在此对话框中还应单击“置为当前”按钮将设置好的标注样式设为当前使用的样式，最后单击“关闭”按钮完成标注样式的定义。

2．标注尺寸

先用线性标注标注一个尺寸，然后用连续标注标注同一道的其他尺寸。

(1)用线性标注命令 DIMLINEAR(或 DLI)标注第一段尺寸。

命令：DLI

DIMLINEAR

指定第一个尺寸界线原点或 <选择对象>：//捕捉左下方第一根垂直轴线的端点

指定第二条尺寸界线原点：//捕捉左下方第一框架柱的右下端点

指定尺寸线位置或［多行文字(M)/文字(T)/角度(A)/水平(H)/垂直(V)/旋转(R)］：

标注文字 = 280

完成后如图 3 -43。

DIMCONTINUE 命令(或 DCO)

(2)用连续标注标注同一道的其他尺寸。

命令：DCO

DIMCONTINUE

指定第二条尺寸界线原点或［放弃(U)/选择(S)］<选择>：//捕捉第二框架柱的左下端点

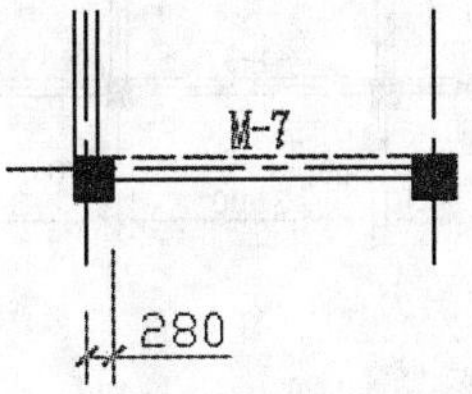

图 3 -43　标注第一段尺寸

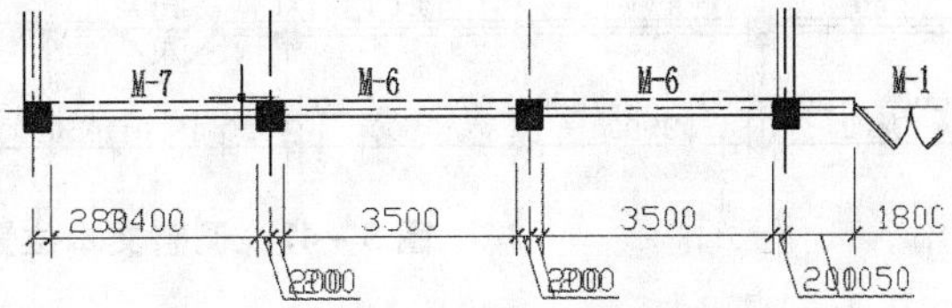

图 3 -44　用连续标注后的效果

标注文字 = 3400

指定第二条尺寸界线原点或［放弃(U)/选择(S)］<选择>：//捕捉第二根垂直轴线的端点

标注文字 = 200

……

用连续标注完成同一道尺寸后的效果如图 3 -44 所示。

(3)调整尺寸文本与尺寸界线位置。

标注完后，有的尺寸标注的可能尺寸界线长短不一，有的尺寸文本由于在尺寸界线内标注不下而标注在别的位置(如图 3 -45)，要进行适当的调整。

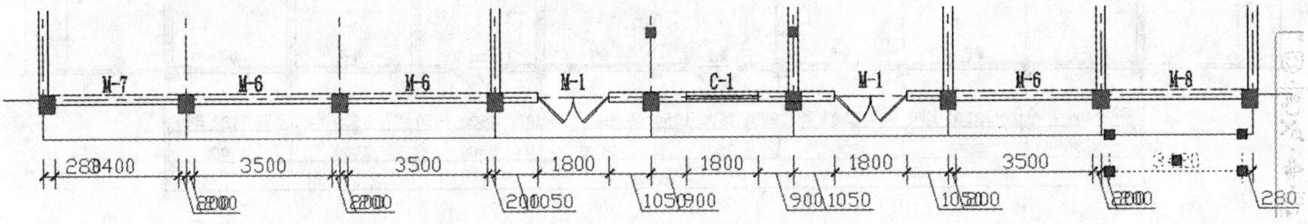

图 3 -45　调整尺寸界线长短

尺寸界线长短的调整：一般用直线命令绘制一根连接两端轴线端点的直线，再选择要调整的标注，将标注点往直线上移。这样可以使尺寸界线长短达到一致，效果如图 3 -46。

尺寸文本的位置调整：一般选择要调整的标注，将鼠标移到文本的控点上时，在右边会弹出一列选项，选择“仅移动文字”，这时文字会随鼠标移动，将文字移到合适位置上。这样可以调整好文本的位置，效果如图 3－47。

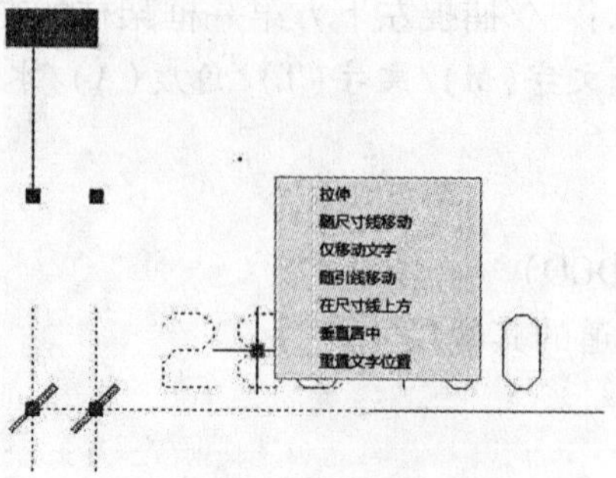

图 3－46　调整尺寸界线长短

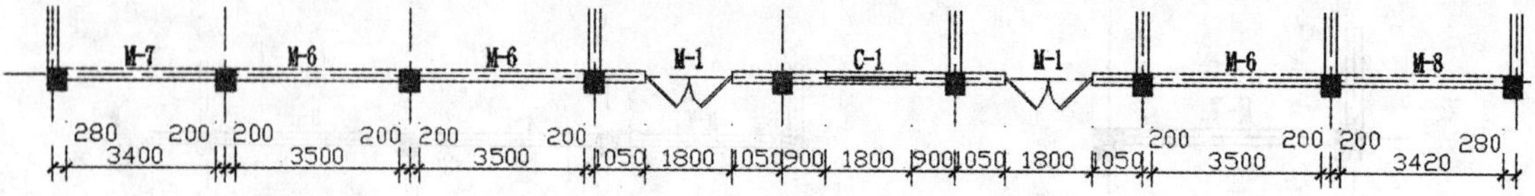

图 3－47　调整文本位置后的一道标注

用以上相似的方法完成其他各尺寸的标注，效果如图 3－48。

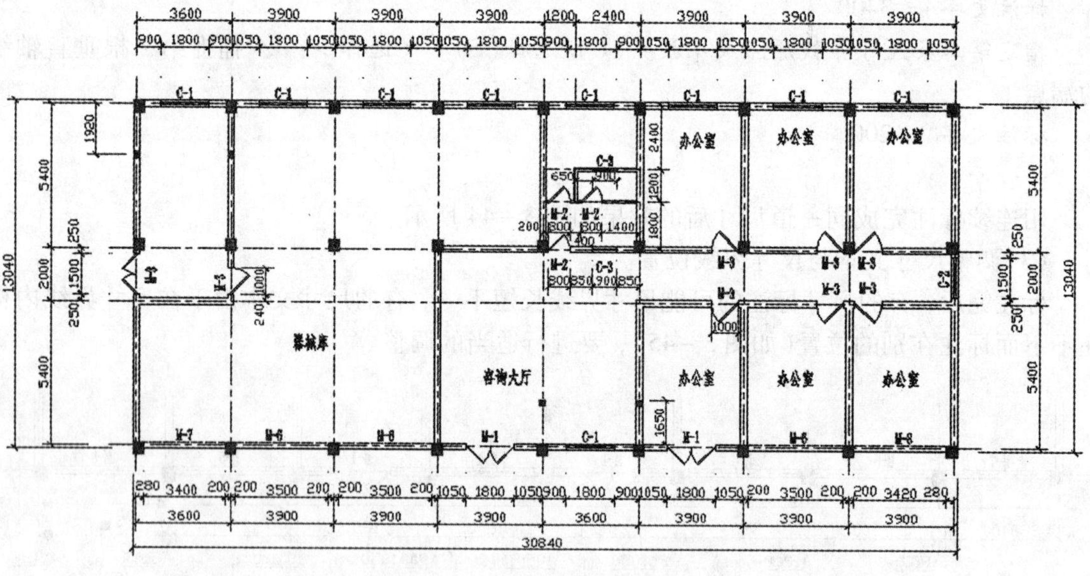

图 3－48　尺寸标注完成后的图形

三、轴线编号绘制

先建立轴线编号图层并设置成当前图层，定位轴线编号圆是细实线圆，其直径为 8～10 mm，因为比例是 1∶100，所以扩大 100 倍，画一个直径为 800 的圆，在轴线的端点处画一长为 500 的直线，再在一端以两点方式（打开正交）画一个小圆，在小圆中输入轴线序号，如图 3－49。

1. 绘制直线

命令：L

LINE

指定第一个点：//捕捉左上尺寸界线的上端点

指定下一点或［放弃(U)］：//向上画适当距离的直线

指定下一点或［放弃(U)］：*取消*

2. 绘制圆圈

命令：C

CIRCLE

指定圆的圆心或［三点(3P)/两点(2P)/切点、切点、半径(T)］：2p //以两点方式画圆

指定圆直径的第一个端点：//捕捉直线的上端点

指定圆直径的第二个端点：1000 //向上捕捉极轴后输入

输入轴号

命令：MT

MTEXT //文字高度：500　输入轴编号“1”

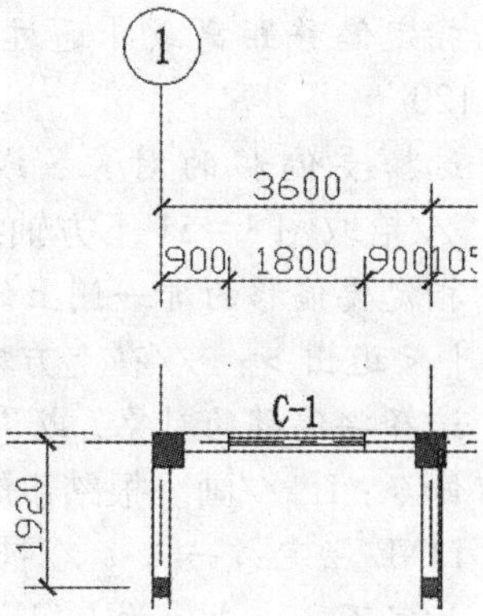

图 3－49　绘制一个轴线符号

输入轴号后一般要用移动命令 MOVE 作适当的移动。完成后如图 3－49 所示。然后用复制命令 COPY 将其他垂直轴线编号复制出来，再双击编号文字进行修改。用类似的方法进行水平轴线编号的绘制，完成后如图 3－50。

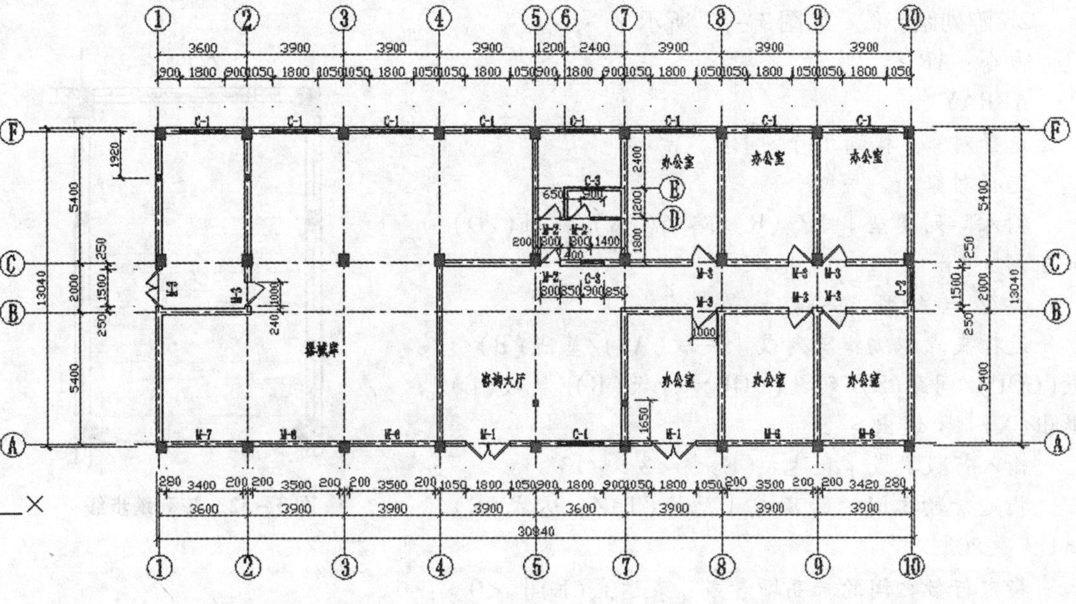

图 3－50　加轴线符号的图形

3.3.7　制作楼梯间

将“楼梯”图层设为当前图层。先画标准层楼梯间，然后再修剪成一层楼梯间。

一、绘制左上角处的楼梯

1. 将图3－51中的下端轴线往上偏移120，在偏移线上画一根踏步线

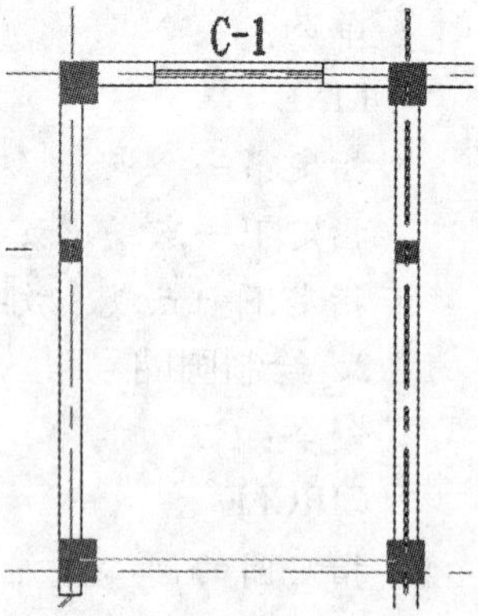

图3－51　画一根踏步线

命令：O

OFFSET

当前设置：删除源＝否　图层＝源　OFFSETGAPTYPE＝0

指定偏移距离或［通过(T)/删除(E)/图层(L)］＜通过＞：120

选择要偏移的对象，或［退出(E)/放弃(U)］＜退出＞：//拾取图3－51下方轴线

指定要偏移的那一侧上的点，或［退出(E)/多个(M)/放弃(U)］＜退出＞：//在上方单击左键

选择要偏移的对象，或［退出(E)/放弃(U)］＜退出＞：//按空格结束命令执行

命令：L //画一根踏步线

LINE 指定第一点：//捕捉偏移轴线与内墙线交点

指定下一点或［放弃(U)］：//捕捉另一内墙线交点

指定下一点或［放弃(U)］：按空格结束命令执行

命令：E //删除偏移复制的轴线

ERASE

选择对象：找到1个

选择对象：

2. 阵列踏步线，如图3－52所示

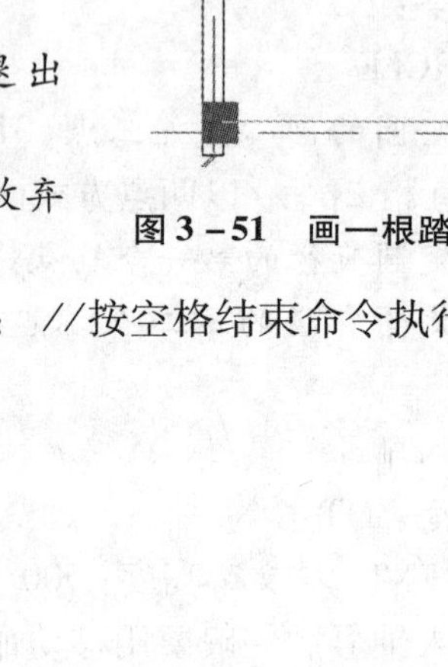

图3－52　陈列踏步线

命令：AR

ARRAY

选择对象：找到1个

选择对象：

输入阵列类型［矩形(R)/路径(PA)/极轴(PO)］＜矩形＞：r

类型＝矩形　关联＝是

选择夹点以编辑阵列或［关联(AS)/基点(B)/计数(COU)/间距(S)/列数(COL)/行数(R)/层数(L)/退出(X)］＜退出＞：r

输入行数数或［表达式(E)］＜3＞：13

指定行数之间的距离或［总计(T)/表达式(E)］＜1＞：280

指定行数之间的标高增量或［表达式(E)］＜0＞：

选择夹点以编辑阵列或［关联(AS)/基点(B)/计数(COU)/间距(S)/列数(COL)/行数(R)/层数(L)/退出(X)］＜退出＞：col

输入列数数或［表达式(E)］＜4＞：1

指定列数之间的距离或［总计(T)/表达式(E)］＜5040＞：

选择夹点以编辑阵列或［关联(AS)/基点(B)/计数(COU)/间距(S)/列数(COL)/行数(R)/层数(L)/退出(X)］＜退出＞：指定行数之间的标高增量或［表达式(E)］＜0＞：

二、绘制楼梯扶手(如图 3－53)(梯井宽 60，扶手厚 60)

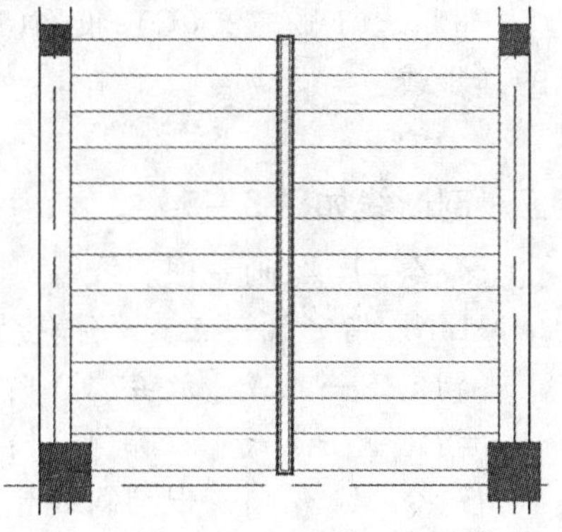

图 3－53　画扶手

(1)以下方第一根踏步线中点为左下角点绘制 60 × 3360 的矩形。

命令：REC

RECTANG

指定第一个角点或［倒角(C)/标高(E)/圆角(F)/厚度(T)/宽度(W)］：//捕捉下方第一根踏步线中点

指定另一个角点或［面积(A)/尺寸(D)/旋转(R)］：@60，3360

(2)移动矩形，使矩形的水平中点与第一根踏步线中点对齐。

命令：M

MOVE

选择对象：找到 1 个

选择对象：

指定基点或［位移(D)］＜位移＞：//捕捉矩形的中点

指定第二个点或 ＜使用第一个点作为位移＞：//捕捉下方第一根踏步线的中点

(3)向外偏移复制矩形，距离为 60。

命令：O

OFFSET

当前设置：删除源＝否　图层＝源　OFFSETGAPTYPE＝0

指定偏移距离或［通过(T)/删除(E)/图层(L)］＜10.0000＞：60　//输入偏移间距 60

选择要偏移的对象，或［退出(E)/放弃(U)］＜退出＞：//选择矩形

指定要偏移的那一侧上的点，或［退出(E)/多个(M)/放弃(U)］＜退出＞：//在矩形外单击

选择要偏移的对象，或［退出(E)/放弃(U)］＜退出＞：

4. 修剪掉矩形内的踏步线部分。

命令：X　//分解踏步线阵列

EXPLODE

选择对象：找到 1 个 //选择一根踏步线

选择对象：

命令：TR

TRIM

当前设置：投影＝UCS，边＝无

选择剪切边...

选择对象或 ＜全部选择＞：找到 1 个 //选择外矩形作为边界

选择对象：//按空格结束边界选择

选择要修剪的对象，或按住 Shift 键选择要延伸的对象，或

[栏选(F)/窗交(C)/投影(P)/边(E)/删除(R)/放弃(U)]：//选择要修剪的外矩形内的踏步线

……

三、剖断线如图 3-54

命令：l //画一根斜线

LINE 指定第一点：//捕捉踏步线端点

指定下一点或[放弃(U)]：//捕捉踏步线另一端点

指定下一点或[放弃(U)]：//按空格结束直线绘制

命令：l //画一根与斜线相交的直线 l

LINE 指定第一点：

指定下一点或[放弃(U)]：

指定下一点或[放弃(U)]：

命令：l //过直线 l 上端点作斜线

LINE 指定第一点：

指定下一点或[放弃(U)]：

指定下一点或[放弃(U)]：

命令：CO //复制刚画的直线

COPY

选择对象：找到 1 个 //选择刚画的直线

选择对象：//按空格结束对象选择

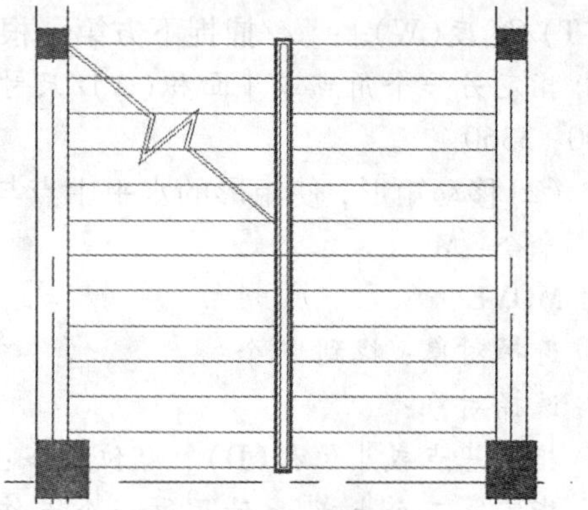

图 3-54 加画剖断线

当前设置：复制模式 = 多个

指定基点[位移(D)/模式(O)]〈位移〉：//捕捉所选择的直线的下端点

指定第二个点或[阵列(A)]〈使用第一个点作为位移〉：//捕捉另一直线的下端点

指定第二个点或[阵列(A)/退出(E)/放弃(U)〈退出〉]：//按空格结束执行

命令：trim //修剪多余部分

当前设置：投影 = UCS，边 = 无

选择剪切边...

选择对象：找到 2 个，总计 2 个

选择对象：

选择要修剪的对象，按住 Shift 键选择要延伸的对象，或[投影(P)/边(E)/放弃(U)]：

……

命令：PE //合并成多段线

PEDIT

选择多段线或[多条(M)]：//选择折断线的 1 根线

选定的对象不是多段线

是否将其转换为多段线？<Y>

输入选项[闭合(C)/合并(J)/宽度(W)/编辑顶点(E)/拟合(F)/样条曲线(S)/非曲线化(D)/线型生成(L)/反转(R)/放弃(U)]：j //选择合并操作

选择对象：找到 4 个，总计 4 个 //选择折断线的其他 4 根线

选择对象：

多段线已增加 4 条线段

输入选项［闭合(C)/合并(J)/宽度(W)/编辑顶点(E)/拟合(F)/样条曲线(S)/非曲线化(D)/线型生成(L)/反转(R)/放弃(U)］：＊取消＊ //按空格结束执行

命令：O //偏移另一条剖断线

OFFSET

当前设置：删除源＝否　图层＝源　OFFSETGAPTYPE＝0

指定偏移距离或［通过(T)/删除(E)/图层(L)］＜通过＞：30

选择要偏移的对象，或［退出(E)/放弃(U)］＜退出＞：//选取刚画的折断线

指定要偏移的那一侧上的点，或……＜退出＞：//在折断线的一侧单击鼠标

选择要偏移的对象，或［退出(E)/放弃(U)］＜退出＞：

对刚偏移的折线的斜线部分要作适当的间距调整以及相应的处理。

四、画上下行方向线

(1) 将踏步线向外偏移 4 条，距离为 500。如图 3－55 所示。

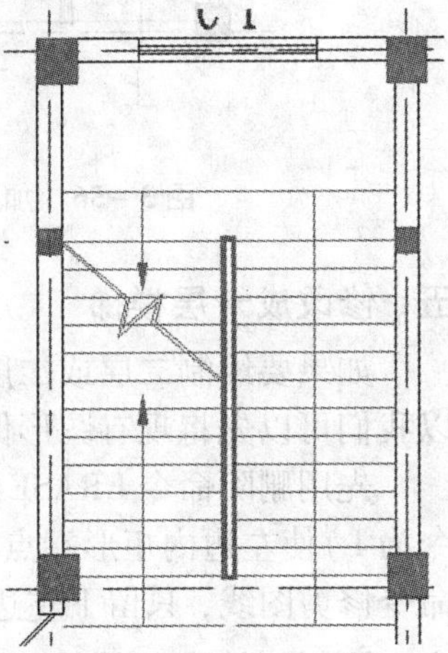

图 3－55　加箭头

命令：O

OFFSET

当前设置：删除源＝否　图层＝源　OFFSETGAPTYPE＝0

指定偏移距离或［通过(T)/删除(E)/图层(L)］＜通过＞：500

选择要偏移的对象，或［退出(E)/放弃(U)］＜退出＞：

指定要偏移的那一侧上的点，或［退出(E)/多个(M)/放弃(U)］＜退出＞：

……

(2) 绘制上下行方向线。如图 3－55 所示。

命令：PL

PLINE

指定起点：//捕捉右下直线中点

当前线宽为 0.0000

指定下一个点或［圆弧(A)/半宽(H)/长度(L)/放弃(U)/宽度(W)］：//捕捉右上直线中点

指定下一点或［圆弧(A)/ /闭合(C)/……］：//捕捉左上直线中点

指定下一点或［圆弧(A)/ /闭合(C)/……］：//在垂直下方合适位置拾取一点

指定下一点或［圆弧(A)/闭合(C)/半宽(H)/长度(L)/放弃(U)/宽度(W)］：w

指定起点宽度 ＜0.0000＞：100

指定端点宽度 ＜100.0000＞：0

指定下一点或［圆弧(A)/ /闭合(C)/……］：//在垂直下方合适位置拾取一点

指定下一点或［圆弧(A)/闭合(C)/ ……］：//按空格结束命令的执行

命令：PL //用类似方法绘制另一方向线

……

(3)删除向外偏移4 条线。如图 3－55 所示。

操作过程略。

(4)输入文字。

用 MTEXT(快捷命令为 MT)命令输入好文字。所画的楼梯间平面图如图 3－56 所示。

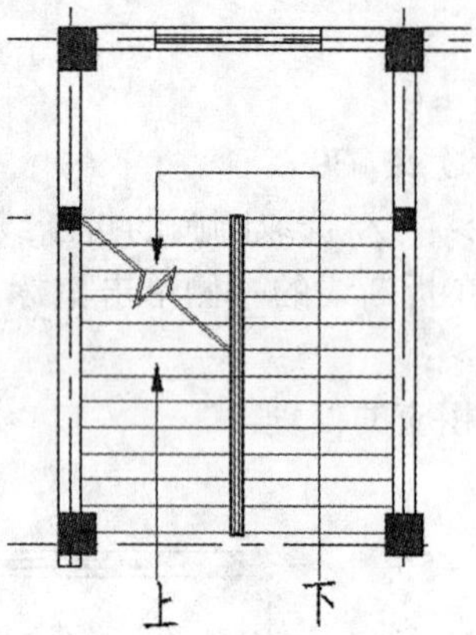

图 3－56　加文字

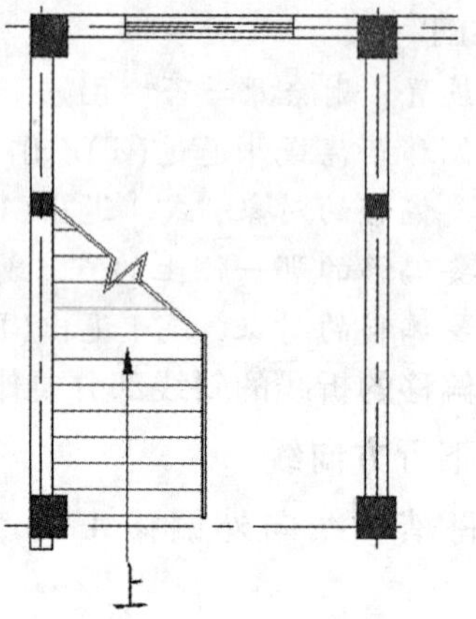

图 3－57　修改成一层楼梯

五、修改成一层楼梯

如果要绘制二层或二层以上的平面图，此时绘制的楼梯就是二层及以上层次的楼梯，所以我们可以先将现有图形保存成二层平面，然后再继续修改成一层平面图。

先用删除命令 ERASE(快捷命令为 E)将右边的踏步线删除，再用直线命令 LINE(快捷命令为 L)使左边内矩形端点与外矩形垂直连接，然后用修剪命令 TRIM(快捷命令为 TR)修剪命令修剪图线，只留下左边扶手，操作过程略。所画的楼梯间平面图如图 3－57 所示。

六、绘制一楼大厅楼梯

1. 绘制楼梯边沿与两根踏步线(如图 3－58)

命令：L

LINE

指定第一个点：//通过右上内墙转角点追踪左边墙线的水平交点

指定下一点或［放弃(U)］：3360 //绘制向左长度为 3360 的水平直线

指定下一点或［放弃(U)］：1650 //绘制向下长度为 1650 的垂直直线

指定下一点或［闭合(C)/放弃(U)］：//按空格结束命令的执行

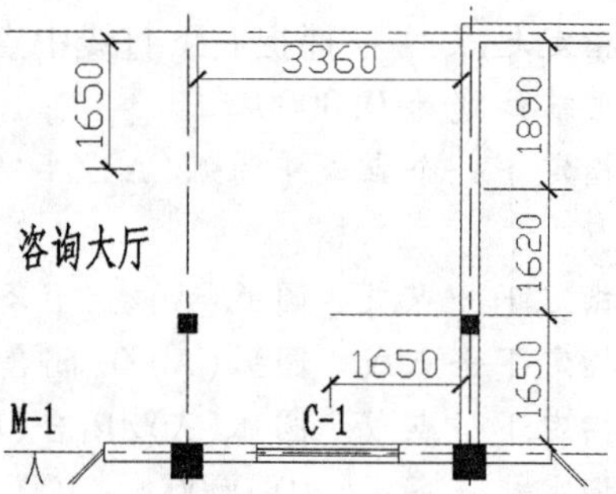

图 3－58　楼梯水平边沿与两根踏步线

命令：L

LINE

指定第一个点：//捕捉右上柱子的左上角点

指定下一点或［放弃(U)］：1650 //绘制向左长度为 1650 的水平直线

指定下一点或［闭合(C)/放弃(U)］: //按空格结束命令的执行

2. 偏移复制踏步线(如图 3 - 59)

命令: O

OFFSET

当前设置: 删除源 = 否　图层 = 源　OFFSETGAPTYPE = 0

指定偏移距离或［通过(T)/删除(E)/图层(L)］<500.0000>: 270

选择要偏移的对象, 或［退出(E)/放弃(U)］<退出>:

指定要偏移的那一侧上的点, 或［退出(E)/多个(M)/放弃(U)］<退出>:

……

3. 绘制楼梯扶手

(1)用多段线命令 PLINE 绘制一条转折线(如图 3 - 60)。

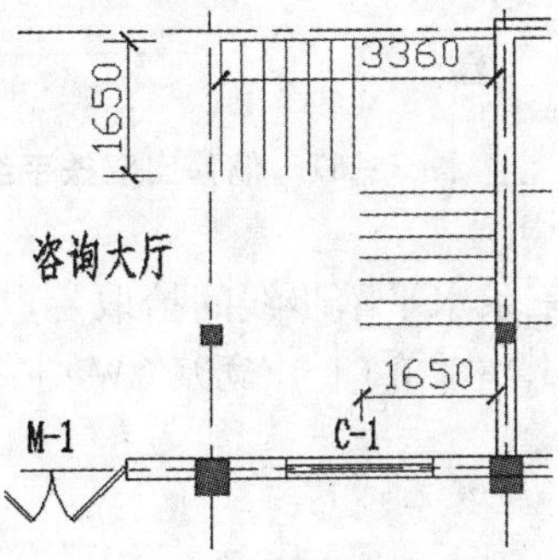

图 3 - 59　大厅楼梯的踏步线

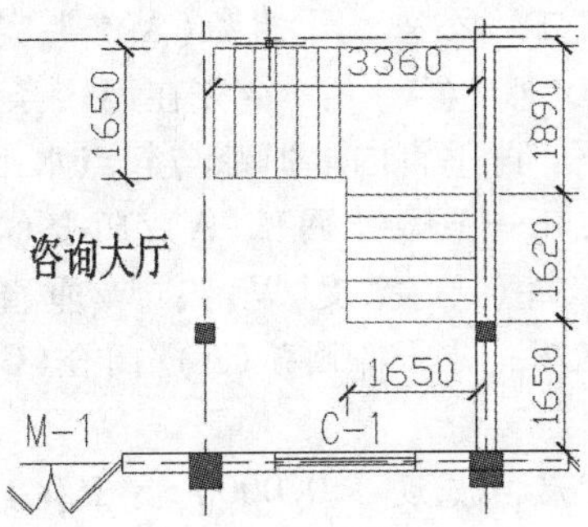

图 3 - 60　加绘楼梯扶手边沿线

命令: PL

PLINE

指定起点: //捕捉左垂直线踏步线下方的端点

当前线宽为 0.0000

指定下一个点或［圆弧(A)/半宽(H)/长度(L)/放弃(U)/宽度(W)］: //先在第一条水平踏步线左端点停留一下, 再垂直向上追踪与起点水平的交点

指定下一点或［圆弧(A)/闭合(C)/半宽(H)/长度(L)/放弃(U)/宽度(W)］: //捕捉下方水平踏步线下方的左端点

指定下一点或［圆弧(A)/闭合(C)/半宽(H)/长度(L)/放弃(U)/宽度(W)］: //按空格结束命令执行

(2)向内偏移扶手的内框线。

命令: O

OFFSET

当前设置: 删除源 = 否　图层 = 源　OFFSETGAPTYPE = 0

指定偏移距离或［通过(T)/删除(E)/图层(L)］<270.0000>: 30

选择要偏移的对象, 或［退出(E)/放弃(U)］<退出>: //选择上端的水平长直线

指定要偏移的那一侧上的点, 或［退出(E)/多个(M)/放弃(U)］<退出>: //在其下方点击

选择要偏移的对象，或［退出(E)/放弃(U)］<退出>：//选择转折的扶手线

指定要偏移的那一侧上的点，或［退出(E)/多个(M)/放弃(U)］<退出>：//在其左上点击

选择要偏移的对象，或［退出(E)/放弃(U)］<退出>：//按空格结束命令执行

(3)绘制上跑线、折断线。

①用多线命令 PLINE(快捷命令为 PL)绘制上跑线。

命令：PL

PLINE

指定起点：500 //在左边垂直踏步线的中点稍停，再水平左移，出现水平追踪线时输入

当前线宽为 0.0000

指定下一个点或［圆弧(A)/半宽(H)/长度(L)/放弃(U)/宽度(W)］：//先在第一条水平踏步线中点停留一下，再垂直向上追踪与起点水平的交点

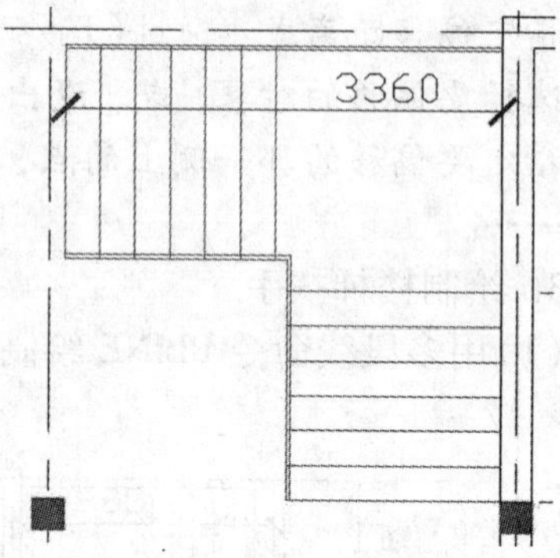

图 3-61　偏移出双扶手线

指定下一点或［圆弧(A)/闭合(C)/半宽(H)/长度(L)/放弃(U)/宽度(W)］：//垂直向下，在第二至第三条水平踏步线间拾取一点

指定下一点或［圆弧(A)/闭合(C)/半宽(H)/长度(L)/放弃(U)/宽度(W)］：w //改变线宽

指定起点宽度 <0.0000>：100

指定端点宽度 <100.0000>：0

指定下一点或［圆弧(A)/闭合(C)/半宽(H)/长度(L)/放弃(U)/宽度(W)］：//垂直向下，在第三至第四根水平踏步线间拾取一点

指定下一点或［圆弧(A)/闭合(C)/半宽(H)/长度(L)/放弃(U)/宽度(W)］：//按空格结束命令执行

②用多行文本 MTEXT(快捷命令为 MT)输入文本“上”。

③绘制一根折断线，绘制过程参见前面第四步的介绍，完成后如图 3-62。

(4)修剪整理踏步线。

先用修剪命令 TRIM(快捷命令为 TR)将两边扶手间的踏步线部分修剪掉，再将左边扶手线向外延长 50 并用直线封口，最后将用编辑多段线命令将外扶手线加粗，线宽为 18。完成后如图 3-62。

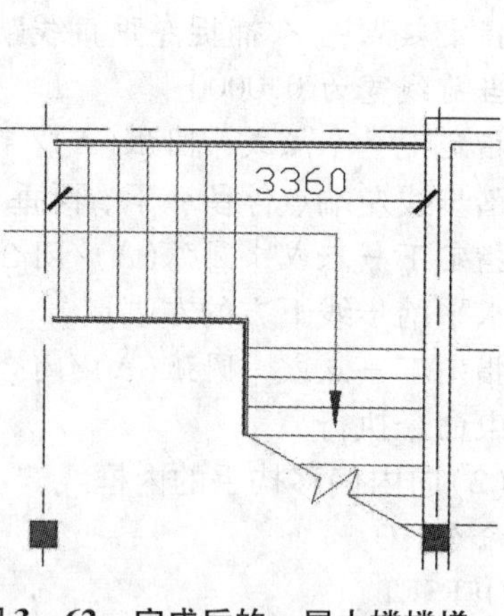

图 3-62　完成后的一层大楼楼梯

3.3.8　绘制厨卫家具

将当前图层设置为“厨卫家具”图层。

一、绘制卫生间蹲位隔板

先用多线绘制命令 MLINE 来绘制，然后用分解命令 EXPLODE(快捷命令为 X)分解双线，再用前面所述开门窗洞的方法开出洞口。在绘制中指定起点时注意使用追踪极轴来定位。

命令：ML

MLINE

当前设置：对正 = 无，比例 = 240.00，样式 = STANDARD

指定起点或［对正(J)/比例(S)/样式(ST)］：s //改变双线宽

输入多线比例 <240.00>：60 //隔板厚度为60

当前设置：对正 = 无，比例 = 60.00，样式 = STANDARD

指定起点或［对正(J)/比例(S)/样式(ST)］：1400 //在右下内墙角点停留一下后水平左移出现极轴时输入

指定下一点：//垂直向上捕捉极轴与窗线的交点

指定下一点或［放弃(U)］：//按空格结束命令执行

……

二、插入蹲位隔板门

命令：I

INSERT //在弹出的插入对话框中选择"door"(门块)，勾选缩放比例、旋转角度均在屏幕指定

指定插入点或［基点(B)/比例(S)/X/Y/Z/旋转(R)］：//捕捉门洞的左下角点

输入 X 比例因子，指定对角点，或［角点(C)/XYZ(XYZ)］<1>：0.65 //门宽为650

输入 Y 比例因子或 <使用 X 比例因子>：

指定旋转角度 <0>：

命令：MI //插入的门向外开，要镜像过来

MIRROR

选择对象：找到 1 个 //选择刚/插入的门

选择对象：

指定镜像线的第一点：//捕捉洞口端线中点

指定镜像线的第二点：//垂直向上拾取一点

要删除源对象吗？［是(Y)/否(N)］<N>：

命令：CO //复制出另一张门

COPY

……

完成后如图 3－63 所示。

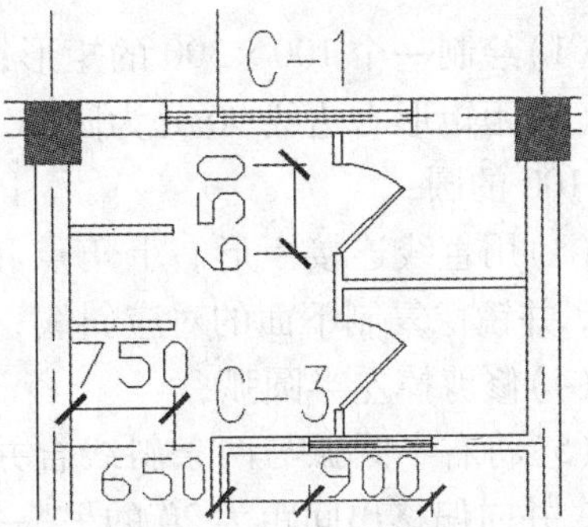

图 3－63　插入隔板门

三、绘制卫生洁具

这里要绘制洗漱盆、清洁池、蹲便器三个、小便器 2 个。

1. 洗漱盆的绘制

洗漱台为 600×1100 的矩形，洗漱盆为长轴 600、短轴 400 的椭圆，中偏右处有一出水的小圆，位置与大小适当，绘制过程略。完成后如图 3－64 所示。

2. 清洗池的绘制

清洗池为 400×480 的矩形，矩形的线宽为 40，中间也有一出水的小圆，绘制过程略。完成后如图 3－64 所示。

3. 蹲便器的绘制

蹲便器是一个 200×200 的矩形、两头为半圆、向内偏移 40 的形状，位置上下居中，水平

位置适当。绘制过程略，绘制后如图 3－65 所示。

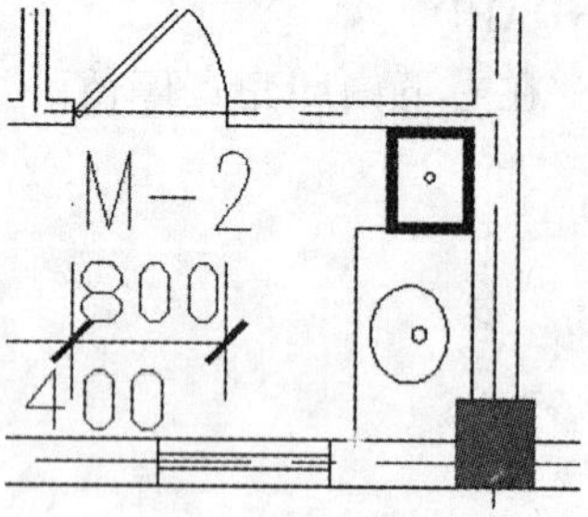

图 3－64　洗漱盆与清洗池

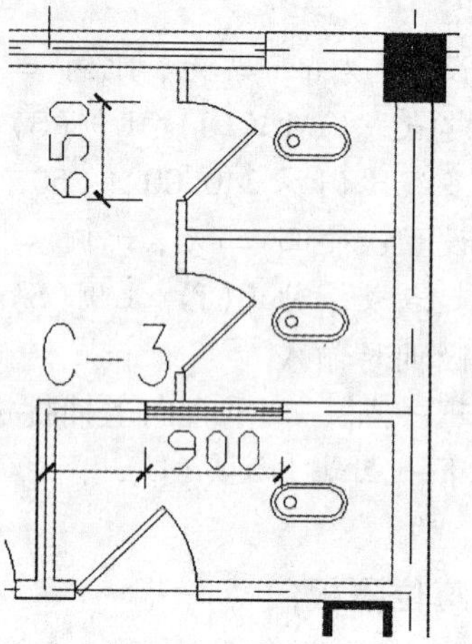

图 3－65　蹲便器

4. 小便器的绘制

小便器的形状如图 3－66 所示。绘制过程如下：

(1)绘制一个 100×300 的矩形；

(2)距矩形右边线 90 处为圆心，绘制一半径为 100 的圆；

(3)用直线连接矩形右上角点和圆的上象限点，并镜像复制下面的对应斜线；

(4)修剪掉左半圆弧；

(5)将右半圆弧与两条斜线合并为一条多段线，并向偏移出间距为 20 的另一条多段线；

(6)绘制一个同心小圆；

(7)移动小便器到小便器隔断的左中位置；

(8)复制另一小便器。

四、输入文字“男”、“女”

完成后的卫生间平面图如图 3－67 所示。

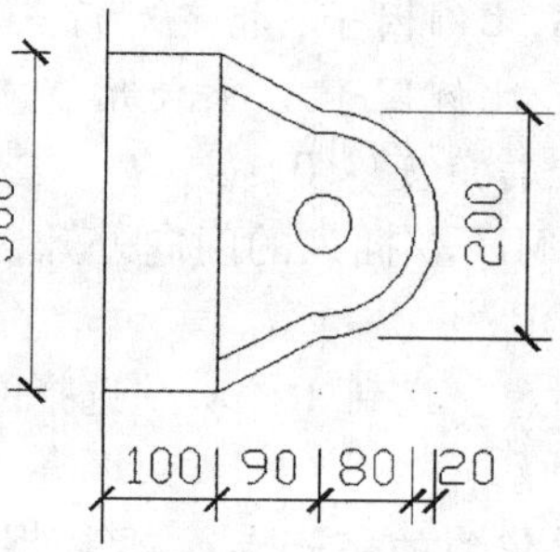

图 3－66　小便器

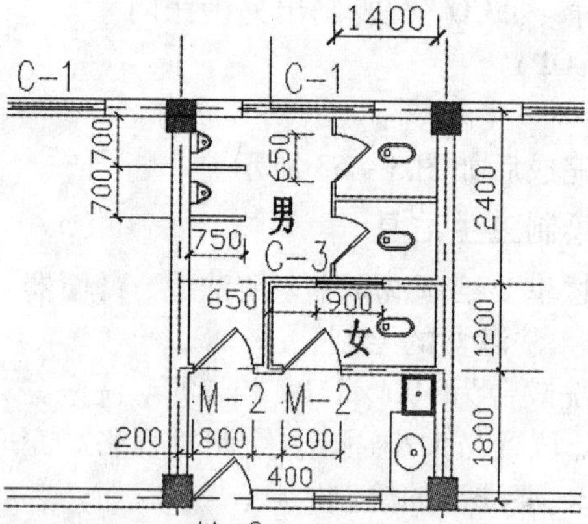

图 3－67　卫生间平面图

3.3.9　绘制台阶散水及暗沟

一、将散水图层设置成当前图层

散水宽 800，暗沟宽 260 mm，台阶仅一级，宽 1500 mm，用 line 命令沿外墙四周画，注意台阶用细实线，暗沟画双虚线。

二、绘制剖切符号

用 PL 命令绘剖切符号，并用 MT 输入剖切序号“1”，剖切位置线，投影方向线均粗实线绘制，剖切位置线长 6 ~ 10 mm，投影方向线长 4 ~ 6 mm，注意均要扩大 100 倍。完成后平面图如图 3 – 68 所示。

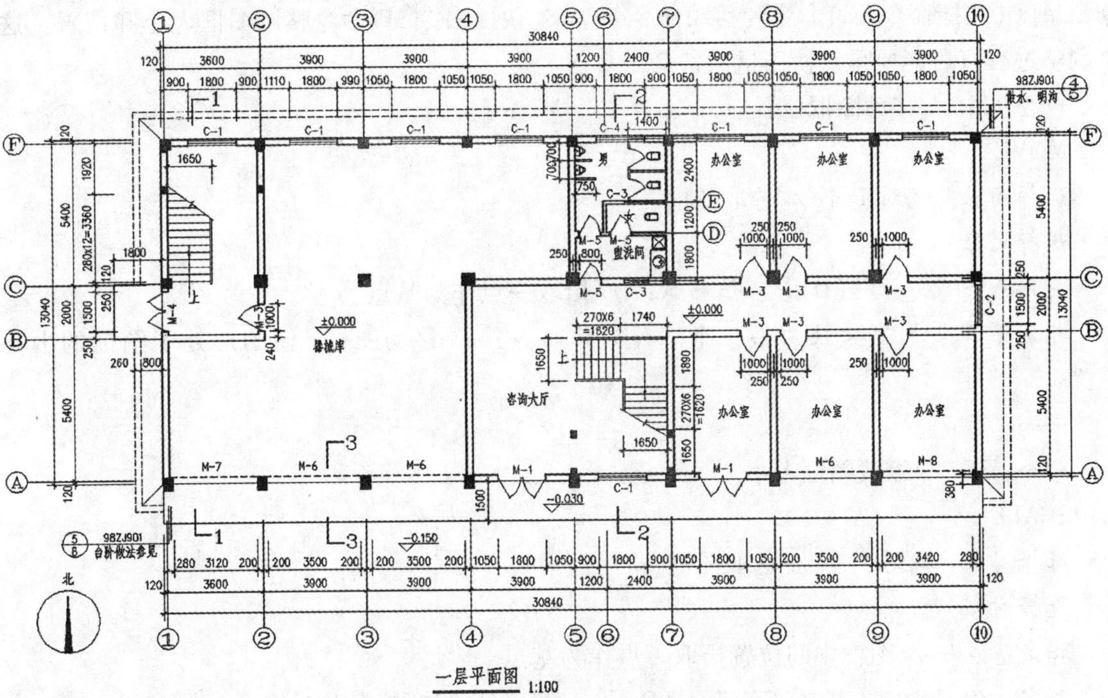

图 3 – 68　加散水台阶后的平面图

3.3.10　组图

组图是将图框插入到平面图中，并进行大小和位置的调整与后期处理。

一、插入图框(外部图形文件)

所插入的图框一般是一个通用的样式，通常已事先绘制好了，并独立保存的外部图形文件。使用插入图块命令 INSERT(快捷命令 I)命令插入图框，在插入过程中要初步确定缩放比例。

命令：I

INSERT　//在插入图块对话框中单击名称右边的【浏览】，在弹出的选择文件对话框中选

择事先已绘制好的图框文件

指定插入点或［基点(B)/比例(S)/X/Y/Z/旋转(R)］：//在左下方拾取一点为插入基点

输入 X 比例因子，指定对角点，或［角点(C)/XYZ(XYZ)］ <1>：120 //输入 X 方向比例

输入 Y 比例因子或 <使用 X 比例因子>： //按空格表示使用 X 比例

指定旋转角度 <0>：

二、调整图框位置与大小

图框插入后，它的大小和位置一般要进行调整。请读者注意，调整对象是图框，适当调整它的大小与位置。如果调整的是图形的大小与位置，会导致尺寸标注的改变。使用缩放命令 SCALE(快捷命令 SC)命令和移动命令 MOVE(快捷命令 M)命令整调图框大小和位置。这个调整过程有可能要重复使用这两条命令多次。

命令：M //移动图框位置

MOVE

选择对象：找到 1 个 //选取图框

选择对象：

指定基点或［位移(D)］ <位移>： //拾取一点作为基点

指定第二个点或 <使用第一个点作为位移>： //移动图框，使图形处于图框的中心位置

……

命令：SC //缩放图框大小

SCALE

选择对象：找到 1 个 //选取图框

选择对象：

指定基点： //图框中间位置拾取一点作为基点

指定比例因子或［复制(C)/参照(R)］：1.1 //将图框扩大 1.1 倍

三、输入图名、设计单位和比例

用文本输入命令来完成。

命令：_mt

MTEXT

……

四、绘制指北针

(1)用绘制圆命令 CIRCLE(快捷命令为 C)在左下方绘制一个半径为 2000 的圆。

命令：C

CIRCLE

指定圆的圆心或［三点(3P)/两点(2P)/切点、切点、半径(T)］：//在左下方空白处拾取一点

指定圆的半径或［直径(D)］：

(2)绘制指针。用多段线绘制命令 PLINE 绘制指针。

命令：PL

PLINE

指定起点：//拾取圆的下方象限点

当前线宽为 0.0000

指定下一点或［圆弧(A)/半宽(H)/长度(L)/放弃(U)/宽度(W)］：w

指定起点宽度 <0.0000>：400

指定端点宽度 <400.0000>：0

指定下一点或［圆弧(A)/半宽(H)/长度(L)/放弃(U)/宽度(W)］：//拾取圆的上方象限点

指定下一点或［圆弧(A)/闭合(C)/半宽(H)/长度(L)/放弃(U)/宽度(W)］：*取消*

所画的图形如图 3 -69。

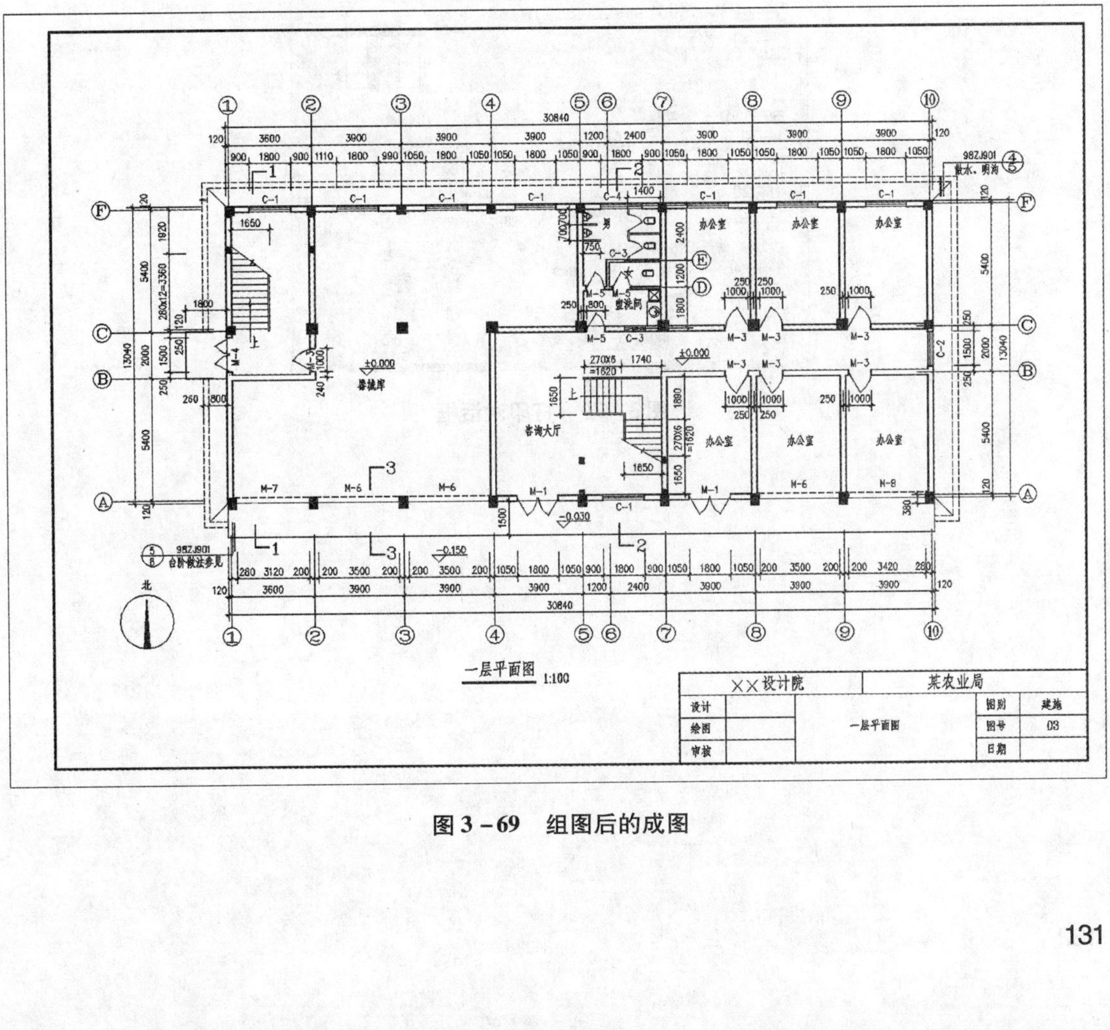

图 3 -69　组图后的成图

3.3.11 出图

将所绘制的CAD图形在图纸上打印出来就叫CAD出图，用打印命令PLOT命令(也可在输出选项卡中可单击

工具)来完成，发出PLOT命令后就会打开如图3－70所示的打印对话框，在此对话框中进行如下的设置和处理：

选择打印机/绘图仪：在对应名称下拉列表中选择系统已安装的打印机或绘图仪；

图纸尺寸(A3)：在对应的下拉列表中选择一种图纸尺寸；

打印区域：在“打印范围”下拉列表中选择一种区域，若选择“窗口”，则要单击其右边的“窗口＞”按钮后，在图形中框选要打印的区域；

居中打印：如果要居中打印则勾选此项；

布满全纸：如果要布满全纸则勾选此项；

完成以上设置后单击预览可预览效果，单击确定便可打印输出。

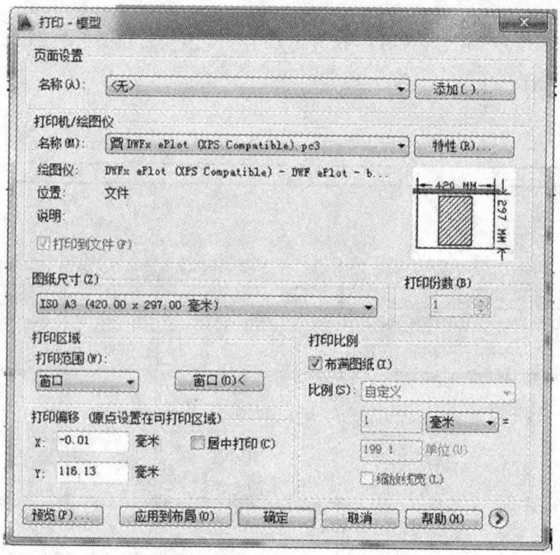

图3－70 打印对话框

习　题

绘制如图 3－71 所示的单层厂房平面图（参考数据：设定柱子 400 mm×500 mm，散水宽度 600 mm，C1 通窗，M1 门宽 1000 mm、门垛 120 mm）。

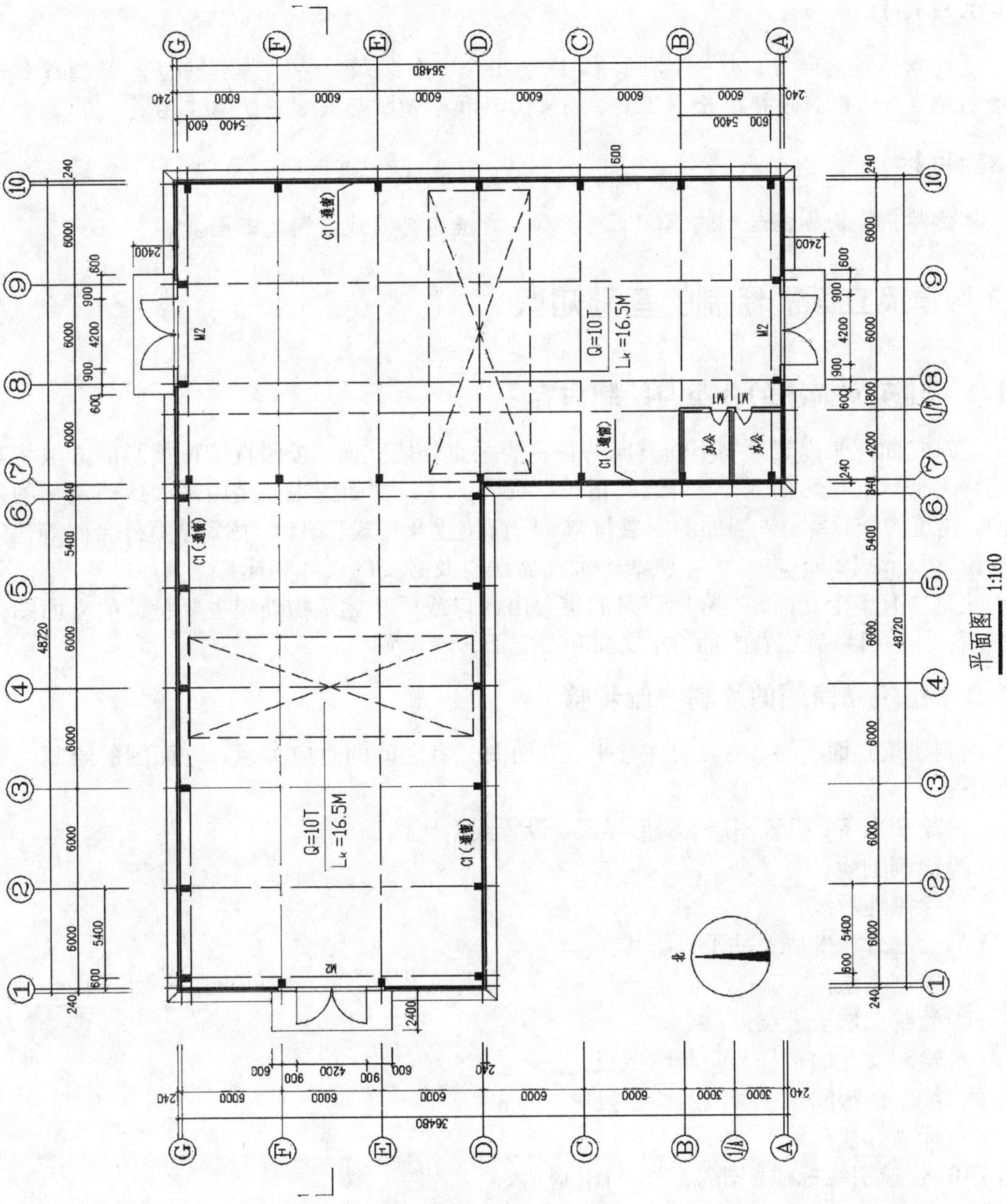

图 3－71　单层厂房平面图

模块四　绘制建筑立面图

【知识目标】

通过本模块的学习，进一步巩固 CAD 绘图命令与编辑命令的操作方法。掌握建筑施工图绘制特点，选取最便捷的绘图工具、编辑工具和绘图技巧绘制建筑施工图。

【技能目标】

熟悉建筑立面图的绘制内容、绘制步骤，能快速有效地绘制施工图。

4.1　建筑立面图绘制的基础知识

4.1.1　建筑立面图的分类与绘制内容

建筑立面图是以建筑物不同方向的各主要垂直外墙立面，按照直接正投影的方法将其投影到与之平行的投影面上，所得到的正投影视图。建筑立面图主要是用来表达建筑物的外部造型、建筑的外轮廓、外墙面的面层材料，门窗位置及样式、阳台、雨篷、室外台阶等建筑构件的位置及形式，檐口、线脚、腰线等饰面做法以及必要的尺寸和标高。

建筑物有多个立面，通常把建筑的主要出入口或反映建筑物外貌主要特征的立面图称为正立面，从而可以确定背立面、左立面和右立面。

4.1.2　建筑立面图的绘制一般步骤

绘制建筑立面图时，随时要注意平、立面图二者之间的对应关系。立面图的绘制一般步骤如下：

(1)绘图准备：设置图层、图形界限、设置线型比例；

(2)绘制轴线；

(3)绘制地坪线；

(4)绘制外轮廓线及柱子投影线；

(5)绘制一层门、窗；

(6)绘制二层至五层窗；

(7)绘制女儿墙栏杆及女儿墙飘板；

(8)绘制楼梯间顶投影线及雨篷投影线；

(9)标高标注；

(10)快速引线标注、图名标注及图框插入。

4.2　任务

绘制建筑立面图(①～⑩立面图)，如图 4－1 所示。

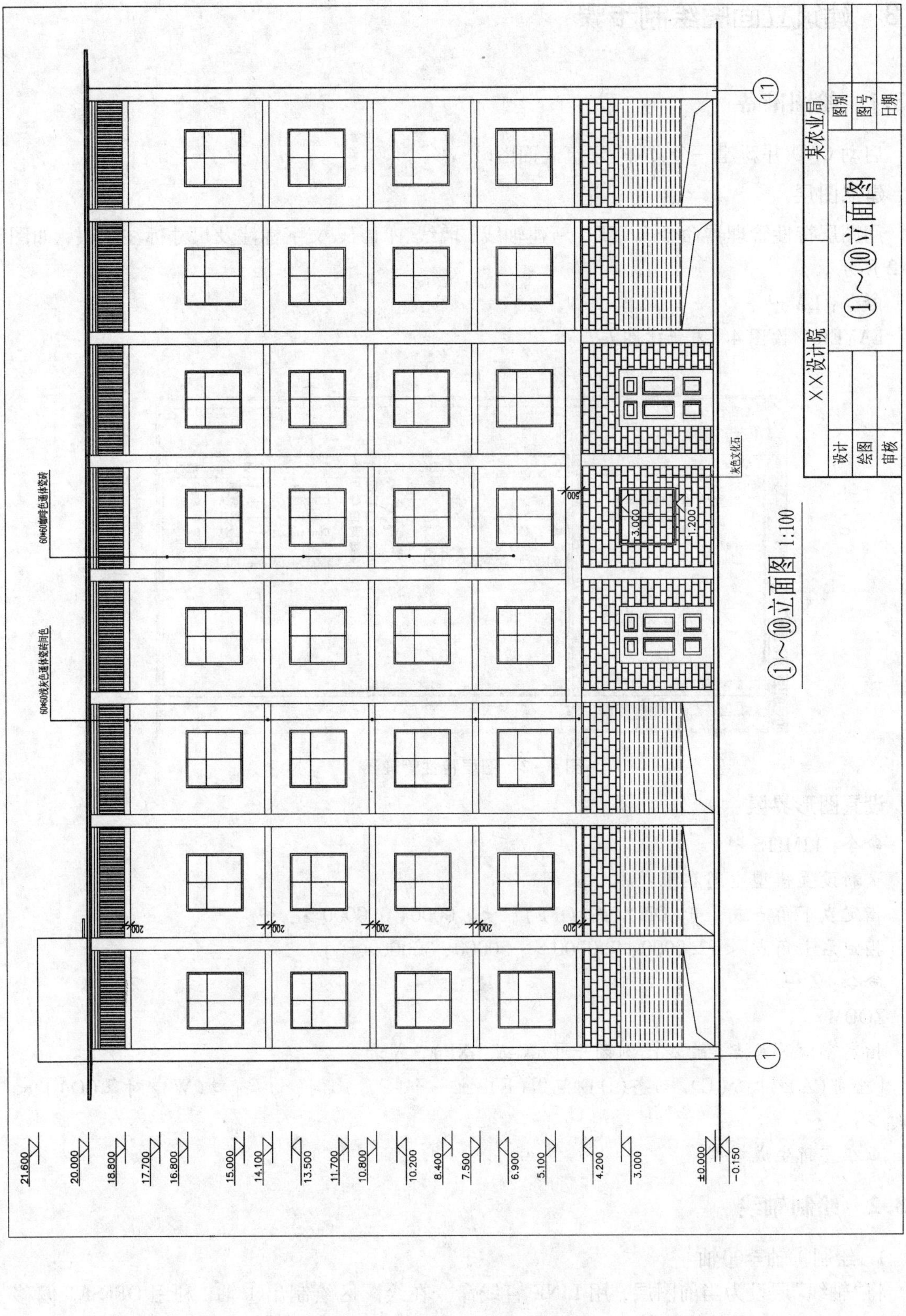
XX设计院
某农业局
①~⑩立面图
设计
绘图
审核
图别
图号
日期
①~⑩立面图 1:100
60*60咖啡色通体瓷砖
60*60浅灰色通体瓷砖间色
灰色文化石
21.600
20.000
18.800
17.700
16.800
15.000
14.100
13.500
11.700
10.800
10.200
8.400
7.500
6.900
5.100
4.200
3.000
±0.000
-0.150

图4-1　建筑立面图

4.3 建筑立面图绘制步骤

4.3.1 绘图准备

启动 CAD 并新建一个文件“建筑立面图. DWG”。

一、建立图层

用图层特性管理器命令 LAYER 新建轴线、墙线、门窗、文字标注及尺寸标注图层，如图 4 -2 所示。

命令：LA ↵

LAYER//按图 4 -2 新建图层

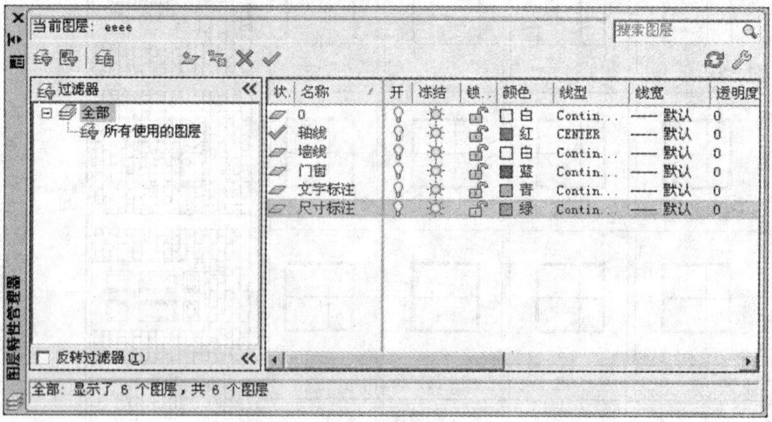

图 4 -2　图层特性管理器

二、设置图形界限

命令：LIMITS ↵

重新设置模型空间界限：

指定左下角点或［开(ON)/关(OFF)］ <0.0000, 0.0000>：↵

指定右上角点 <12.0000, 9.0000>：50000, 30000 ↵

命令：Z ↵

ZOOM

指定窗口的角点，输入比例因子（nX 或 nXP），或者

［全部(A)/中心(C)/动态(D)/范围(E)/上一个(P)/比例(S)/窗口(W)/对象(O)］ <实时>：A ↵

正在重新生成模型

4.3.2 绘制轴线

1. 绘制①轴至⑩轴

将“轴线”层设为当前图层，用 LINE 直线命令在绘图区绘制出①轴，利用 OFFSET 偏移

命令依次向右偏移，间距为 3600、3900、3900、3900、3600(1200+2400)、3900、3900、3900，得到①至⑩轴线网，轴线均采用点画线绘制，如图 4-3 所示。

命令：O ↵

OFFSET

当前设置：删除源=否　图层=源　OFFSETGAPTYPE=0

指定偏移距离或［通过(T)/删除(E)/图层(L)］<通过>：3600 ↵

选择要偏移的对象，或［退出(E)/放弃(U)］<退出>：//选取①轴线

指定要偏移的那一侧上的点，或［退出(E)/多个(M)/放弃(U)］<退出>：//在①轴右方单击左键

选择要偏移的对象，或［退出(E)/放弃(U)］<退出>：*取消*

……

按照上述方法，依次偏移所有轴线，仅绘出两端定位轴线编号，方法同平面图编号一致，此处略如图 4-3 所示。室内地坪线做为辅助线使用，用于定位窗，最后要删去室外地坪线是竺粗实线 1.46，可用 PL 命令加粗，线宽为 98。

4.3.3　绘制地平线

采用 0.7，0.35，0.18 的线宽组，因为比例为 1∶100，根据比例扩大 100 倍，所以粗实线的线宽为 70 mm，中粗实线的线宽为 35 mm，细实线为 18 mm。将“墙线”层设为当前图层，用 LINE 直线命令在适当的位置绘制室内地平线，利用 OFFSET 偏移命令向下 150 mm 绘制室外地平线，如图 4-3 所示。

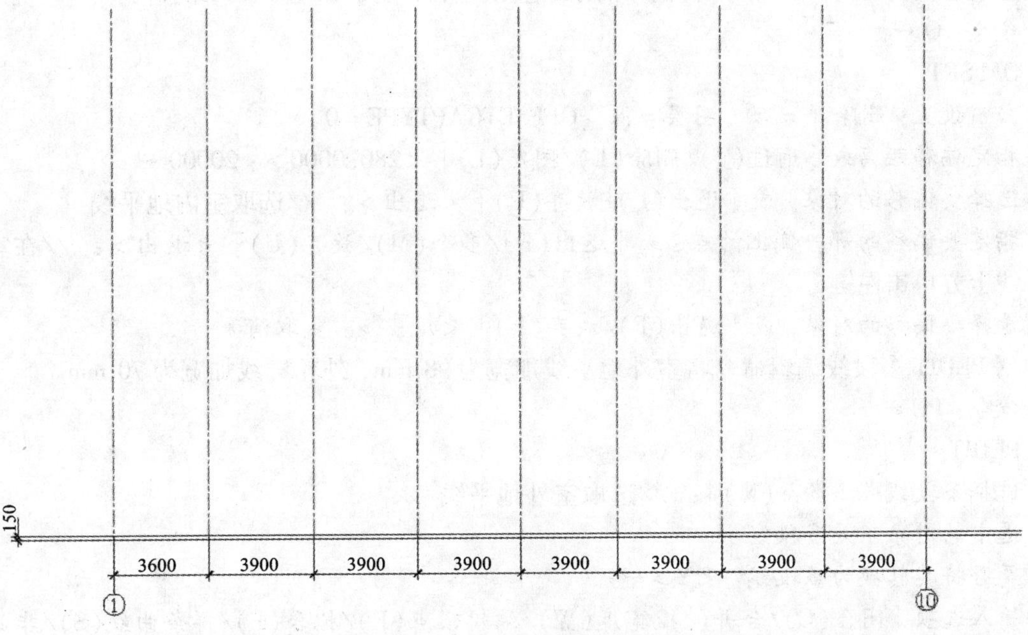

图 4-3　立面图轴线和地平线

4.3.4 绘制外轮廓线及柱子投影线

用 OFFSET 偏移命令绘制①轴左边外轮廓线以及右边柱子投影线，将偏移的两线改至墙线层。

命令：O ↵

OFFSET

当前设置：删除源 = 否　图层 = 源　OFFSETGAPTYPE = 0

指定偏移距离或 [通过(T)/删除(E)/图层(L)] <20000.0000>：120 ↵

选择要偏移的对象，或 [退出(E)/放弃(U)] <退出>：//选取①轴线

指定要偏移的那一侧上的点，或 [退出(E)/多个(M)/放弃(U)] <退出>：//在①轴左方单击左键

选择要偏移的对象，或[退出(E)/放弃(U)] <退出>：*取消*

命令：O ↵

OFFSET

当前设置：删除源 = 否　图层 = 源　OFFSETGAPTYPE = 0

指定偏移距离或 [通过(T)/删除(E)/图层(L)] <120.0000>：280 ↵

选择要偏移的对象，或 [退出(E)/放弃(U)] <退出>：//选取①轴线

指定要偏移的那一侧上的点，或 [退出(E)/多个(M)/放弃(U)] <退出>：//在①轴右方单击左键

选择要偏移的对象，或 [退出(E)/放弃(U)] <退出>：*取消*

用类似的方法偏移绘制⑩右侧轴立面轮廓线以及其他柱子投影线。向上偏移室内地平线绘制建筑总高为 20000 mm，并将偏移的水平直线进行修剪，如图 4-4 所示。

命令：O ↵

OFFSET

当前设置：删除源 = 否　图层 = 源　OFFSETGAPTYPE = 0

指定偏移距离或 [通过(T)/删除(E)/图层(L)] <280.0000>：20000 ↵

选择要偏移的对象，或 [退出(E)/放弃(U)] <退出>：//选取室内地平线

指定要偏移的那一侧上的点，或 [退出(E)/多个(M)/放弃(U)] <退出>：//在室内地平线上方单击左键

选择要偏移的对象，或 [退出(E)/放弃(U)] <退出>：*取消*

用 PEDIT 多段线编辑命令将室外地平线加宽为 98 mm，外轮廓线加宽为 70 mm。

命令：PE ↵

PEDIT

选择多段线或 [多条(M)]：//选取室外地平线

选定的对象不是多段线

是否将其转换为多段线？<Y> ↵

输入选项 [闭合(C)/合并(J)/宽度(W)/编辑顶点(E)/拟合(F)/样条曲线(S)/非曲线化(D)/线型生成(L)/反转(R)/放弃(U)]：w ↵ //选择宽度选项

指定所有线段的新宽度：98 ↵ //输入室外地平线宽度值

输入选项［闭合(C)/合并(J)/宽度(W)/编辑顶点(E)/拟合(F)/样条曲线(S)/非曲线化(D)/线型生成(L)/反转(R)/放弃(U)］：*取消*

用类似的方法加宽外轮廓线，如图 4－4 所示。

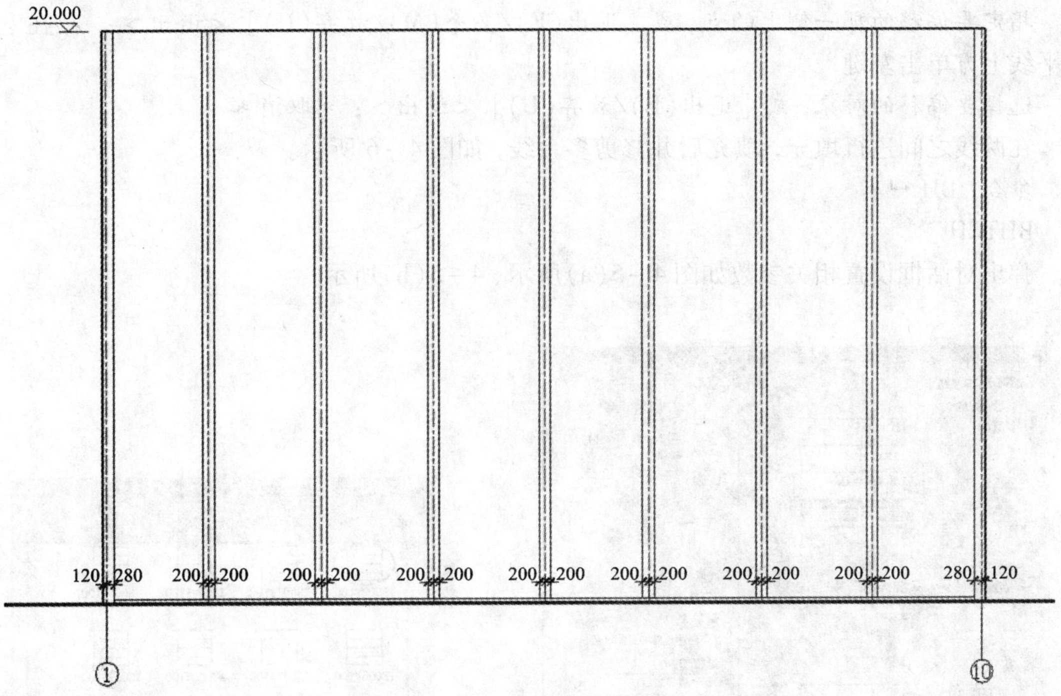

图 4－4　外轮廓线及柱子投影线

4.3.5　绘制一层门、窗

一、绘制一层卷闸门

把"门窗"层作为当前图层，利用 OFFSET 偏移命令向上 3000mm 绘制卷闸门高度方向定位线，并填充卷闸门 M－6、M－7、M－8，用 LINE 直线命令绘制卷闸门半开折线，如图 4－6 所示。

命令：O ↵

OFFSET

当前设置：删除源＝否　图层＝源　OFFSETGAPTYPE＝0

指定偏移距离或［通过(T)/删除(E)/图层(L)］＜20000.0000＞：3000 ↵ //卷闸门高 3 m

选择要偏移的对象，或［退出(E)/放弃(U)］＜退出＞：//选取室内地平线

指定要偏移的那一侧上的点，或［退出(E)/多个(M)/放弃(U)］＜退出＞：//在室内地平线上方单击左键

选择要偏移的对象，或［退出(E)/放弃(U)］＜退出＞：*取消*

命令：O ↵

OFFSET

当前设置：删除源 = 否　图层 = 源　OFFSETGAPTYPE = 0

指定偏移距离或［通过(T)/删除(E)/图层(L)］<3000.0000>：1000 ↵ //卷闸门半开符号定位线

选择要偏移的对象，或［退出(E)/放弃(U)］<退出>：//选取室内地平线

指定要偏移的那一侧上的点，或［退出(E)/多个(M)/放弃(U)］<退出>：//在室内地平线上方单击左键

选择要偏移的对象，或［退出(E)/放弃(U)］<退出>：* 取消 *

在两线之间进行填充，填充后并修剪多余线，如图 4 - 6 所示。

命令：BH ↵

BHTCH

弹出对话框设置相关参数如图 4 - 5(a)所示、4 - 5(b)所示：

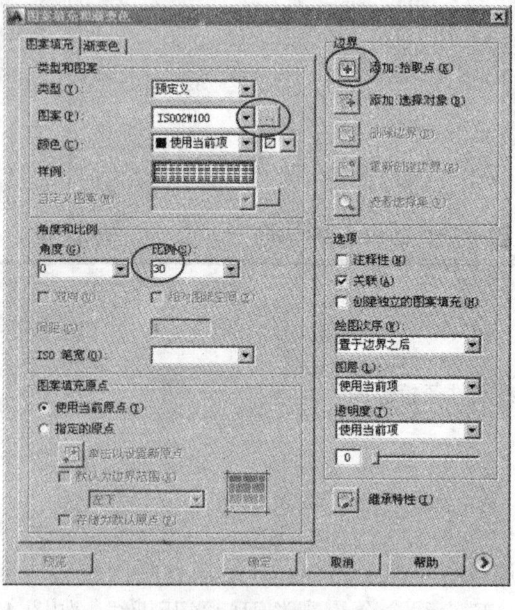

(a)图案填充和渐变色窗口

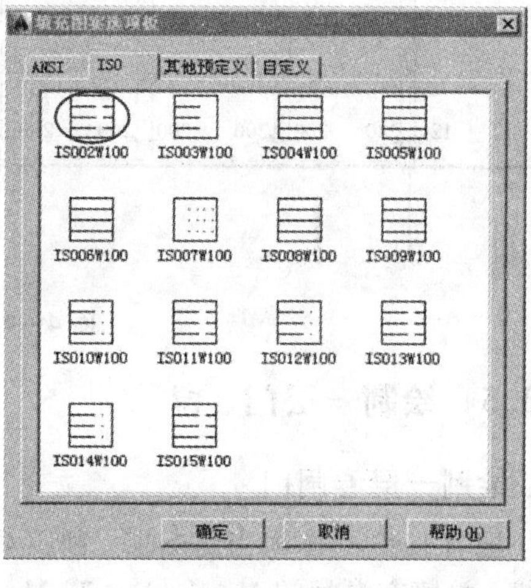

(b)图案选项板

图 4 - 5

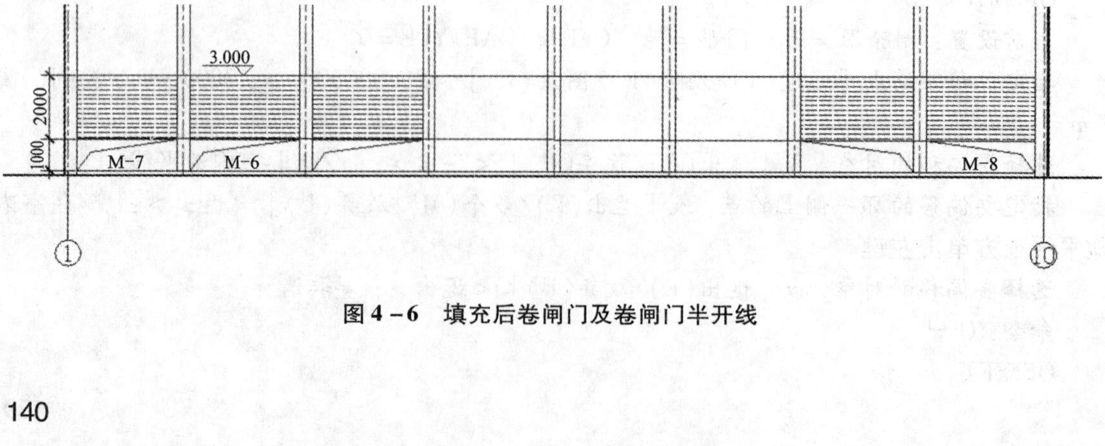

图 4 - 6　填充后卷闸门及卷闸门半开线

二、绘制一层进户双开防盗门

进户双开防盗门门宽 1800 mm，门高 3000 mm，用矩形命令在④轴定位线右边 1050 mm 处绘制一个 1800 mm × 3000 mm 的矩形，如图 4－7 所示。

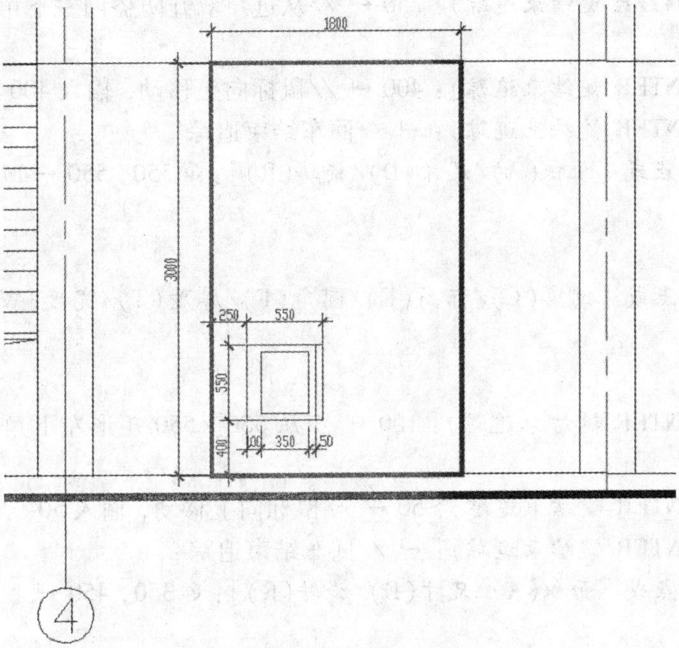

图 4－7　进户双开防盗门左下角图案

命令：REC ↵

RECTANG

指定第一个角点或［倒角(C)/标高(E)/圆角(F)/厚度(T)/宽度(W)］：w ↵ //选取宽度选项

指定矩形的线宽 <0.0000>：35 //设置门线宽度值(中粗)

指定第一个角点或［倒角(C)/标高(E)/圆角(F)/厚度(T)/宽度(W)］：tra ↵ //追踪命令

第一个追踪点：

下一点（按 ENTER 键结束追踪）：1050 ↵ //从④轴定位线追踪距离

下一点（按 ENTER 键结束追踪）：↵ //回车结束追踪

指定另一个角点或［面积(A)/尺寸(D)/旋转(R)］：@1800，3000 ↵

绘制进户双开防盗门矩形图案，大矩形为 550 mm × 550 mm，小矩形 350 mm × 450 mm（如图 4－7 所示），具体操作如下：

命令：REC ↵

RECTANG

指定第一个角点或［倒角(C)/标高(E)/圆角(F)/厚度(T)/宽度(W)］：w ↵ //选取宽度选项

指定矩形的线宽 <18.0000>：0 ↵

指定第一个角点或［倒角(C)/标高(E)/圆角(F)/厚度(T)/宽度(W)］：tra ↵ //追踪命令

第一个追踪点：

下一点（按 ENTER 键结束追踪）：250 ↵ //从进户双开防盗门左下角追踪，鼠标向右移动，输入 250

下一点（按 ENTER 键结束追踪）：400 ↵ //鼠标向上移动，输入 400

下一点（按 ENTER 键结束追踪）：↵ //回车结束追踪

指定另一个角点或［面积(A)/尺寸(D)/旋转(R)］：@550，550 ↵

命令：REC ↵

RECTANG

指定第一个角点或［倒角(C)/标高(E)/圆角(F)/厚度(T)/宽度(W)］：tra ↵ //追踪命令

第一个追踪点：

下一点（按 ENTER 键结束追踪）：100 ↵ //从 550×550 矩形左下角追踪，鼠标向右移动，输入 100

下一点（按 ENTER 键结束追踪）：50 ↵ //鼠标向上移动，输入 50

下一点（按 ENTER 键结束追踪）：↵ //回车结束追踪

指定另一个角点或［面积(A)/尺寸(D)/旋转(R)］：@350，450 ↵

命令：X ↵

EXPLODE

选择对象：//选取 550×550 矩形

选择对象：找到 1 个 ↵

命令：O ↵

OFFSET

当前设置：删除源 = 否　图层 = 源　OFFSETGAPTYPE = 0

指定偏移距离或［通过(T)/删除(E)/图层(L)］<300.0000>：50 ↵

选择要偏移的对象，或［退出(E)/放弃(U)］<退出>：//选取 550×550 矩形最右边竖直线

指定要偏移的那一侧上的点，或［退出(E)/多个(M)/放弃(U)］<退出>：//向选取线的左方单击左键，偏移一条竖直线

选择要偏移的对象，或［退出(E)/放弃(U)］<退出>：*取消*

进一步绘制完成进户双开防盗门图案，如图 4-8 所示，具体操作如下：

命令：CO ↵

COPY

选择对象：指定对角点：找到 3 个 //选取要复制图案

选择对象：

当前设置：复制模式 = 多个

指定基点或［位移(D)/模式(O)］<位移>：m ↵ //多重复制

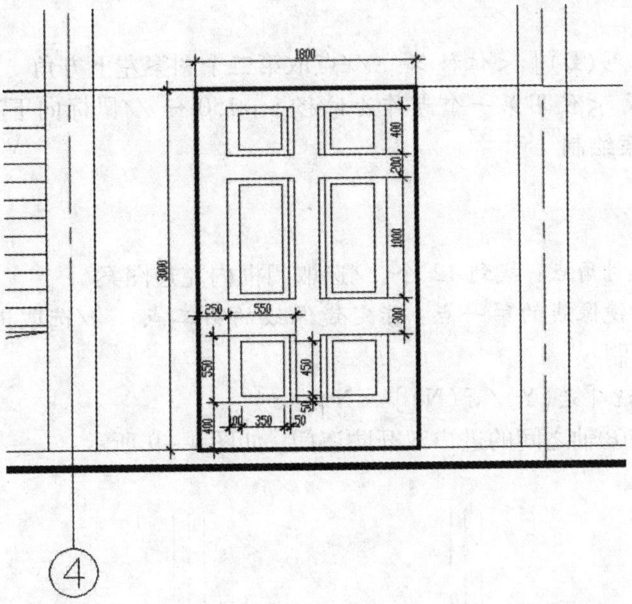

图 4-8　进户双开防盗门

需要点或选项关键字。

指定基点或［位移(D)/模式(O)］＜位移＞：//选取 550＊550 矩形左下角

指定第二个点或［阵列(A)］＜使用第一个点作为位移＞：850 ↵ //鼠标向上移动，输入 850

指定第二个点或［阵列(A)/退出(E)/放弃(U)］＜退出＞：2050 ↵ //鼠标向上移动，输入 2050

指定第二个点或［阵列(A)/退出(E)/放弃(U)］＜退出＞：

命令：S ↵

STRETCH

以交叉窗口或交叉多边形选择要拉伸的对象...

选择对象：指定对角点：找到 3 个 //选取第二个图案中上方

选择对象：

指定基点或［位移(D)］＜位移＞：//点取第二个图案左上方角

指定第二个点或 ＜使用第一个点作为位移＞：450 ↵ //鼠标向上移动，输入拉伸距离 450，完成第二个图案绘制

命令：S ↵

STRETCH

以交叉窗口或交叉多边形选择要拉伸的对象...

选择对象：指定对角点：找到 5 个 //选取第三个图案中上方

选择对象：re ↵ //去掉多选的图形

删除对象：找到 1 个，删除 1 个，总计 4 个

删除对象：找到 1 个，删除 1 个，总计 3 个

删除对象：

指定基点或［位移(D)］<位移>：//点取第二个图案左上方角

指定第二个点或 <使用第一个点作为位移>：150 ↵ //鼠标向下移动，输入拉伸距离 150，完成第三个图案绘制

命令：MI ↵

MIRROR

选择对象：指定对角点：找到 12 个 //选取门框内左边图案

选择对象：指定镜像线的第一点：指定镜像线的第二点：//选取进户双开防盗门中心点，完成右边图案绘制

要删除源对象吗？［是(Y)/否(N)］<N>：↵

复制完成⑦轴与⑧轴之间的进户双开防盗门，如图 4-9 所示。

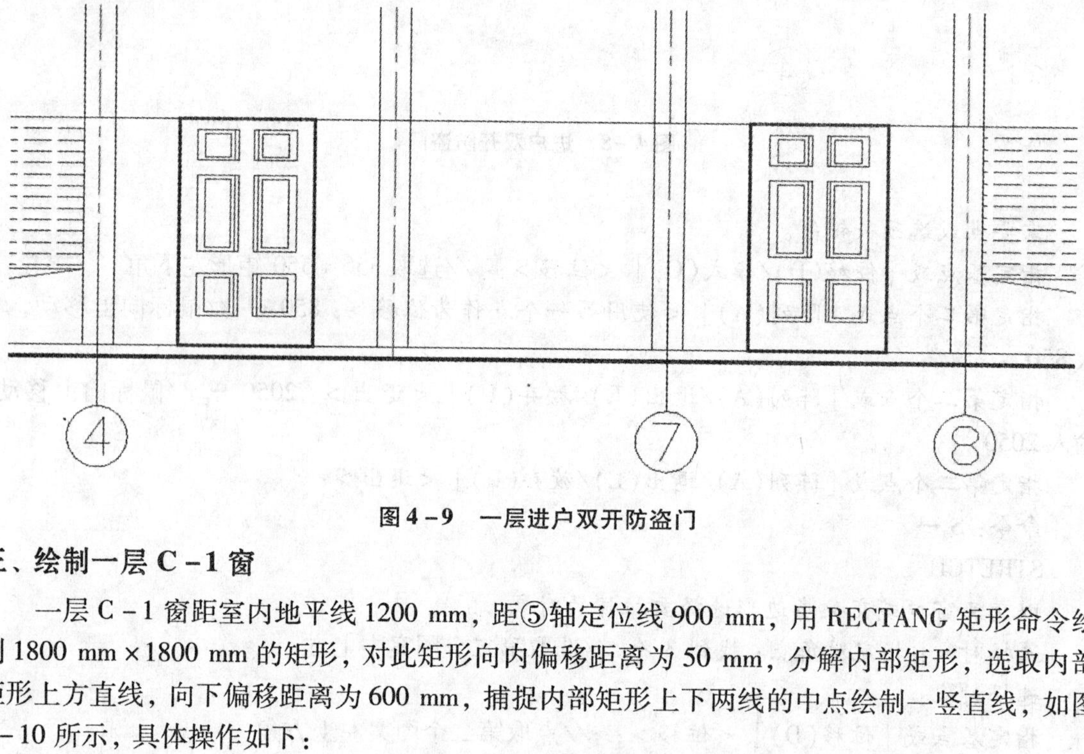

图 4-9　一层进户双开防盗门

三、绘制一层 C-1 窗

一层 C-1 窗距室内地平线 1200 mm，距⑤轴定位线 900 mm，用 RECTANG 矩形命令绘制 1800 mm×1800 mm 的矩形，对此矩形向内偏移距离为 50 mm，分解内部矩形，选取内部矩形上方直线，向下偏移距离为 600 mm，捕捉内部矩形上下两线的中点绘制一竖直线，如图 4-10 所示，具体操作如下：

命令：REC ↵

RECTANG

指定第一个角点或［倒角(C)/标高(E)/圆角(F)/厚度(T)/宽度(W)］：w ↵ //选取宽度选项

指定矩形的线宽 <18.0000>：35 ↵ //设置窗线宽度值

指定第一个角点或［倒角(C)/标高(E)/圆角(F)/厚度(T)/宽度(W)］：tra ↵ //追踪命令

第一个追踪点：

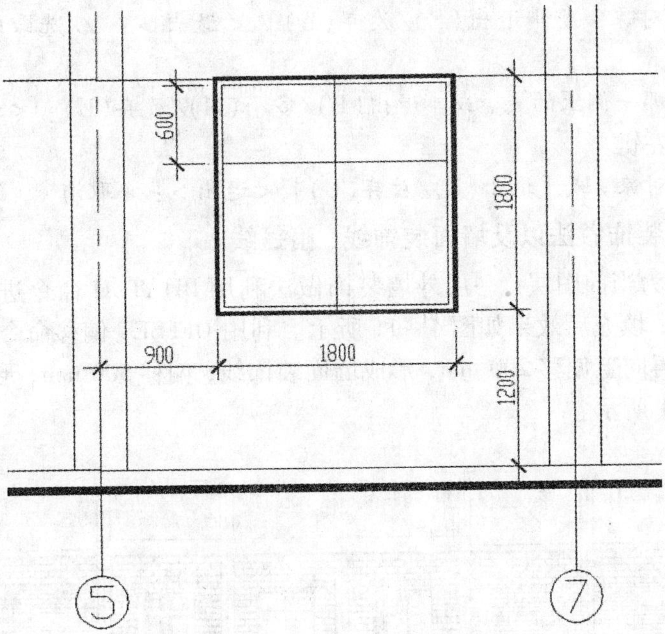

图 4-10　一层 C-1 窗

下一点(按 ENTER 键结束追踪): 900 ↵ //选取⑤轴与室内地平线的交点，鼠标向右移动，输入 900

下一点(按 ENTER 键结束追踪): 1200 ↵ //鼠标向上移动，输入 1200

下一点(按 ENTER 键结束追踪): ↵

指定另一个角点或[面积(A)/尺寸(D)/旋转(R)]: @1800, 1800 ↵

命令: O ↵

OFFSET

当前设置: 删除源 = 否　图层 = 源　OFFSETGAPTYPE = 0

指定偏移距离或[通过(T)/删除(E)/图层(L)] <300.0000>: 50 ↵

选择要偏移的对象，或[退出(E)/放弃(U)] <退出>: //选取 1800 × 1800 矩形

指定要偏移的那一侧上的点，或[退出(E)/多个(M)/放弃(U)] <退出>: //向选取矩形框内单击左键

选择要偏移的对象，或[退出(E)/放弃(U)] <退出>: * 取消 *

命令: X ↵

EXPLODE

选择对象: 找到 1 个 //选取内部矩形

选择对象: ↵ //回车确认

命令: O ↵

OFFSET

当前设置: 删除源 = 否　图层 = 源　OFFSETGAPTYPE = 0

指定偏移距离或[通过(T)/删除(E)/图层(L)] <50.0000>: 600 ↵

选择要偏移的对象，或［退出(E)/放弃(U)］＜退出＞：//选取内部矩形上方水平直线

指定要偏移的那一侧上的点，或［退出(E)/多个(M)/放弃(U)］＜退出＞：//向选取水平直线下方单击左键

选择要偏移的对象，或［退出(E)/放弃(U)］＜退出＞：＊取消＊

四、绘制一层外墙装饰做法以及墙面装饰线、雨篷线

把“墙线”层作为当前图层，一层外墙装饰做法利用 BHATCH 命令进行边界填充，选取适当图案以及比例，填充后效果如图 4－11 所示。利用 OFFSET 偏移命令选取室内地平线向上偏移 4200 mm，再向上偏移 200 mm，形成墙面装饰线，偏移 500 mm，形成雨篷线，修剪多余线段，如图 4－11 所示。

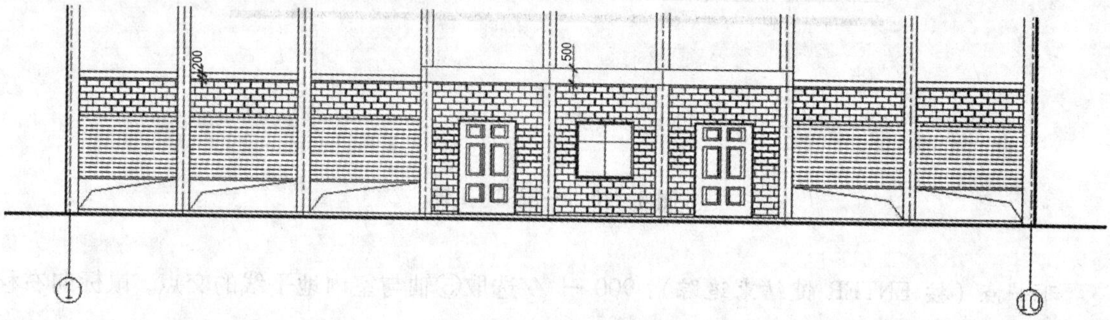

图 4－11　一层外墙装饰做法及墙面装饰线、雨篷线

4.3.6　绘制二层至五层窗

把“门窗”层作为当前图层，用 COPY 复制命令复制一层已绘制好的 C－1 窗，确定好窗的具体位置，以便准确无误完成二层窗的添加。用 OFFSET 偏移命令定位二层左下方窗距室内地平线 5100 mm，距①轴定位线 900 mm，用类似方法依次定位、复制完成二层窗的添加，如图 4－12 所示。

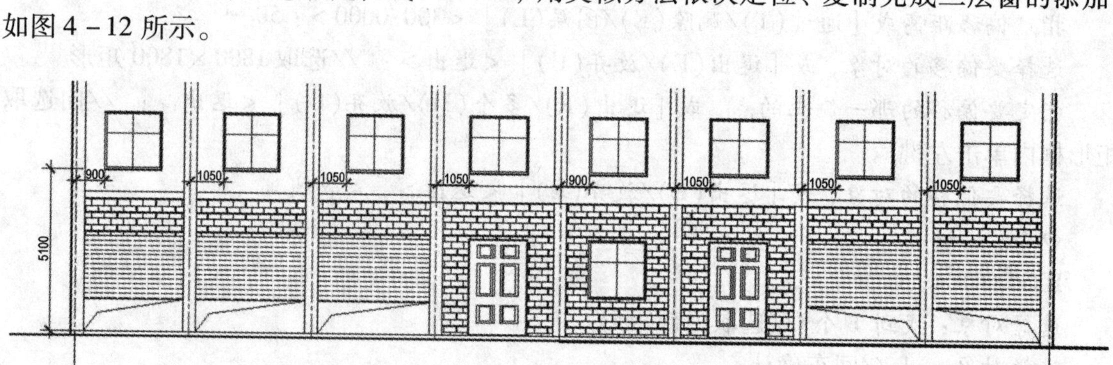

图 4－12　二层窗效果

用阵列命令完成二层以上窗的添加，输入阵列 ARRAY 命令，弹出“阵列”对话框，如图 4－13 所示，在对话框中设置：4 行，1 列，行偏移为 3300，列偏移为 1，点击对话框右上角的“选择对象”按钮，回到绘图屏幕，框选二楼的窗及墙面装饰线，点击“↵”，点击对话框中的“确定”按钮，完成阵列后并偏移、修剪④与⑦轴之间的墙面装饰线，完成后如图 4－14 所示。

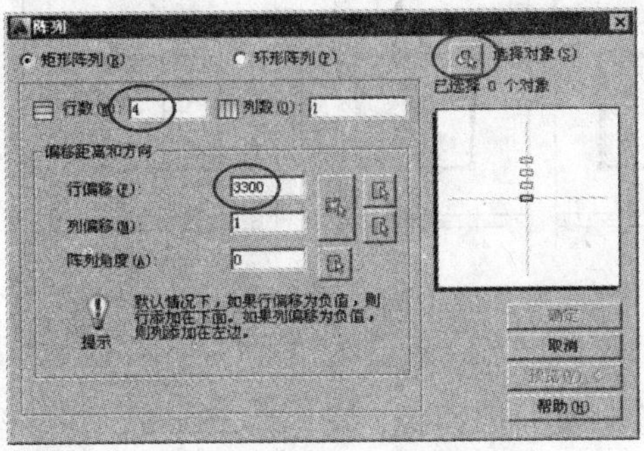

图 4－13　阵列对话框

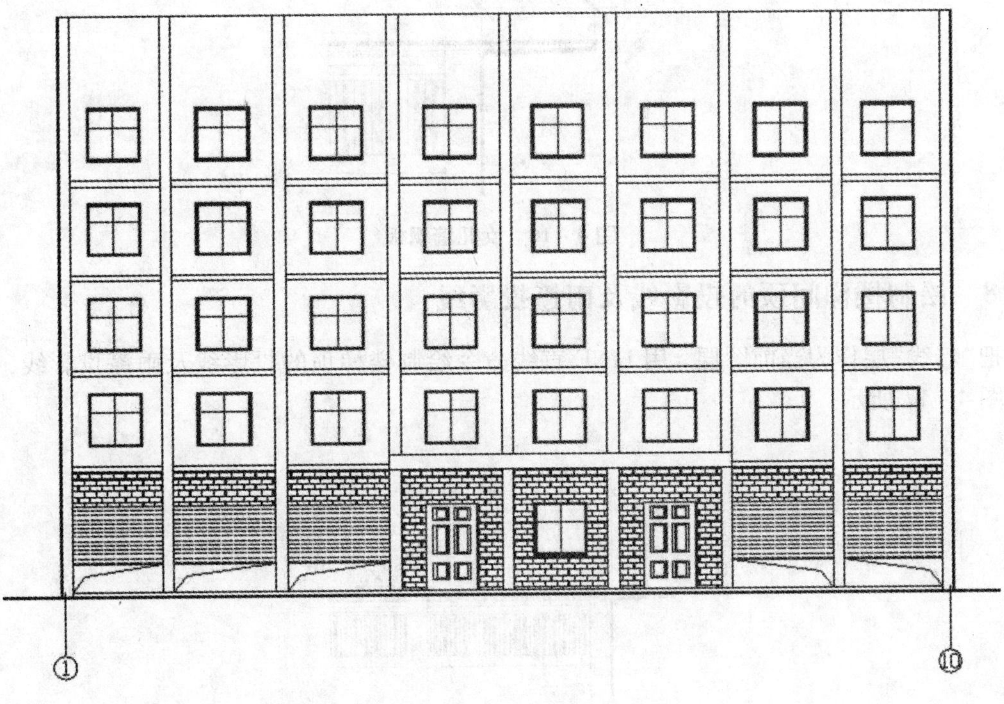

图 4－14　阵列后效果

4.3.7　绘制女儿墙栏杆及女儿墙飘板

把“墙线”层作为当前图层，用 COPY 复制命令复制墙面装饰线向上 4500 mm，再向上偏移 800 mm 绘制女儿墙栏杆，用 HATCH 填充后如图 4－15 所示。

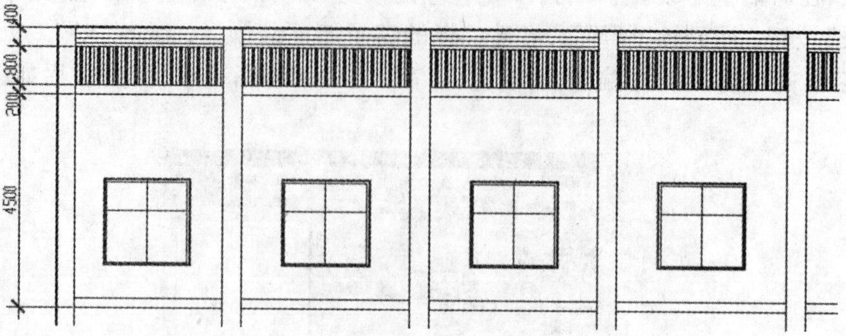

图 4－15　阵列后效果

用 PLINE 多段线命令绘制女儿墙飘板，线宽为 35 mm，并结合相关命令完成女儿墙飘板绘制，如图 4－16 所示。

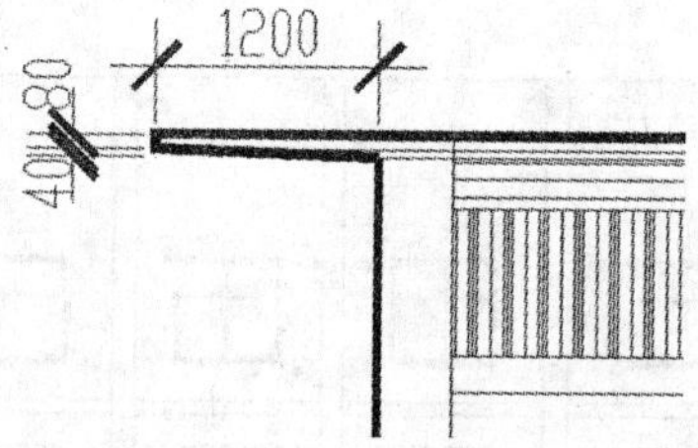

图 4－16　女儿墙飘板

4.3.8　绘制楼梯间顶的投影线及雨篷投影线

把“墙线”层作为当前图层，用 LINE 直线命令绘制楼梯顶的投影线及雨篷投影线，完成后如图 4－17 所示。

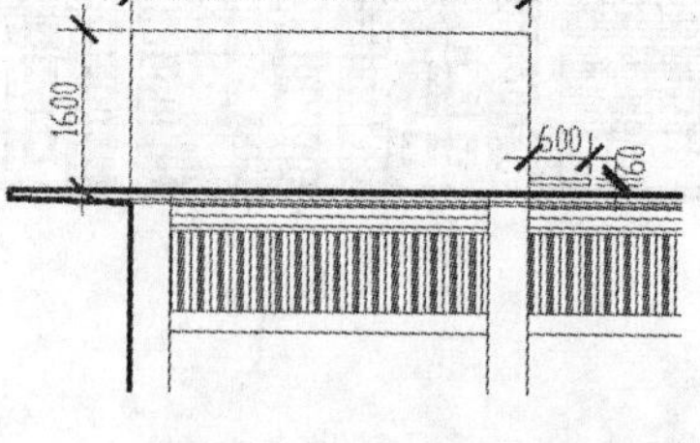

图 4－17　楼梯间顶的投影线及雨篷投影线

4.3.9　标高标注

标注标高的方法有多种，可以用多重复制，然后修改标高数值，本例介绍使用具有属性的块并插入块的方法，大家也可以有自己的方法，只要作图正确，作图方法不限。

一、画三条竖直定位线

把“尺寸标注”层作为当前图层，标高标注要求标注齐全，排列整齐，标高的三角形的顶点应在一条竖直线上，标高提示位置线的两个端点各在一条竖直线上，先画好这三条定位竖直线。在适当位置画出中间那条竖直线，向左右各偏移距离为 500 mm，产生二条竖直线，如图 4－19 所示。

二、绘制一个标高符号

建筑制图标准规定：标高符号的三角形高为 3 mm，角度是 45 度，因为本例的立面图的比例是 1∶100，所以扩大 100 倍，所画的标高的三角形高为 300 mm，用相对直角坐标来绘制，具体如下：

命令：L ↵

LINE

指定第一个点： //在屏幕适当处单击

指定下一点或［放弃(U)］： //向右画水平线，长度适当

指定下一点或［放弃(U)］：@ －300， －300 ↵

指定下一点或［闭合(C)/放弃(U)］：@ －300，300 ↵

指定下一点或［闭合(C)/放弃(U)］：↵ //回车结束命令

三、创建带属性的块

首先创建属性，依次点击：绘图/块/定义属性(菜单行中“绘图”菜单项，点击“块”命令，在子菜单中点击“定义属性”)，弹出“属性定义”对话框，在对话框的属性区域“标记”项输入“bg”，在“提示”下输入“请输入标高数值”，在“值”输入“0.000”，其余不变，单击“确定”，属性定义好了，如图 4－18 所示。

然后把标高符号连同属性一起定义为块，具体操作如下：

输入块定义 BLOCK 命令，弹出“块定义”对话框，名称输入“biaogao”，单击“拾取点”按钮，选取标高三角形的顶点，把这点作为块的基点，回到“块定义”对话框如图 4－19 所示，单击“选择对象”，选取标高和它的属性，单击“确定”。

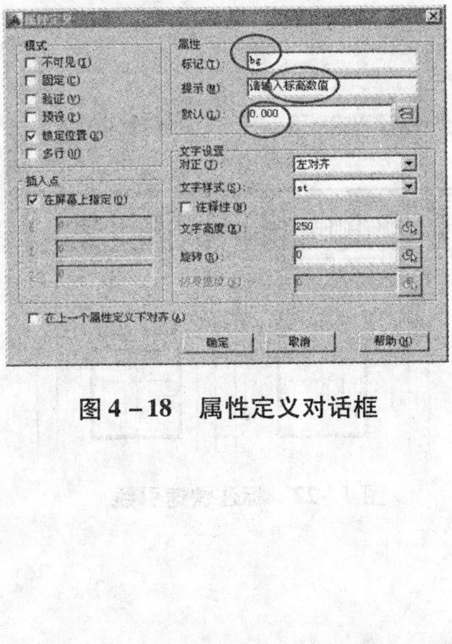

图 4－18 属性定义对话框

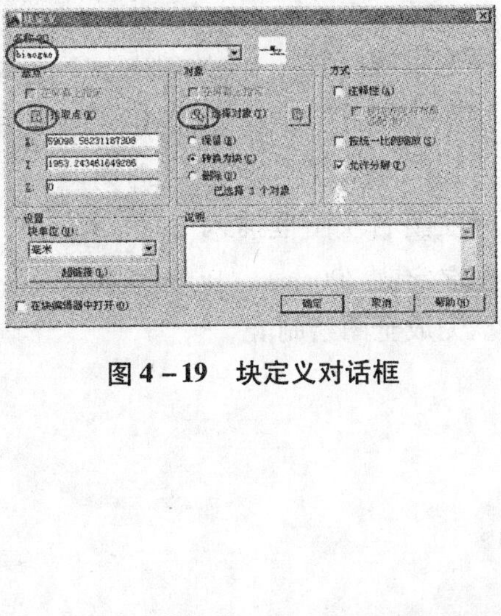

图 4－19 块定义对话框

四、插入标注标高

输入插入块 INSERT 命令，弹出“插入”对话框，仅勾选插入点的“在屏幕上指定”，缩放比例，和旋转不勾选“在屏幕上指定”，单击“确定”，在屏幕上指定插入点后，出现提示“请输入标高数值 <0.000>：”在此提示下输入：%%P0.000 如图 4－20 所示。

命令：I ↵

INSERT

指定插入点或［基点(B)/比例(S)/旋转(R)］：//点取所标注位置

输入属性值

请输入标高数值 <0.000>：%%P0.000 ↵ //输入相对应数据

用类似的方法标注其他标高，做必要的编辑工作，完成后如图 4－21 所示。

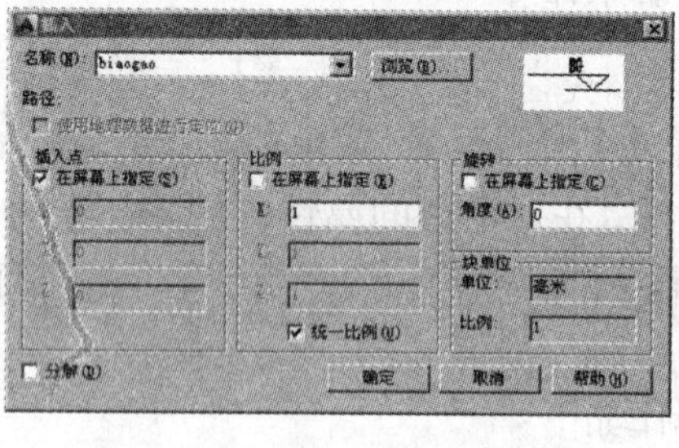

图 4－20　插入块

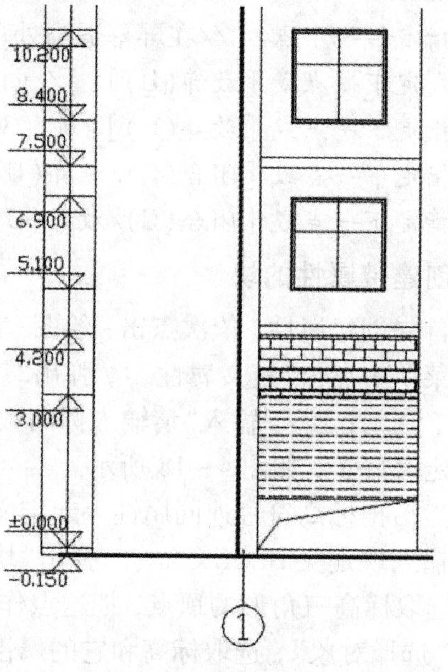

图 4－21　标高标注

4.3.10　快速引线标注、图名标注及图框插入

一、快速引线标注

把“文字标注”层作为当前图层，使用快速引线标注，完成如图 4－22 所示。

二、标注图名及图框插入

图名字高 700 mm，比例高 400 mm，插入图框完成全图绘制。

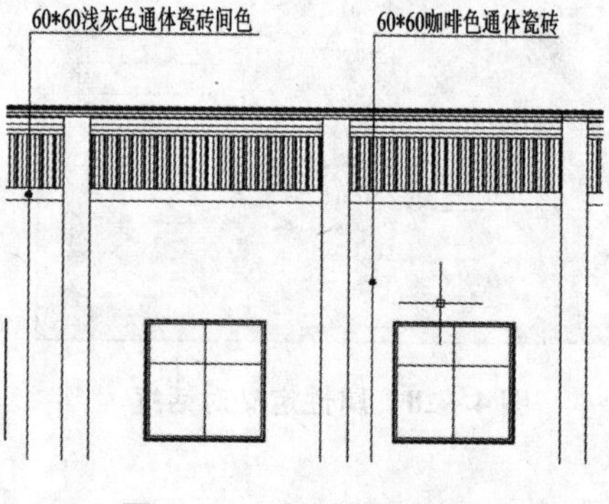

图 4－22　标注快速引线

习　题

绘制如图 4－23 所示的①～⑩立面图

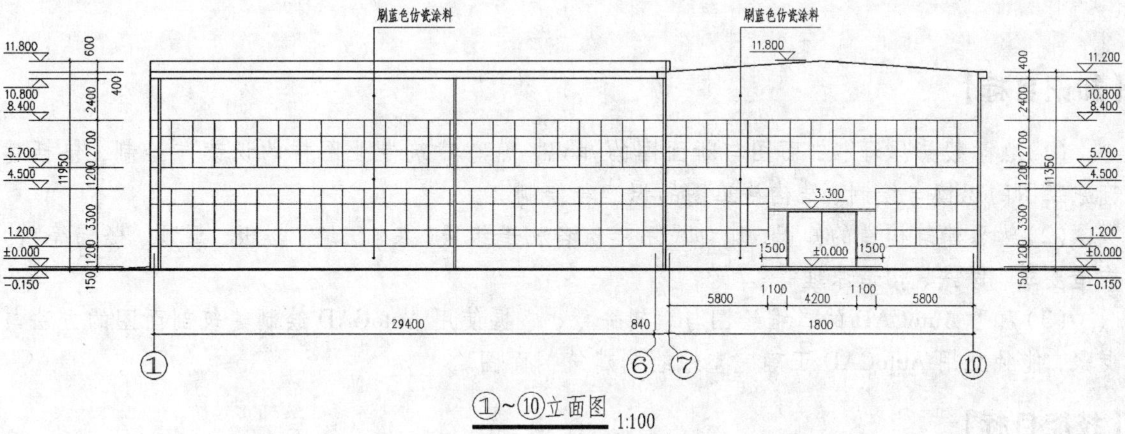

图 4－23　①～⑩立面图

模块五　绘制建筑剖面图

【知识目标】

(1)熟悉投影原理、剖面图与断面图的知识，熟悉建筑专业图样的识读与绘制，包括建筑施工图的识读与绘制、结构施工图的识读与绘制。

(2)熟悉建筑构造的知识，比如民用建筑各构造组成(基础、墙、楼板、屋顶、楼梯等)的构造要求、做法、构造原理等。

(3)熟悉 AutoCAD 的二维绘图与编辑命令，掌握使用 AutoCAD 绘制建筑剖面图的方法与步骤，能独立用 AutoCAD 正确完整地绘制建筑剖面图。

【技能目标】

通过本模块的学习，能够灵活运用 AutoCAD 的相关命令绘制建筑剖面图。

5.1　建筑剖面图的基础知识

5.1.1　建筑剖面图基础知识

建筑剖面图是假想用一铅垂剖切面将房屋剖切开后移去靠近观察者的部分，作出剩下部分的投影图。

建筑剖面图主要反映建筑物内部的结构或构造方式、屋面形状、分层情况和各部位的联系、材料、构配件及其必要的尺寸、标高等。它与平、立面图互相配合用于计算工程量，指导各层楼板和屋面施工、门窗安装和内部装修等，因此它是不可缺少的重要图样之一。

剖面图一般不画基础，图形比例及线型要求同平面图。剖切面的位置一般为横向或纵向，应选择在房屋内部构造比较复杂或有代表性的部位，如门窗洞口和楼梯间等位置进行剖切，剖面图的剖切符号标注在一层平面图中。剖面图的图名应与剖切符号的编号一致，如1—1 剖面图、2—2 剖面图等。

建筑剖面图中图示内容有：

- 标高和线性尺寸，剖面图中用标高尺寸和线性尺寸注写完成面标高及高度方向的尺寸，表明建筑物高度，表示构配件以及室内外地面、楼层、檐口、屋脊等完成面标高以及门窗、窗台高度等。
- 建筑物各主要承重构件间的相互关系，各层梁、板及其与墙、柱的关系，屋顶结构及天沟构造形式等。
- 可表示室内吊顶，室内墙面和地面的装修做法、要求、材料等各项内容。

5.1.2　建筑剖面图绘图基本步骤

绘制剖面图的步骤如下：

(1)绘图准备：设图形界限、建立图层。

(2)画定位轴线并编号。

(3)画地坪线及根据定位轴线画墙线。

(4)画楼板、屋顶。

(5)画楼梯。

(6)画门窗。

(7)画其他细部(梁、雨篷、散水等)。

(8)标注(包括尺寸标注、文字标注、标高标注、图名和比例标注)。

(9)加粗线条及填充材料图例(线宽要求地坪线是特粗实线 1.4b，墙线是粗实线)。

(10)插入图框完成全图。

5.2　任务

绘制如图 5 -1 所示 1—1 剖面图。

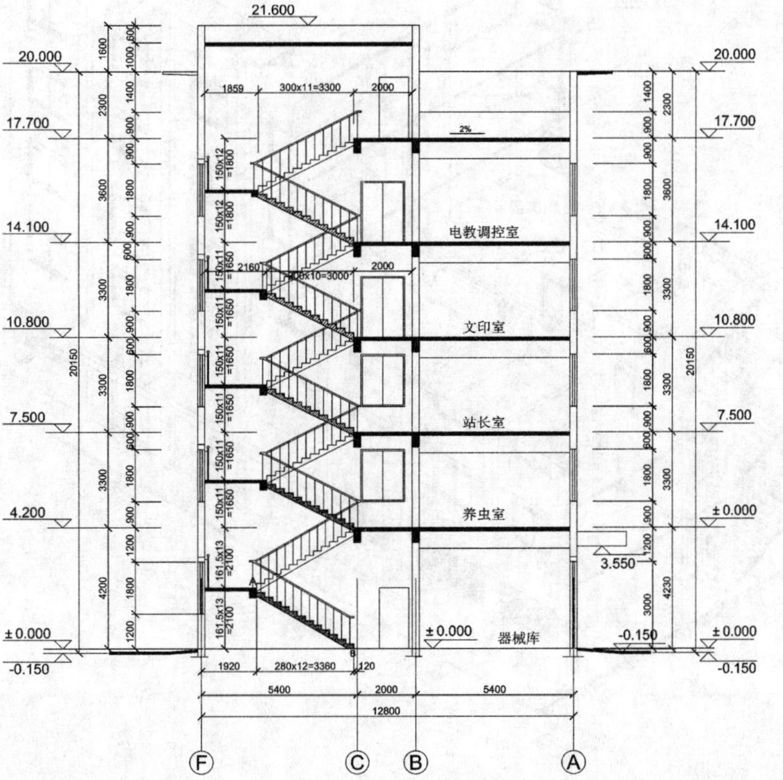

1—1 1:100

图 5 -1　1—1 剖面图

5.3 建筑剖面图绘图步骤

5.3.1 识图

这是与本教材平面图，立面图对应的剖面图，也就是说这个剖面图和本教材的平面图，立面图是同一栋楼的建施图。

要绘制1—1剖面图，我们首先要认真阅读所给图样。

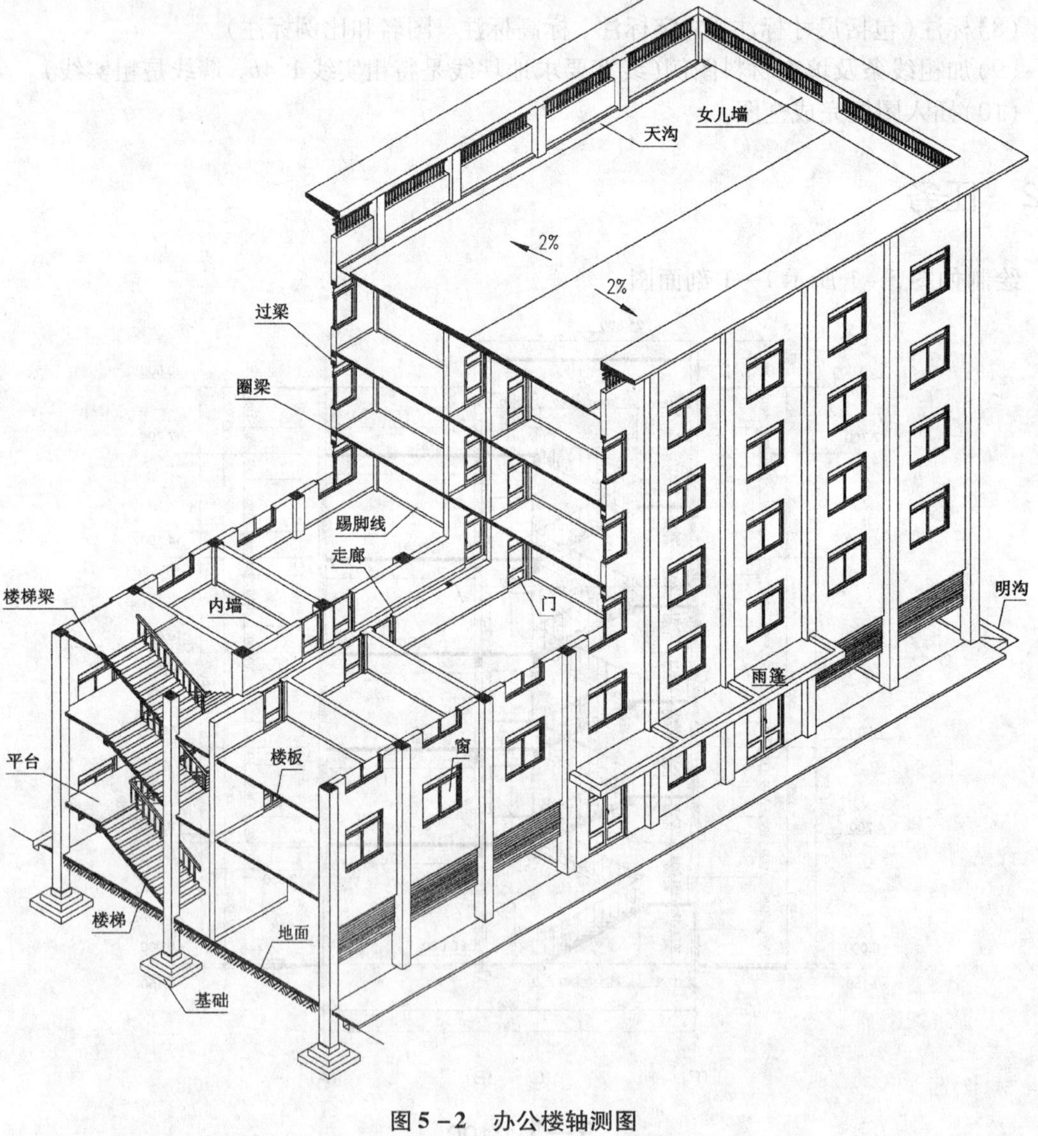

图5-2 办公楼轴测图

这是一幢框架结构的5层办公楼，该建筑坐西朝东，在一层，进大门是咨询大厅，咨询大厅左侧是器械库，咨询大厅设置楼梯，该建筑是内廊式建筑，西南角也有楼梯间。该建筑平面形状是一矩形，总长30.84 m，总宽13.04 m。从1剖的剖切符号，我们知道：是从①轴和②轴之间横切，切到了西南角的楼梯间，走廊，和B轴和A轴之间的房子，也切到了地坪、各层楼板、屋顶、梁、门窗等，切到了室外地坪、散水、暗沟，室外地坪标高 -0.150 m。

屋顶情况：是平屋顶，上人，西南楼梯间突出屋面，从这进入屋顶，是有高低跨的平屋顶，以⑦轴为界，⑦轴左边屋面标高是17.700 m，⑦轴右边屋面标高是18.600 m，女儿墙高2300，女儿墙做了飘板，飘板挑出1200，飘板上表面标高20.000 m，从2层平面图到5层平面图知，被切到的B轴和A轴之间的房子分别是养虫室、站长室、文印室、电教调控室。从各层平面图中标注的楼面标高知第一层层高4.2 m，第二层层高3.3 m，第三层层高3.3 m，第四层层高3.3 m，第五层层高3.6 m。该办公楼是框架结构，基础是独立基础。

5.3.2　绘图

一、绘图准备：设图形界限、建立图层

1. 设绘图范围

从一层平面图中的剖切符号可知是横切，那么1-1中反映这幢楼的宽度和高度，从平面图中知总宽是13040 mm，考虑留标注尺寸的位置，所以设15000 mm，从屋顶平面图知，楼梯间顶上的女儿墙压顶处最高，标高为21600 mm，所以高度方向设为23000 mm。

命令：LIMITS

重新设置模型空间界限：

指定左下角点或［开(ON)/关(OFF)］<0.0000，0.0000>：

指定右上角点<15000.0000，23000.0000>：15000，23000

命令：Z

ZOOM

指定窗口的角点，输入比例因子(nx或nxP)，或者［全部(A)/中心(C)/动态(D)/范围(E)/上一个(P)/比例(S)/窗口(W)/对象(O)］<实时>：a

正在重生成模型。

2. 创建图层

创建如下图层：

状	名称	开.	冻结	锁...	颜色	线型	线宽	透明
	0				白	Continu...	—— 默认	0
	定位轴线				红	CENTER	—— 默认	0
	梁				洋...	Continu...	—— 默认	0
	楼板及屋顶				蓝	Continu...	—— 默认	0
	楼梯				绿	Continu...	—— 默认	0
	门窗				黄	Continu...	—— 默认	0
	墙				250	Continu...	—— 0.3...	0
	标注				红	CENTER	—— 默认	0
✓	其它				红	CENTER	—— 默认	0

二、画定位轴线并编号

将定位轴线图层设为当前图层，进行一次视图缩放，即输入 Z，回车，A，回车，在屏幕适当处画一竖线，从平面图中得知进深，所以按进深依次向右偏移 5400，2000，5400 得到各定位轴线。

命令：O　OFFSET

当前设置：删除源 = 否　图层 = 源　OFFSETGAPTYPE = 0

指定偏移距离或［通过(T)/删除(E)/图层(L)］<1.0000>：5400　//输入偏移间距

选择要偏移的对象，或［退出(E)/放弃(U)］<退出>：//点选刚画的竖线

指定要偏移的那一侧上的点，或［退出(E)/多个(M)/放弃(U)］<退出>：//在刚才画的竖线右侧单击一下

选择要偏移的对象，或［退出(E)/放弃(U)］<退出>：//回车结束命令

同样方法偏移画出另两根定位轴线，偏移距离分别为 2000，5400

对定位轴线进行编号：画一个半径为 400 的细实线圆，在圆的中间写字母 F，将此圆及字母 F 一起复制到各定位轴线下端，鼠标指向字母，双击更改，依次改为 F，C，B，A。

注意：CAD 中我们是按实际尺寸绘图，不考虑比例，在出图的时候按比例缩小打印。但是有些数据是要按比例扩大的，比如定位轴线编号圆的半径、标高的三角形的高、文字高度等。国家制图标准规定定位轴线编号圆是细实线圆，其直径是 8 ~ 10 mm，1 - 1 的比例是 1∶100，所以我们把半径按比例扩大，扩大 100 倍，所以我们画的定位轴线编号圆的半径是 400，如图 5 - 3 所示。

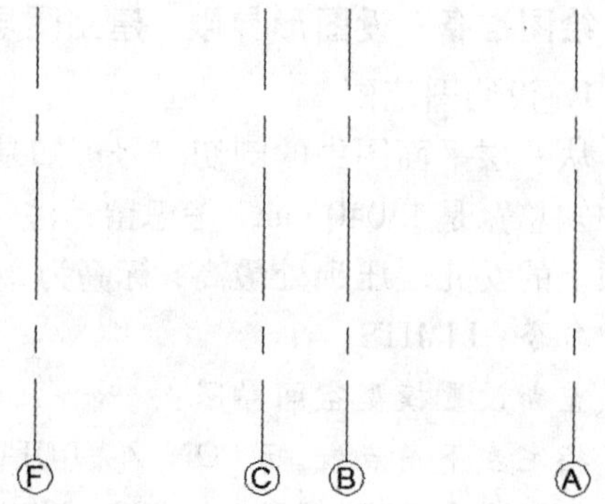

图 5 - 3　定位轴线及其编号

三、画地坪线及根据定位轴线画墙线

墙图层设为当前图层，适当处画出室内地坪线，画室外地坪线，室外地坪标高是 - 0.150 m。墙厚 240，用 ML 命令沿定位轴线画，C 轴处无墙。

发布 ML 命令后，输入 J，对正类型选 Z，输入 S，多线比例为 240，然后捕捉轴线与室内地坪线交点画墙线，墙高 21.6 m。

命令：ML MLINE

当前设置：对正 = 上，比例 = 20.00，样式 = STANDARD

指定起点或［对正(J)/比例(S)/样式(ST)］：j

输入对正类型［上(T)/无(Z)/下(B)］<上>：z

当前设置：对正 = 无，比例 = 20.00，样式 = STANDARD

指定起点或［对正(J)/比例(S)/样式(ST)］：s

输入多线比例 <20.00>：240

当前设置：对正 = 无，比例 = 240.00，样式 = STANDARD

指定起点或［对正(J)/比例(S)/样式(ST)］：//捕捉室内地坪和 F 轴交点

指定下一点：21600 //竖直向上画 21600

指定下一点或［放弃(U)］：//回车结束命令

F 轴上的墙从室内地坪之上 21600，B 轴上的墙高也是室内地坪之上 21600，A 轴上的墙从室内地坪之上 20000，方法同前，绘制完成见图 5-4。

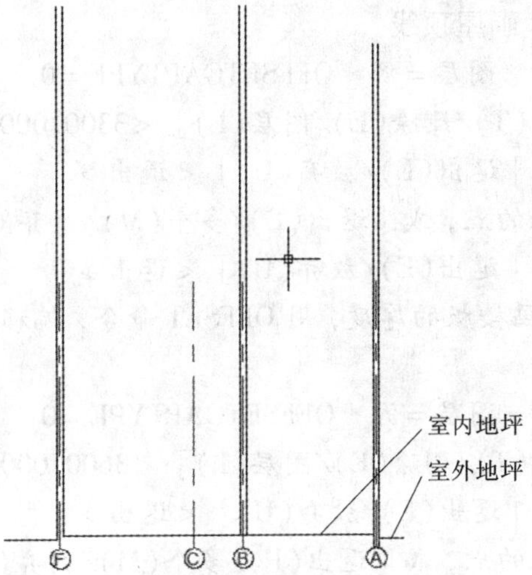

图 5-4 画墙线

四、画楼板、屋顶

将楼板及屋顶图层设为当前图层，按层高画各层楼板，用偏移命令画，各层层高依次为 4200，3300，3300，3300，3600，往下画楼板厚度，板厚 120，注意楼板是 C 轴与 A 轴之间，从 A 轴墙边到 C 轴过去 120，长为：7400，楼板要涂黑(涂黑表示是钢筋混凝土楼板)。楼梯间屋顶也是厚 120，楼梯间顶上做 600 高女儿墙，所以从Ⓕ轴上的墙或Ⓑ轴上的墙最上端往下 600 画楼梯间顶，并填充之。

命令：_line //画 2 楼楼面线，水平线，长 7400

指定第一个点：//单击室内地坪与 A 轴上的墙的左边线交点

指定下一点或［放弃(U)］：4200 //确定向上方向，输入 4200

指定下一点或［放弃(U)］：7400 //确定水平向左，输入 7400

指定下一点或［闭合(C)/放弃(U)］：//回车结束命令

偏移产生各层楼面线，偏移三个 3300，一个 3600，命令执行过程如下：

OFFSET

当前设置：删除源 = 否 图层 = 源 OFFSETGAPTYPE = 0

指定偏移距离或［通过(T)/删除(E)/图层(L)］<5400.0000>：3300

选择要偏移的对象，或［退出(E)/放弃(U)］<退出>：//选刚画的 2 楼楼面线

指定要偏移的那一侧上的点，或［退出(E)/多个(M)/放弃(U)］<退出>：//在 2 楼楼面线上方点一下

选择要偏移的对象，或［退出(E)/放弃(U)］<退出>：

指定要偏移的那一侧上的点，或［退出(E)/多个(M)/放弃(U)］<退出>：

选择要偏移的对象，或［退出(E)/放弃(U)］<退出>:

指定要偏移的那一侧上的点，或［退出(E)/多个(M)/放弃(U)］<退出>:

选择要偏移的对象，或［退出(E)/放弃(U)］<退出>：//回车结束命令，偏移了三个3300

命令：//回车重复上次命令

OFFSET //偏移3600，画屋顶线

当前设置：删除源=否　图层=源　OFFSETGAPTYPE=0

指定偏移距离或［通过(T)/删除(E)/图层(L)］<3300.0000>:3600

选择要偏移的对象，或［退出(E)/放弃(U)］<退出>:

指定要偏移的那一侧上的点，或［退出(E)/多个(M)/放弃(U)］<退出>:

选择要偏移的对象，或［退出(E)/放弃(U)］<退出>:

各层楼板厚120，向下画楼板的厚度，用OFFSET命令，偏移距离为120

命令：O OFFSET

当前设置：删除源=否　图层=源　OFFSETGAPTYPE=0

指定偏移距离或［通过(T)/删除(E)/图层(L)］<3600.0000>:120

选择要偏移的对象，或［退出(E)/放弃(U)］<退出>:

指定要偏移的那一侧上的点，或［退出(E)/多个(M)/放弃(U)］<退出>：//向下画楼板厚，在所选线的下方点一下

选择要偏移的对象，或［退出(E)/放弃(U)］<退出>:

指定要偏移的那一侧上的点，或［退出(E)/多个(M)/放弃(U)］<退出>:

选择要偏移的对象，或［退出(E)/放弃(U)］<退出>:

指定要偏移的那一侧上的点，或［退出(E)/多个(M)/放弃(U)］<退出>:

选择要偏移的对象，或［退出(E)/放弃(U)］<退出>:

指定要偏移的那一侧上的点，或［退出(E)/多个(M)/放弃(U)］<退出>:

选择要偏移的对象，或［退出(E)/放弃(U)］<退出>:

指定要偏移的那一侧上的点，或［退出(E)/多个(M)/放弃(U)］<退出>:

选择要偏移的对象，或［退出(E)/放弃(U)］<退出>:

画楼梯间顶板，并涂黑，

命令：_line //从F轴上墙的顶端向下600画楼梯间顶板，楼梯间顶有600高的女儿墙

指定第一个点：600

指定下一点或［放弃(U)］:

指定下一点或［放弃(U)］:

命令：O OFFSET //向下画板厚，板厚120

当前设置：删除源=否　图层=源　OFFSETGAPTYPE=0

指定偏移距离或［通过(T)/删除(E)/图层(L)］<通过>:120

选择要偏移的对象，或［退出(E)/放弃(U)］<退出>：//选刚画的线段

指定要偏移的那一侧上的点，或［退出(E)/多个(M)/放弃(U)］<退出>：//在下方点一下

选择要偏移的对象，或［退出(E)/放弃(U)］<退出>：//回车结束命令

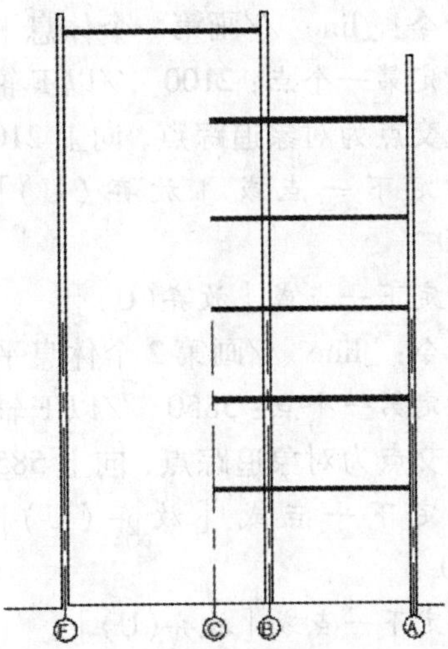

图 5-5　楼板，屋顶完成

命令：_hatch　//涂黑楼梯间顶板

拾取内部点或［选择对象(S)/删除边界(B)］：正在选择所有对象...

正在选择所有可见对象...

正在分析所选数据...

正在分析内部孤岛...

拾取内部点或［选择对象(S)/删除边界(B)］：

完成后见图 5-5。

五、画楼梯

此楼梯比较复杂，有三种梯段尺寸，休息平台宽度也有三种尺寸见表 5-1。

表 5-1　楼梯梯段尺寸表

	级数	踏步宽 b	踏步高 h
第 1 个梯段	13	280	161.5
第 2 个梯段	13	280	161.5
第 3~8 个梯段	11	300	150
第 9 个梯段	12	300	150
第 10 个梯段	12	300	150

1. 画楼梯的休息(中间)平台

将楼梯图层设为当前图层，休息平台的宽度见表 5-2。

表 5-2　休息平台尺寸表

平台	平台标高	宽度
第 1 个休息平台	2100	1800
第 2 个休息平台	5850	2160
第 3 个休息平台	9150	2160
第 4 个休息平台	12450	2160
第 5 个休息平台	15900	1860

结合各休息平台的标高及休息平台的宽度绘出各休息平台，休息平台板厚取 100，完成后如图 5-6。

命令：_line //画第一个休息平台，宽 1800

指定第一个点：2100 //以 F 轴上墙右边线与室内地坪线交点为对象追踪点，向上 2100

指定下一点或［放弃(U)］：1800 //水平向右 1800

指定下一点或［放弃(U)］：

命令：_line //画第 2 个休息平台，宽 2160

指定第一个点：5850 //以 F 轴上墙右边线与室内地坪线交点为对象追踪点，向上 5850

指定下一点或［放弃(U)］：2160 //水平向右 2160

指定下一点或［放弃(U)］：

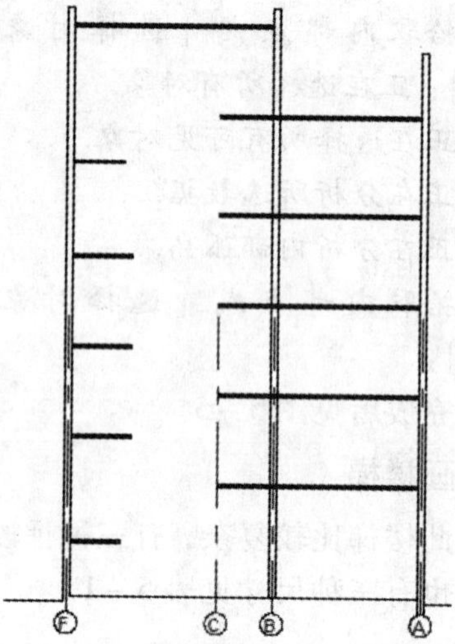

图 5－6 完成休息平台之后的图

命令：_line //画第 3 个休息平台，宽 2160

指定第一个点：9150 //以 F 轴上墙右边线与室内地坪线交点为对象追踪点，向上 9150

指定下一点或［放弃(U)］：2160 //水平向右 2160

指定下一点或［放弃(U)］：

命令：_line //画第 4 个休息平台，宽 2160

指定第一个点：12450 //以 F 轴上墙右边线与室内地坪线交点为对象追踪点，向上 12450

指定下一点或［放弃(U)］：2160 //水平向右 2160

指定下一点或［放弃(U)］：

命令：_line //画第 5 个休息平台，宽 1860

指定第一个点：15900 //以 F 轴上墙右边线与室内地坪线交点为对象追踪点，向上 15900

指定下一点或［放弃(U)］：1860 //水平向右 1860

指定下一点或［放弃(U)］：

完成各休息平台上表面线，向下画板厚，板厚 100，用偏移命令，然后涂黑。

命令：O OFFSET

当前设置：删除源＝否 图层＝源 OFFSETGAPTYPE＝0

指定偏移距离或［通过(T)/删除(E)/图层(L)］＜通过＞：100

选择要偏移的对象，或［退出(E)/放弃(U)］＜退出＞：

指定要偏移的那一侧上的点，或［退出(E)/多个(M)/放弃(U)］＜退出＞：

2. 画平台梁

将梁图层设为当前图层。

中间平台梁：梁高 350(包括板的厚度)，宽 250，用矩形命令绘制，并涂黑。画好一个后，复制到上面各中间平台。

命令：_rectang

指定第一个角点或［倒角(C)/标高(E)/圆角(F)/厚度(T)/宽度(W)］：//捕捉 1 点，

1 点位置见图 5 -7。

指定另一个角点或［面积(A)/尺寸(D)/旋转(R)］：@ -250，-350 //向左画矩形涂黑，复制到上面各层中间平台。

楼层平台梁：梁高 400(不包括板厚，因为楼板用空心板)，宽 250。

命令：_rectang

指定第一个角点或［倒角(C)/标高(E)/圆角(F)/厚度(T)/宽度(W)］：//捕捉 2 点，2 点位置见图 5 -8

指定另一个角点或［面积(A)/尺寸(D)/旋转(R)］：@250，-400 //向右画矩形

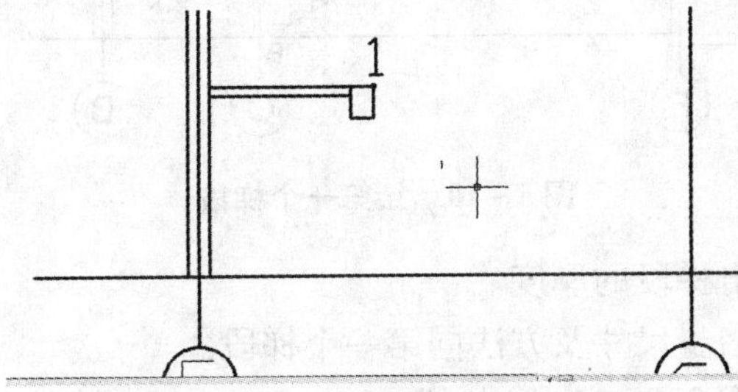

图 5 -7　画第一个休息平台梁

图 5 -8　画第一个楼层平台梁

涂黑，复制到上面各层楼层平台。

注意：休息平台梁高 350 包括板的厚度，楼层平台梁高 400 不包括板的厚度。

3. 画梯段

将楼梯图层设为当前图层。

第一个梯段：踏步高 161.5，踏步宽 280。从第一个休息平台的端部往下画，用 pl 命令，捕捉 A 点，往下画一个 161.5，追踪线放水平，输入 280，追踪线是竖直，输入 161.5，追踪线是，水平输入 280，如此重复，直到画到室内地坪线。第一个梯段 13 级，12 个踏面。

命令：_pline //画第一个梯段，从上往下画，踏步高 161.5，踏步宽 280

指定起点：

当前线宽为 0.000

指定下一个点或［圆弧(A)/半宽(H)/长度(L)/放弃(U)/宽度(W)］：161.5 //从 A 点往下画

指定下一点或［圆弧(A)/闭合(C)/半宽(H)/长度(L)/放弃(U)/宽度(W)］：280 //追踪线水平

指定下一点或［圆弧(A)/闭合(C)/半宽(H)/长度(L)/放弃(U)/宽度(W)］：161.5//追踪线垂直

指定下一点或［圆弧(A)/闭合(C)/半宽(H)/长度(L)/放弃(U)/宽度(W)］：280//追踪线水平

指定下一点或［圆弧(A)/闭合(C)/半宽(H)/长度(L)/放弃(U)/宽度(W)］：161.5 追踪线垂直

指定下一点或［圆弧(A)/闭合(C)/半宽(H)/长度(L)/放弃(U)/宽度(W)］：280//追踪线水平

指定下一点或［圆弧(A)/闭合(C)/半宽(H)/长度(L)/放弃(U)/宽度(W)］：161.5//追踪线垂直

指定下一点或［圆弧(A)/闭合(C)/半宽(H)/长度(L)/放弃(U)/宽度(W)］：

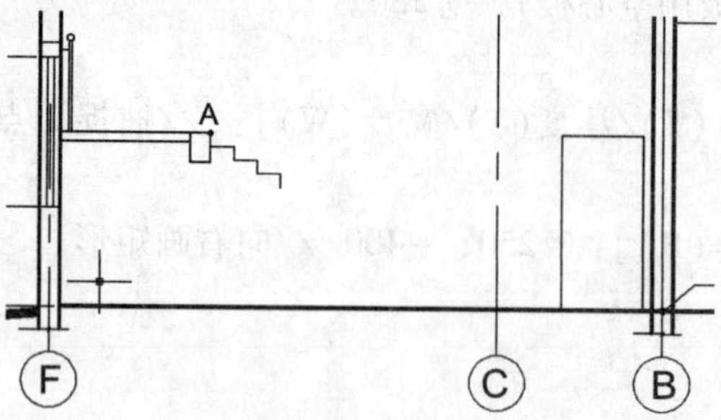

图5-9　绘第一个梯段

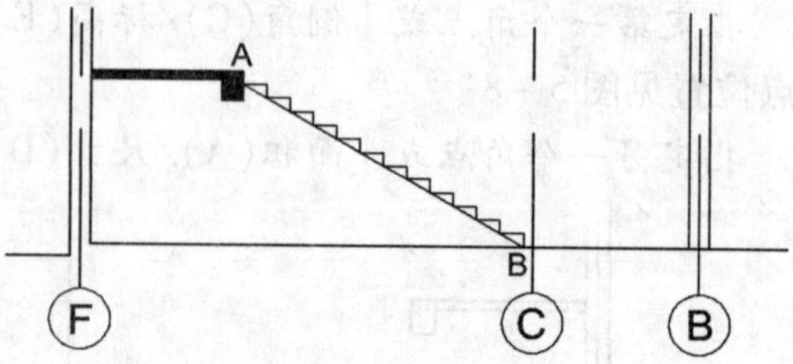

图5-10　绘第一个梯段

A 点与 *B* 之间连线，将此线向外偏移100，画出梯段的厚度。

第二个梯段：同样用PL命令从 *A* 点往上画，踏步尺寸及方法同第一个梯段。

第三个梯段到第八个梯段：踏步高150，踏步宽300，11级/梯段。

第九个梯段和第十个梯段：踏步高150，踏步宽300，12级/梯段。切到的梯段要用粗实线画并画上钢筋混凝土材料图例，此处为涂黑，没切到投影看得到的梯段用细实线画，不要画材料图例。

4. 画栏杆扶手

(1)画栏杆：可以用阵列命令，也可以用复制命令，栏杆高900。

(2)画扶手：可以用ML命令，双线比例设为50。或画了单线后向上偏移50(设定扶手厚50)。完成后如图5-12。

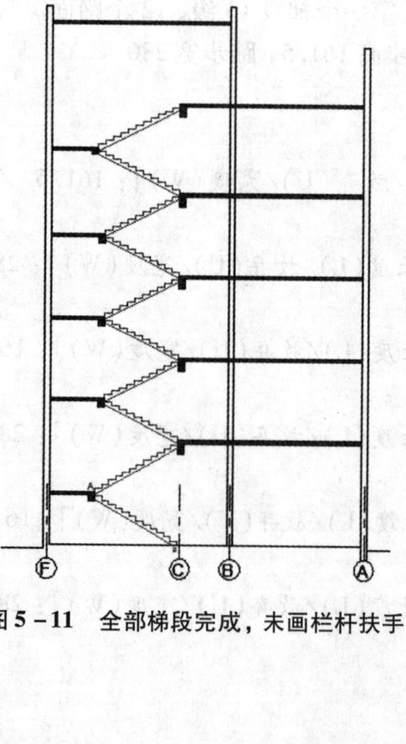

图5-11　全部梯段完成，未画栏杆扶手

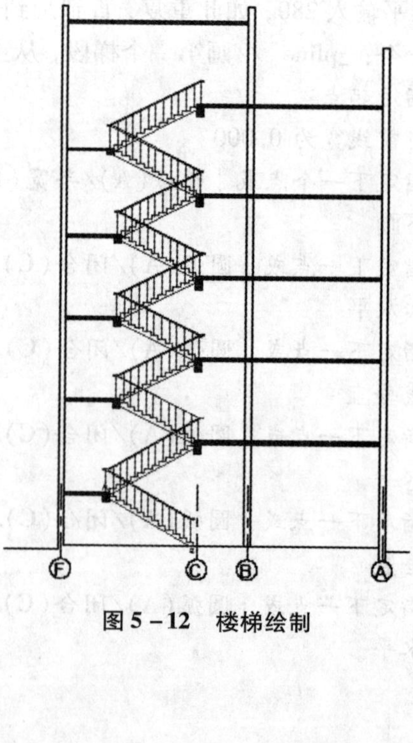

图5-12　楼梯绘制

六、画门窗

门窗图层设为当前图层。

1. 走廊的门窗

一楼：M－3 宽 1000，高 2100，垛 120，矩形命令画。

命令：_rectang

指定第一个角点或［倒角(C)/标高(E)/圆角(F)/厚度(T)/宽度(W)］：120 //B 轴上墙左边线与室内地坪交点作为对象追踪点，向左 120

指定另一个角点或［面积(A)/尺寸(D)/旋转(R)］：@ －1000，2100 //输入此相对直角坐标

二楼：宽 1500，高 1800，位置居中，窗台高 900。

命令：_rectang

指定第一个角点或［倒角(C)/标高(E)/圆角(F)/厚度(T)/宽度(W)］：from

基点：＜偏移＞：@ －250，5100 //单击 B 轴和室内地坪交点，此点作为基点，见图 5－13，输入相对于基点的偏移量@ －250，5100

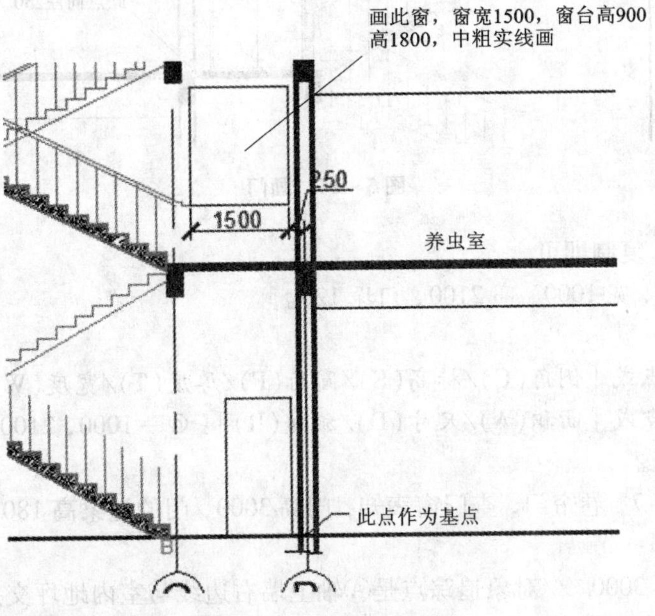

图 5－13　画二层走廊窗

指定另一个角点或［面积(A)/尺寸(D)/旋转(R)］：@ －1500，1800

刚画的矩形是窗的轮廓，中粗，向内偏移 50，细实线

三楼：同二楼，复制即可。

四楼：M－2 宽 1500，高 2100，位置居中。

命令：_rectang

指定第一个角点或［倒角(C)/标高(E)/圆角(F)/厚度(T)/宽度(W)］：250 //对象追踪点见图 5－14

指定另一个角点或［面积(A)/尺寸(D)/旋转(R)］：@ －1500，2100

命令：O OFFSET

当前设置：删除源 = 否　图层 = 源　OFFSETGAPTYPE = 0

指定偏移距离或［通过(T)/删除(E)/图层(L)］＜通过＞：50

选择要偏移的对象，或［退出(E)/放弃(U)］＜退出＞：

指定要偏移的那一侧上的点，或［退出(E)/多个(M)/放弃(U)］＜退出＞：//选刚画的矩形

选择要偏移的对象，或［退出(E)/放弃(U)］＜退出＞：//在矩形内点一下

命令：_line //画中间那根线，表示是双扇门

指定第一个点：

指定下一点或［放弃(U)］：//捕捉中点

指定下一点或［放弃(U)］：//捕捉中点

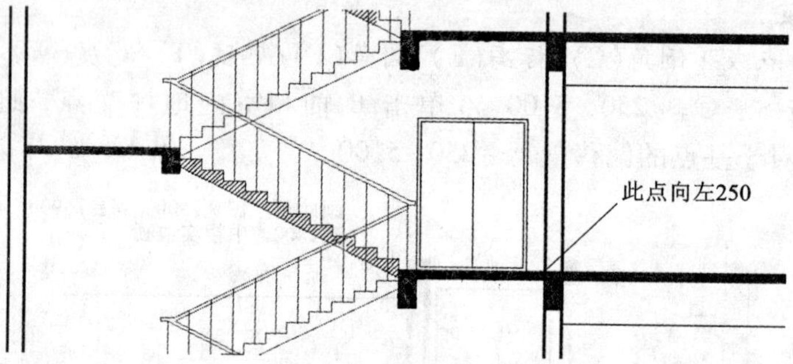

图 5-14　画门

五楼：同四楼，复制即可。

屋顶：门 M-3，宽 1000，高 2100，门垛 120。

命令：_rectang

指定第一个角点或［倒角(C)/标高(E)/圆角(F)/厚度(T)/宽度(W)］：120

指定另一个角点或［面积(A)/尺寸(D)/旋转(R)］：@ -1000，2100

2. A 轴上的门窗

一楼：切到 M-7，卷帘门，查门窗表知，门高 3000，门的过梁高 180，钢筋混凝土过梁。

命令：_line

指定第一个点：3000 //对象追踪点是Ⓐ轴上墙右边线与室内地坪交点，向上 3000

指定下一点或［放弃(U)］：//画一水平线，长 240

指定下一点或［放弃(U)］：//回车结束命令

命令：_rectang

指定第一个角点或［倒角(C)/标高(E)/圆角(F)/厚度(T)/宽度(W)］：

指定另一个角点或［面积(A)/尺寸(D)/旋转(R)］：@ 240，180 //画过梁，过梁高 180，宽同墙厚

命令：_hatch

图 5-15　画Ⓐ轴上的门，门高 3000

选择对象或［拾取内部点(K)/删除边界(B)］：找到 1 个

选择对象或［拾取内部点(K)/删除边界(B)］：//过梁涂黑

二楼：切到 C－1，高 1800，窗台高 900，从楼面往上 900

命令：_line //画窗台线

指定第一个点：900 //窗台高 900

指定下一点或［放弃(U)］：//向右画一水平线，长 240

指定下一点或［放弃(U)］：

命令：O OFFSET //偏移窗高

当前设置：删除源＝否　图层＝源　OFFSETGAPTYPE＝0

指定偏移距离或［通过(T)/删除(E)/图层(L)］＜50.0000＞：1800

选择要偏移的对象，或［退出(E)/放弃(U)］＜退出＞：//选择刚画的水平线

指定要偏移的那一侧上的点，或［退出(E)/多个(M)/放弃(U)］＜退出＞：//在水平线上方单击一下

选择要偏移的对象，或［退出(E)/放弃(U)］＜退出＞：

命令：_line //画窗扇

指定第一个点：80

指定下一点或［放弃(U)］：

指定下一点或［放弃(U)］：

命令：O OFFSET

当前设置：删除源＝否　图层＝源　OFFSETGAPTYPE＝0

指定偏移距离或［通过(T)/删除(E)/图层(L)］＜1800.0000＞：80

选择要偏移的对象，或［退出(E)/放弃(U)］＜退出＞：//单击刚画的竖线

指定要偏移的那一侧上的点，或［退出(E)/多个(M)/放弃(U)］＜退出＞：//在刚画的竖线右侧单击一下

选择要偏移的对象，或［退出(E)/放弃(U)］＜退出＞：

命令：_rectang //画过梁

指定第一个角点或［倒角(C)/标高(E)/圆角(F)/厚度(T)/宽度(W)］：

指定另一个角点或［面积(A)/尺寸(D)/旋转(R)］：

指定另一个角点或［面积(A)/尺寸(D)/旋转(R)］：@240，180

三楼：同二楼，复制即可。

四楼：同二楼，复制即可。

五楼：同二楼，复制即可。

3．楼梯间的窗

第 1 个窗，窗台高 1200，窗高 1800，过梁高 180。

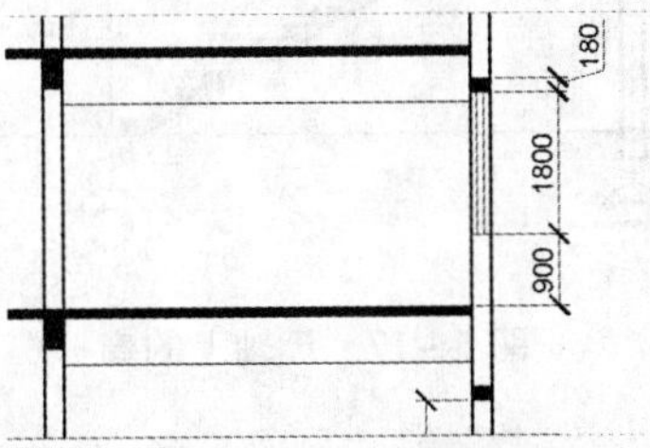

图 5－16　上层的窗

命令：_line //画窗台线，窗台高 1200 //室内地坪往上 1200

指定第一个点：1200 //画一水平线，长 240

指定下一点或［放弃(U)］：//回车结束命令

指定下一点或［放弃(U)］：
命令：O OFFSET //把刚画的窗台线向上偏移1800
当前设置：删除源=否　图层=源　OFFSETGAPTYPE=0
指定偏移距离或［通过(T)/删除(E)/图层(L)］<80.0000>：1800
选择要偏移的对象，或［退出(E)/放弃(U)］<退出>：//选择刚画的水平线
指定要偏移的那一侧上的点，或［退出(E)/多个(M)/放弃(U)］<退出>：//在上方点一下
选择要偏移的对象，或［退出(E)/放弃(U)］<退出>：
命令：_line
指定第一个点：80
指定下一点或［放弃(U)］：
指定下一点或［放弃(U)］：
命令：O
OFFSET
当前设置：删除源=否　图层=源　OFFSETGAPTYPE=0
指定偏移距离或［通过(T)/删除(E)/图层(L)］<1800.0000>：80
选择要偏移的对象，或［退出(E)/放弃(U)］<退出>：
指定要偏移的那一侧上的点，或［退出(E)/多个(M)/放弃(U)］<退出>：
选择要偏移的对象，或［退出(E)/放弃(U)］<退出>：
命令：_rectang //画窗过梁
指定第一个角点或［倒角(C)/标高(E)/圆角(F)/厚度(T)/宽度(W)］：
指定另一个角点或［面积(A)/尺寸(D)/旋转(R)］：@240，180

其余的窗台高900，窗高1800，过梁高180。注意，因为休息平台处于楼梯间的窗的中间，所以要做安全栏杆，画安全栏杆，高1000。完成后如图5－18所示。

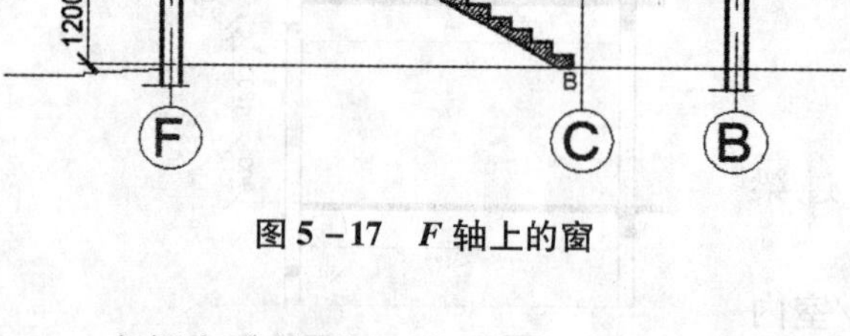

图5－17　*F*轴上的窗

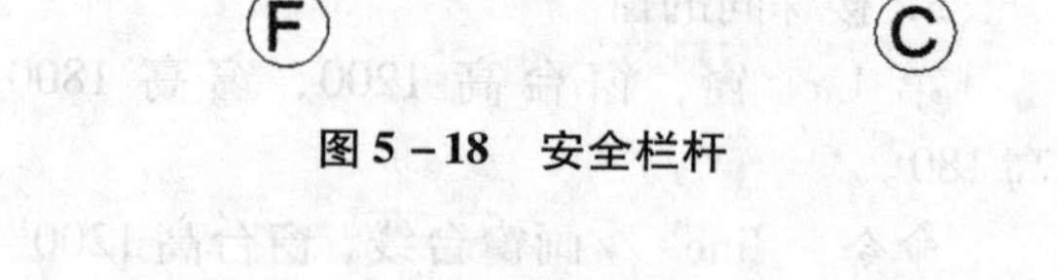

图5－18　安全栏杆

全部完成见图5－19所示。

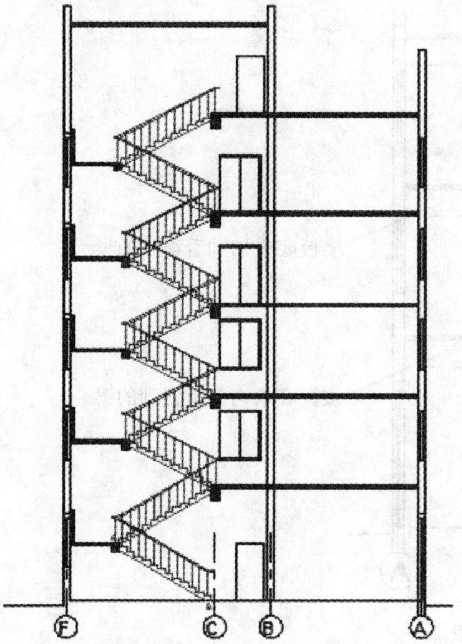

图5－19　门窗完成后

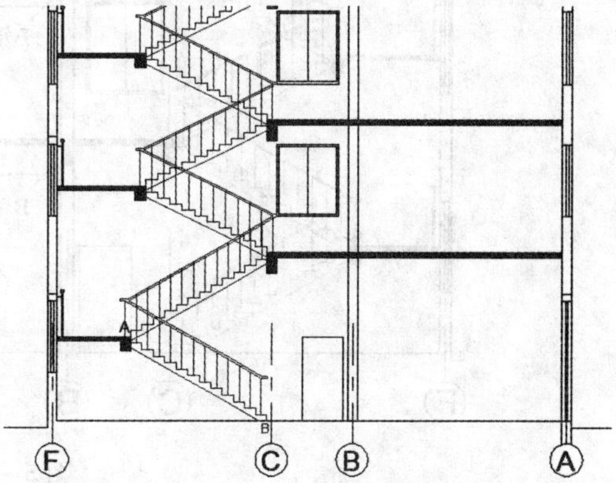

图5－20　门窗完成后局部放大图

七、画其他细部(梁、雨篷、散水等)

1. 梁

梁层设为当前图层。

①B轴上切到的梁，梁高400(不包括板厚)，梁宽250，用矩形命令画并涂黑。

命令：_rectang　//画梁

指定第一个角点或［倒角(C)/标高(E)/圆角(F)/厚度(T)/宽度(W)］：

指定另一个角点或［面积(A)/尺寸(D)/旋转(R)］：@250，－400

命令：M　//刚画的矩形(梁)向左移动5

MOVE

选择对象：找到1个

选择对象：

指定基点或［位移(D)］＜位移＞：

指定第二个点或＜使用第一个点作为位移＞：5

命令：

命令：_hatch　//涂黑梁

选择对象或［拾取内部点(K)/删除边界(B)］：找到1个

选择对象或［拾取内部点(K)/删除边界(B)］：

命令：

B轴上其他各层上的梁复制上去。

②各层楼板下看到的梁：在B轴与A轴之间的房间中有未切到但看得到的横向的梁，梁高是600(不包括板厚)，从楼板底以下600画一根细实线。

2. 雨篷

其他图层设为当前图层。

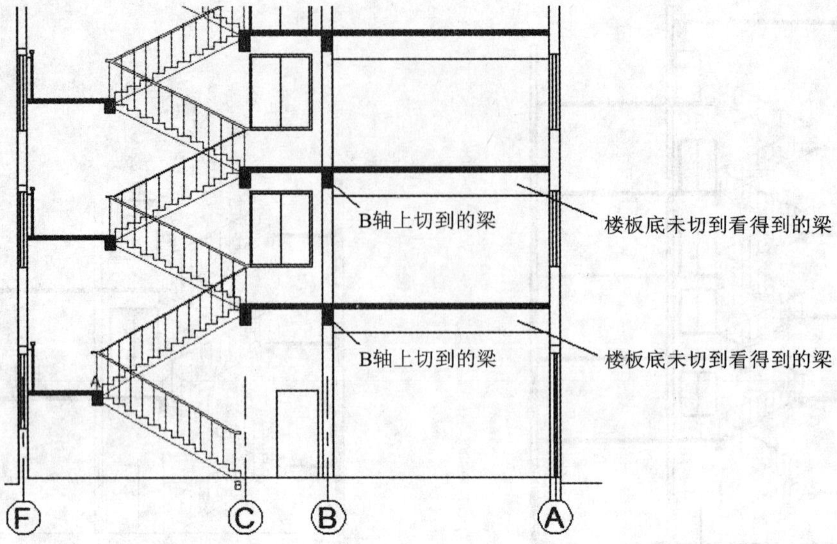

图 5 - 21　绘制梁

雨篷挑出 1700，其底面标高 3.550 m，为梁板式雨篷，其梁高 500。

命令：_rectang　//画雨篷

指定第一个角点或［倒角(C)/标高(E)/圆角(F)/厚度(T)/宽度(W)］：3550　//A 轴上的墙的右边线与室内地坪线交点往上 3550

指定另一个角点或［面积(A)/尺寸(D)/旋转(R)］：@1700，500

3．散水

从一层平面图知，1 - 1 的左侧室外地坪做了散水，散水宽 1000，1 - 1 右侧做了一斜坡，斜坡宽 1500，方便汽车进入器械库。

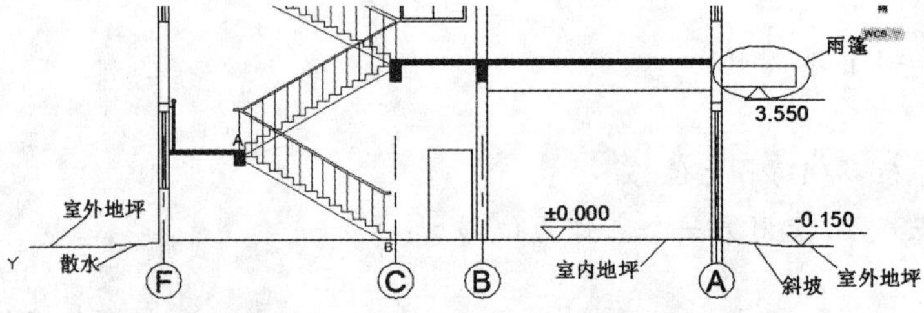

图 5 - 22　散水、室外地坪、雨篷绘制

4．女儿墙飘板

A 轴上墙女儿墙飘板挑出 1200，板厚 80，涂黑。另一侧可镜像生成，但不涂黑，因为这一侧是看到的不是切到的。

命令：_pline　//画女儿墙飘板

指定起点：

当前线宽为 0.0000

指定下一个点或［圆弧(A)/半宽(H)/长度(L)/放弃(U)/宽度(W)］：1200　//向右 1200

指定下一点或［圆弧(A)/闭合(C)/半宽(H)/长度(L)/放弃(U)/宽度(W)］: 80 //向下 80

指定下一点或［圆弧(A)/闭合(C)/半宽(H)/长度(L)/放弃(U)/宽度(W)］: 120 //以 1 点为对象追踪点，向下 120

指定下一点或［圆弧(A)/闭合(C)/半宽(H)/长度(L)/放弃(U)/宽度(W)］: c

命令: _hatch //涂黑

拾取内部点或［选择对象(S)/删除边界(B)］: 正在选择所有对象...

正在选择所有可见对象...

正在分析所选数据...

正在分析内部孤岛...

拾取内部点或［选择对象(S)/删除边界(B)］:

5. 要画一根屋顶看到的女儿墙投影线，画屋顶高低跨投影线

从屋顶平面图中看出：⑦轴有高低跨泛水，左侧屋面标高是 17.700 m，右侧屋面标高是 18.600 m，如图 5-24。

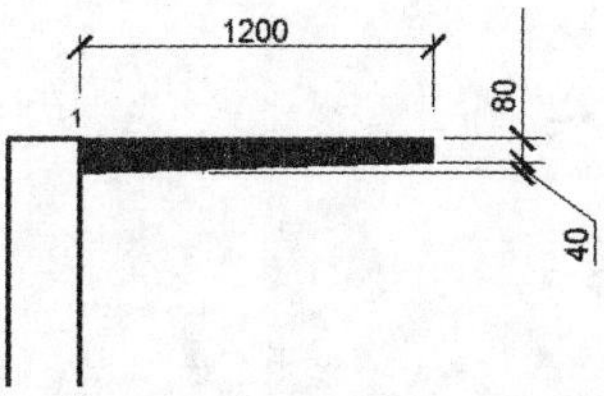

图 5-23　女儿墙飘板

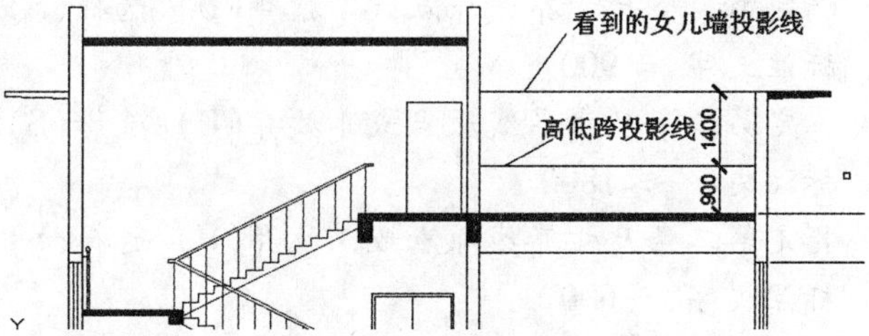

图 5-24　屋顶细部绘制

八、标注，包括尺寸标注，文字标注，标高标注，图名和比例标注

1. 尺寸标注

设定尺寸标注样式，格式/标注样式，新建一个样式，设置三个地方：“符号和箭头”选项卡中箭头选“建筑标记”，“调整” 选项卡右边“使用全局比例”设为 80，“主单位” 选项卡“精度”设为 0

开始标注，将标注图层设为当前图层，1-1 左侧标三道尺寸，右侧需标三道尺寸，完成后如下图。

下面来标注左侧三道尺寸：先标注最面一道尺寸，再标第二道尺寸，再标最外一道总尺寸。

标最里一道尺寸：

命令: _dimlinear //标左侧最里面一道尺寸

指定第一个尺寸界线原点或 <选择对象>:

指定第二条尺寸界线原点:

指定尺寸线位置或［多行文字(M)/文字(T)/角度(A)/水平(H)/垂直(V)/旋转(R)］:

标注文字 = 1200

命令: _dimcontinue //连续标注最里面一道尺寸

指定第二条尺寸界线原点或［放弃(U)/选择(S)］<选择>:

标注文字 = 1800

指定第二条尺寸界线原点或［放弃(U)/选择(S)］<选择>：

标注文字 = 1200

指定第二条尺寸界线原点或［放弃(U)/选择(S)］<选择>：

标注文字 = 900

指定第二条尺寸界线原点或［放弃(U)/选择(S)］<选择>：

标注文字 = 1800

指定第二条尺寸界线原点或［放弃(U)/选择(S)］<选择>：

标注文字 = 600

指定第二条尺寸界线原点或［放弃(U)/选择(S)］<选择>：

标注文字 = 900

指定第二条尺寸界线原点或［放弃(U)/选择(S)］<选择>：

标注文字 = 1800

指定第二条尺寸界线原点或［放弃(U)/选择(S)］<选择>：

标注文字 = 600

指定第二条尺寸界线原点或［放弃(U)/选择(S)］<选择>：

标注文字 = 900

指定第二条尺寸界线原点或［放弃(U)/选择(S)］<选择>：

标注文字 = 1800

指定第二条尺寸界线原点或［放弃(U)/选择(S)］<选择>：

标注文字 = 600

指定第二条尺寸界线原点或［放弃(U)/选择(S)］<选择>：

标注文字 = 900

指定第二条尺寸界线原点或［放弃(U)/选择(S)］<选择>：

标注文字 = 1800

指定第二条尺寸界线原点或［放弃(U)/选择(S)］<选择>：

标注文字 = 900

指定第二条尺寸界线原点或［放弃(U)/选择(S)］<选择>：

标注文字 = 900

指定第二条尺寸界线原点或［放弃(U)/选择(S)］<选择>：

标注文字 = 1400

指定第二条尺寸界线原点或［放弃(U)/选择(S)］<选择>：

标注文字 = 1000

指定第二条尺寸界线原点或［放弃(U)/选择(S)］<选择>：

标注文字 = 600

指定第二条尺寸界线原点或［放弃(U)/选择(S)］<选择>：

选择连续标注：

标注左侧最二道尺寸

命令：_dimlinear //标注一层层高4200，线性标注

指定第一个尺寸界线原点或 <选择对象>：

指定第二条尺寸界线原点：
指定尺寸线位置或
[多行文字(M)/文字(T)/角度(A)/水平(H)/垂直(V)/旋转(R)]：
标注文字 = 4200
命令：_dimcontinue //连续标注
指定第二条尺寸界线原点或[放弃(U)/选择(S)]<选择>：
标注文字 = 3300
指定第二条尺寸界线原点或[放弃(U)/选择(S)]<选择>：
标注文字 = 3300
指定第二条尺寸界线原点或[放弃(U)/选择(S)]<选择>：
标注文字 = 3300
指定第二条尺寸界线原点或[放弃(U)/选择(S)]<选择>：
标注文字 = 3600
指定第二条尺寸界线原点或[放弃(U)/选择(S)]<选择>：
标注文字 = 2300
指定第二条尺寸界线原点或[放弃(U)/选择(S)]<选择>：
标注文字 = 1600
指定第二条尺寸界线原点或[放弃(U)/选择(S)]<选择>：
标注左侧最外道尺寸
命令：_dimlinear //从室外地坪到女儿墙顶，线性标注
指定第一个尺寸界线原点或<选择对象>：
指定第二条尺寸界线原点：
指定尺寸线位置或
[多行文字(M)/文字(T)/角度(A)/水平(H)/垂直(V)/旋转(R)]：
标注文字 = 20150

完成左侧三道尺寸的标注，接下来修剪尺寸，把长短不一的尺寸界线修剪整齐：分解三道尺寸，在适当位置画一竖线，用修剪命令 trim，把竖线右边的尺寸界线剪掉。

命令：TR TRIM //修剪尺寸界线，使之整齐
当前设置：投影 = UCS，边 = 无
选择剪切边...
选择对象或<全部选择>：找到 1 个 //选刚画的竖线
选择对象：
选择要修剪的对象，或按住 Shift 键选择要延伸的对象，或
[栏选(F)/窗交(C)/投影(P)/边(E)/删除(R)/放弃(U)]：
选择要修剪的对象，或按住 Shift 键选择要延伸的对象，或
[栏选(F)/窗交(C)/投影(P)/边(E)/删除(R)/放弃(U)]：
选择要修剪的对象，或按住 Shift 键选择要延伸的对象，或
[栏选(F)/窗交(C)/投影(P)/边(E)/删除(R)/放弃(U)]：f
指定第一个栏选点：
指定下一个栏选点或[放弃(U)]：

指定下一个栏选点或［放弃(U)］：
指定下一个栏选点或［放弃(U)］：
指定下一个栏选点或［放弃(U)］：
指定下一个栏选点或［放弃(U)］：
指定下一个栏选点或［放弃(U)］：
选择要修剪的对象，或按住 Shift 键选择要延伸的对象，或
［栏选(F)/窗交(C)/投影(P)/边(E)/删除(R)/放弃(U)］：f
指定第一个栏选点：
指定下一个栏选点或［放弃(U)］：
指定下一个栏选点或［放弃(U)］：
选择要修剪的对象，或按住 Shift 键选择要延伸的对象，或
［栏选(F)/窗交(C)/投影(P)/边(E)/删除(R)/放弃(U)］：

注意：这三道尺寸的尺寸线位置要合适，最里面一道尺寸线距离图样 > 10 mm，各道尺寸线之间的距离是 7 到 10，标注右侧尺寸方法相同，完成后见图 5 – 25。

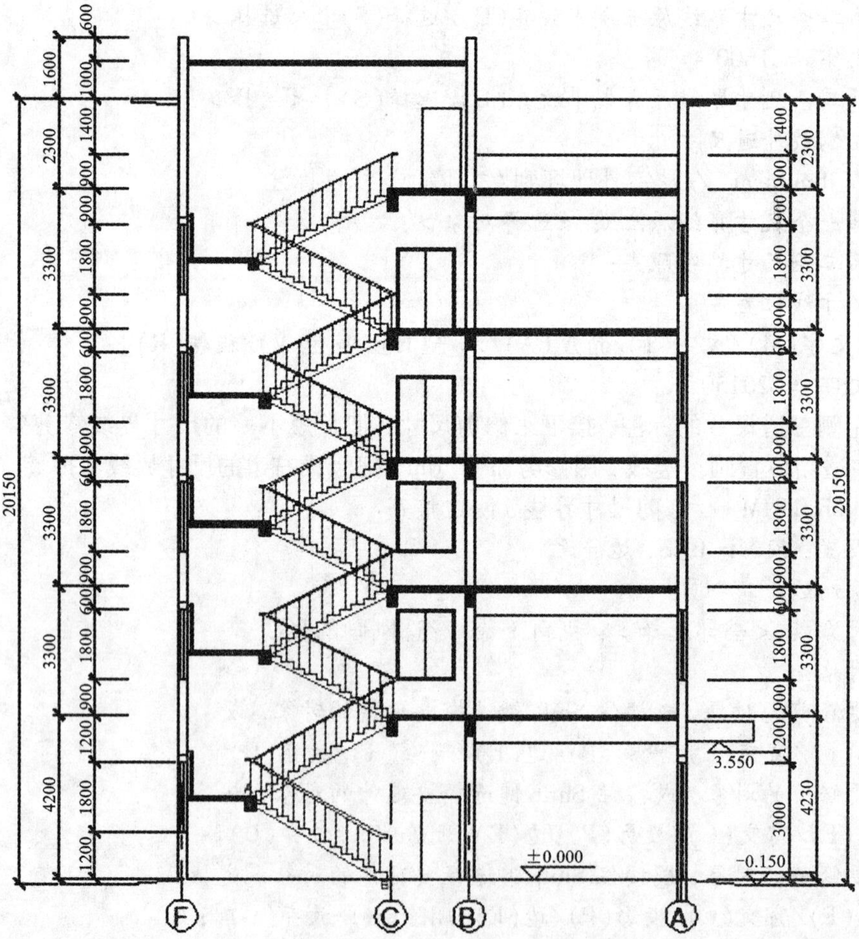

图 5 – 25　尺寸标注完成图

2. 文字标注

标注各层房间功能，从下往上依次是：器械库，养虫室，站长室，文印室，电教调控室。5 号字或 3.5 号字，字高 350 或 500。

命令：TEXT

当前文字样式："Standard"　文字高度：64.1417　注释性：否　对正：中间

指定文字的中间点 或［对正(J)/样式(S)］：

指定高度 <64.1417>：500

指定文字的旋转角度 <0>：

3. 标高标注

在适当处画一标高符号，制图国家标准规定标高三角形高为 3，此 1－1 的比例是 1∶100，所以按比例扩大，扩大 100 倍，所以标高的三角形的高画 300。

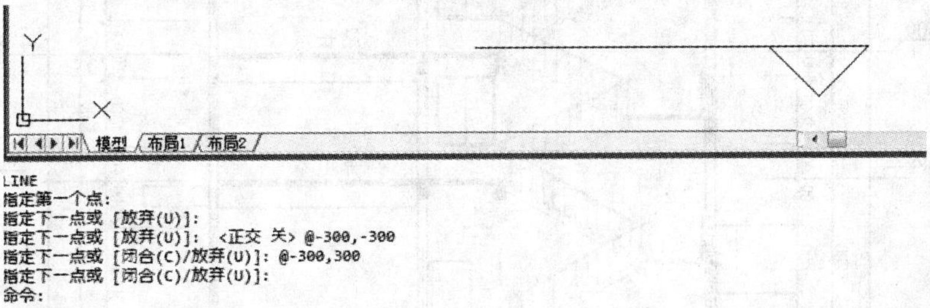

标高要标注整齐，即标高三角形的顶点要在一条竖线上，所以画一条辅助线用于对齐标高，标高标注完成后删除。如图 5－26。

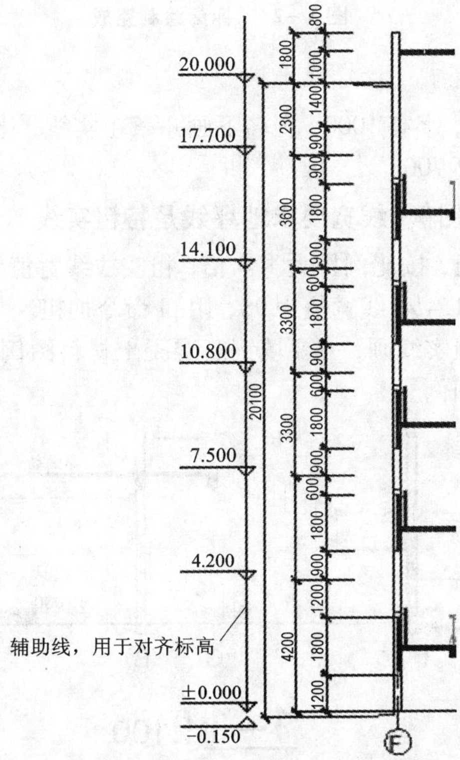

图 5－26　绘制标高

标高标注完成后如图 5－27。

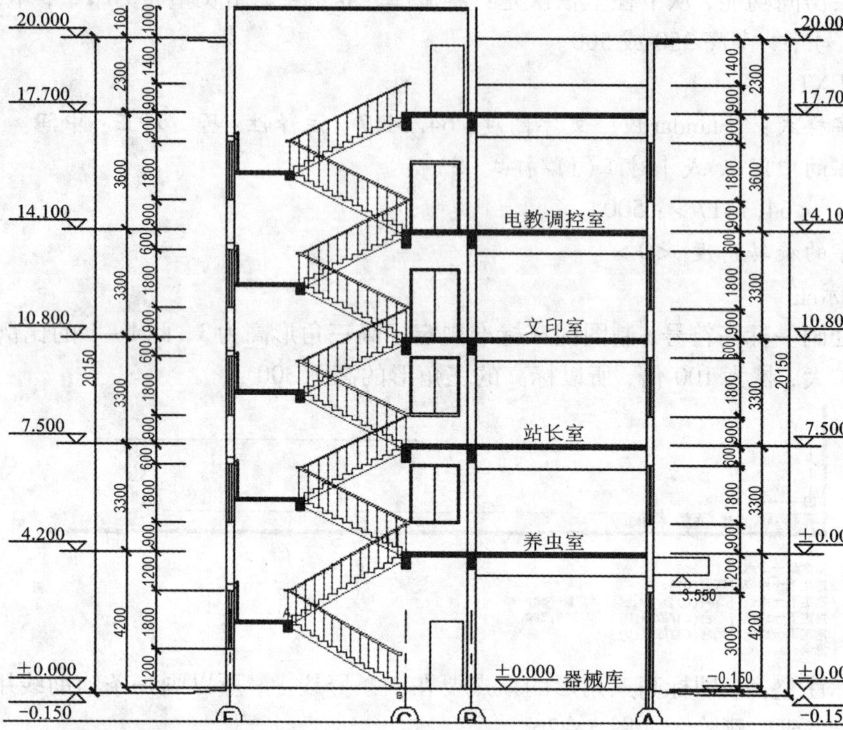

图 5－27　标高绘制完成

4．标注图名和比例

图名称 1－1，10 号字，字高 1000，图名下画一条粗实线，比例 1∶100，比例的字号比图名小 1 号或 2 号，比例字高 700。

九、加粗线条及填充材料图例（线宽要求地坪线是特粗实线 1.4*b*，墙线是粗实线）

取 0.7，0.35 的线宽组，按比例扩大 100 倍，粗实线线宽值为 70，中粗实线线宽值 0.5*b* 为 35，地坪线为特粗实线 1.4*b*，线宽值为 98，用 pl 命令加粗。

注意：切到的梯段是粗实线画，并要填钢筋混凝土材料图例，未切到投影看到的梯段用细实线画，不要填充材料图例。

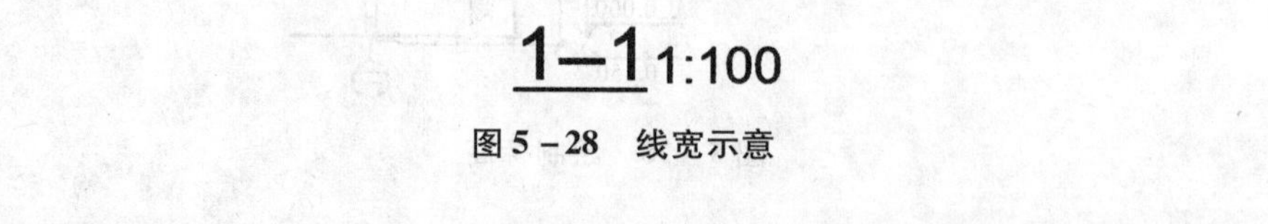

1—1 1:100

图 5－28　线宽示意

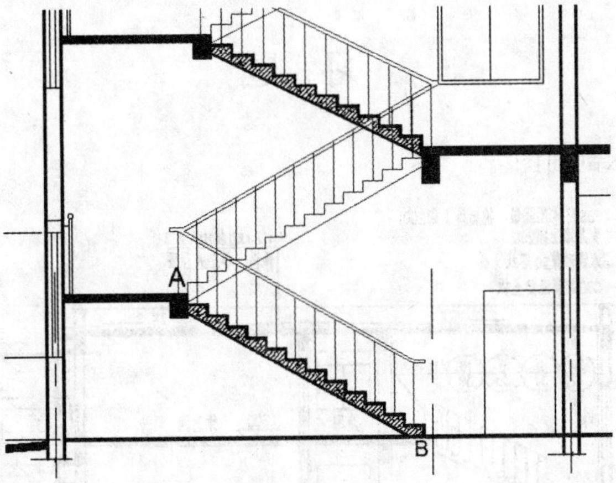

图 5－29　线宽及填充材料图例

十、插入图框完成全图

将完成后的图形插入图框，结果如图 5－30 所示。

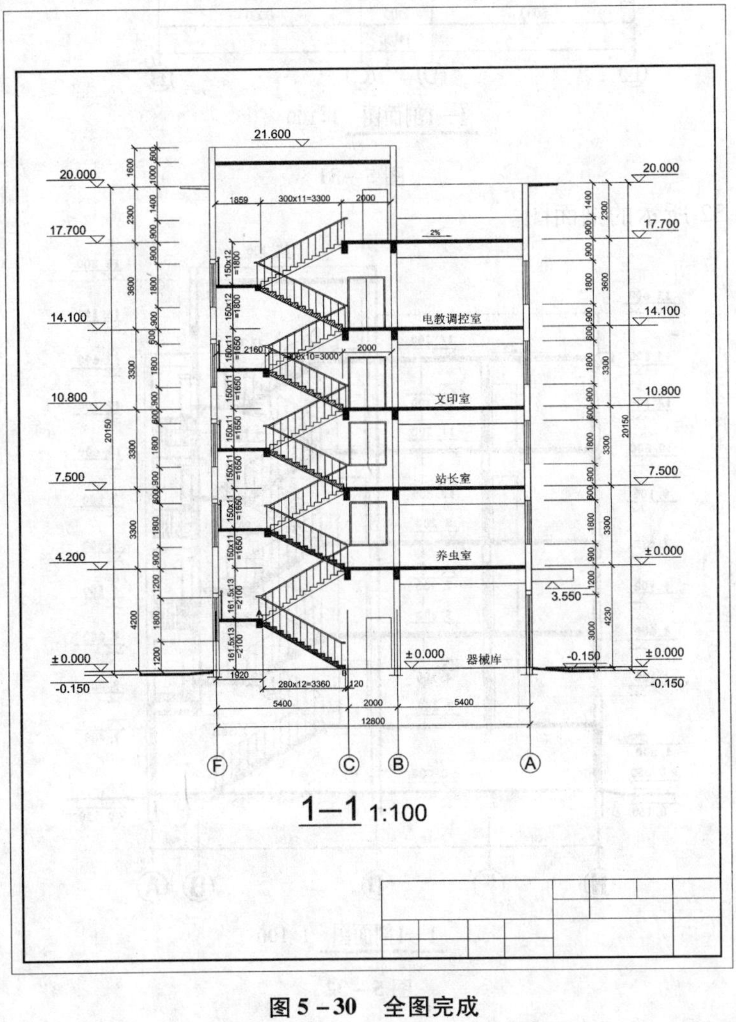

图 5－30　全图完成

习　题

1. 绘图 5 – 31 所示剖面图。

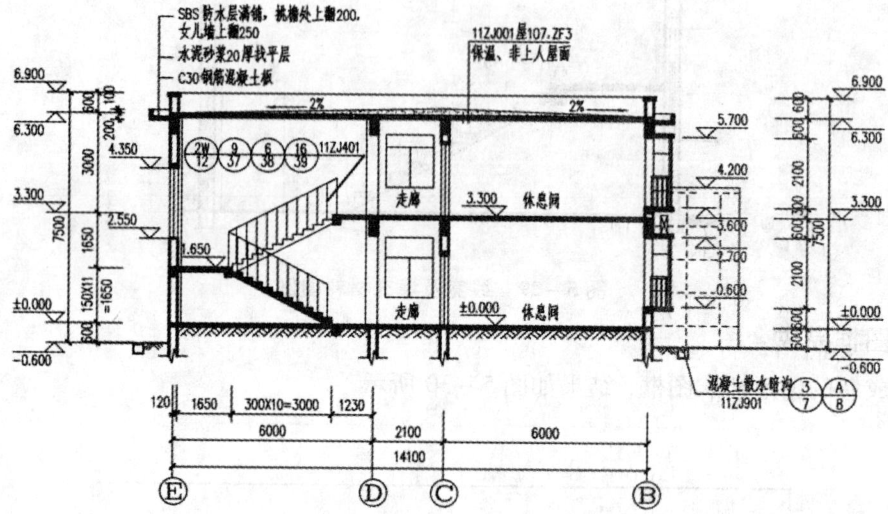

1—1剖面图　1:100

图 5 – 31

2. 绘图 5 – 32 所示的剖面图。

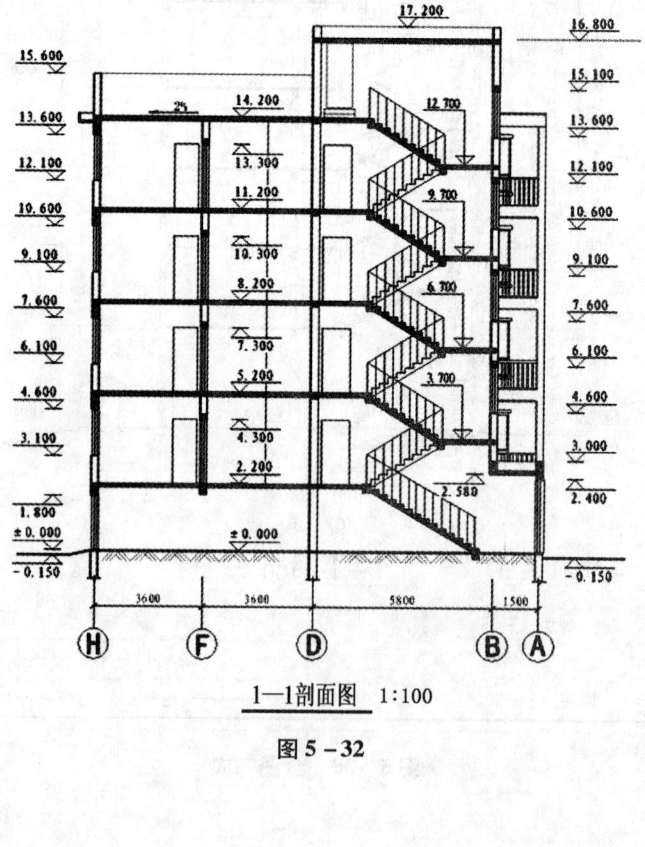

1—1剖面图　1:100

图 5 – 32

模块六　绘制建筑结构施工图

【知识目标】

通过本模块的学习，了解建筑结构施工图绘制的基础知识；熟悉建筑结构施工图绘制的基本流程；掌握应用 AutoCAD 绘制建筑结构施工图的基本方法和技巧。

【技能目标】

通过本模块的学习，能够灵活运用 AutoCAD 的相关命令绘制建筑结构施工图。

6.1　建筑结构施工图绘制的基础知识

6.1.1　结构施工图的内容

结构施工图是根据房屋建筑中的承重构件进行结构设计后画出的图样。结构设计时要根据建筑要求选择结构类型，并进行合理布置，再通过力学计算确定构件的截面形状、大小、材料及构造等。结构施工图必须与建筑施工图密切配合，它们之间不能产生矛盾。

结构施工图与建筑施工图一样，是施工的依据，主要用于放线、挖地槽、基础施工、支承模板、配钢筋、浇灌混凝土等施工过程，也是计算工程量、编制预算和施工进度计划的依据。

不同类型结构，其施工图的具体内容与表达也各有不同，但一般包括结构设计说明、结构布置图和构件详图三部分内容。结构设计说明以文字叙述为主，主要说明工程概况、设计的依据、主要材料要求、标准图或通用图的使用、构造要求及施工注意事项等。结构布置图是房屋承重结构的整体布置图，主要表示结构构件的位置、数量、型号及相互关系。常用的结构平面布置图有：基础平面图、楼层结构平面图、屋面结构平面图、柱网平面图等。构件详图是表示单个构件形状、尺寸、材料、构造及工艺的图样，如梁、板、柱及基础结构详图，楼梯、电梯结构详图，屋架结构详图，其他详图，如支撑、预埋件、连接件等详图。

6.1.2　建筑结构制图规则

一、绘制结构施工图，应遵守《房屋建筑制图统一标准》和《建筑结构制图标准》的规定

二、结构施工图应采用正投影法绘制

三、图线

在结构施工图中，为了表达不同的意思，并使图形的主次分明，必须采用不同的线型和不同宽度的图线来表达。建筑结构专业制图，图线应符合表 6－1 的规定。

表 6－1　图线

名称		线型	线宽	一般用途
实线	粗		b	螺栓、主钢筋线、结构平面图中单线结构构件线、钢木支撑及系杆线、图名下横线、剖切线
	中粗		$0.7b$	结构平面图及详图中剖到或可见的墙身轮廓线、基础轮廓线、钢、木结构轮廓线、钢筋线
	中		$0.5b$	结构平面图及详图中剖到或可见的墙身轮廓线、基础轮廓线、可见的钢筋混凝土构件轮廓线、钢筋线
	细		$0.25b$	标注引出线、标高符号、索引符号、尺寸线
虚线	粗		b	不可见的钢筋、螺栓线，结构平面图中的不可见的单线结构构件线及钢、木支撑线
	中粗		$0.7b$	结构平面图中的不可见构件、墙身轮廓线及钢、木结构轮廓线
	中		$0.5b$	结构平面图中的不可见构件、墙身轮廓线及不可见钢、木结构构件线、不可见的钢筋线
	细		$0.25b$	基础平面图中的管沟轮廓线、不可见的钢筋混凝土构件轮廓线
单点画线	粗		b	柱间支撑、垂直支撑、设备基础轴线图中的中心线
	细		$0.25b$	定位轴线、对称线、中心线
双点画线	粗		b	预应力钢筋线
	细		$0.25b$	原有结构轮廓线
折断线			$0.25b$	断开界线
波浪线			$0.25b$	断开界线

四、比例

结构图的常用比例见表 6－2，特殊情况下可选用可用比例。当构件的纵、横截面尺寸相差悬殊时，可在同一详图中的纵、横向选用不同的比例绘制。轴线尺寸与构件也可选用不同的比例。

表 6－2　比例

图名	常用比例	可用比例
结构平面图 基础平面图	1:50、1:100 1:150	1:60 1:200
圈梁平面图、总图中管沟、地下设施等	1:200、1:500	1:300
详图	1:10、1:20、1:50	1:5、1:30、1:25

6.2　任务

6.2.1　绘制如图 6 -1 所示的①~②、Ⓐ~Ⓑ轴线间的现浇板配筋图

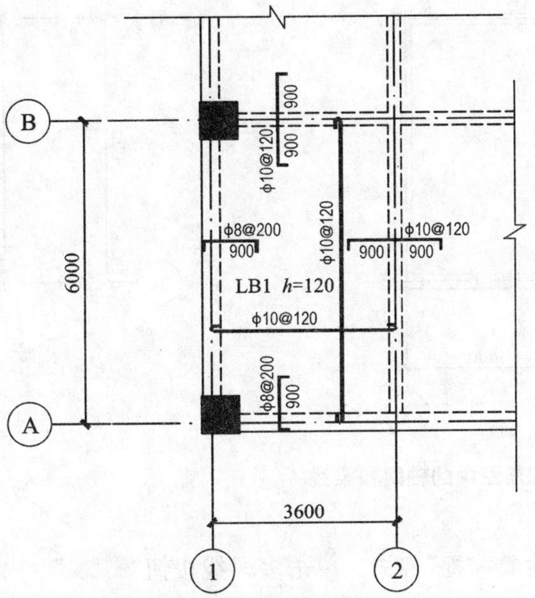

图 6 -1　板配筋图

一、现浇板配筋图绘制步骤

(1)绘制轴网和梁线。

(2)绘制现浇板中的钢筋。

(3)标注板配筋图中文字。

二、具体操作过程

1. 绘制轴网和梁线(梁宽设定为 240 mm)

现浇板配筋图中的轴网和梁线，可以在之前画好的建筑平面图基础上进行修改，也可以按前述建筑平面图中绘制轴线与墙体的方法重新绘制。

如果是在建筑平面图的基础上进行修改，则保留原建筑平面图中的轴网、墙体、柱和尺寸，其他部分可以删除。新建“梁实线”、“梁虚线”图层。按照梁的可见性关系，将原平面图中的墙线更换到“梁实线”、“梁虚线”图层。更换图层方法：先选上需更换图层的物体，在“图层”工具栏中单击“▾”倒三角形按钮，出现如图 6 -2 所示的已设置好的图层下拉菜单，找到“梁虚线”层，单击鼠标左键确定。修改好的现浇板配筋图中的轴网和梁线如图 6 -3 所示。注意结构施工图中梁或墙均双虚线表示，

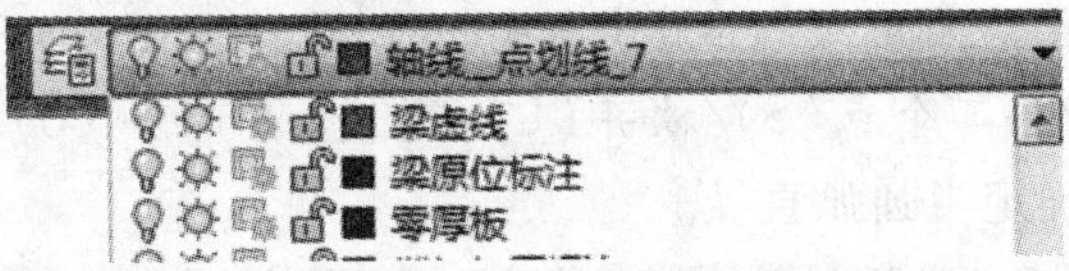

图 6 -2　图层下拉菜单

但需将最外轮廓的虚线改为实线。

2. 绘制现浇板中的钢筋

(1)新建“板钢筋”图层，并将该图层置为当前。

(2)在现浇板带内绘制一条如图 6－4 所示的水平辅助线，绘制板底钢筋。

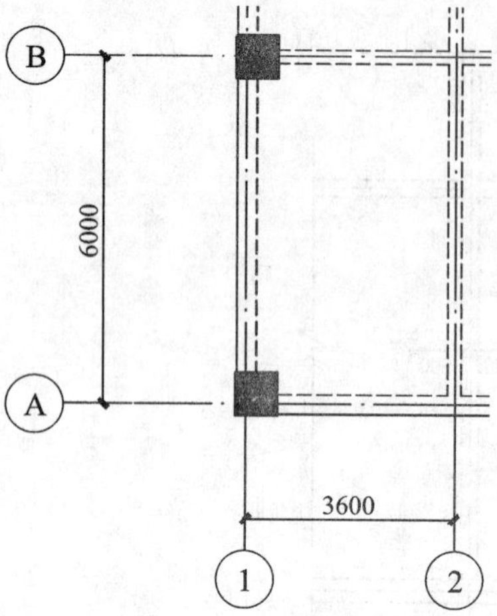

图 6－3　修改后的现浇板配筋图中的轴网和梁线

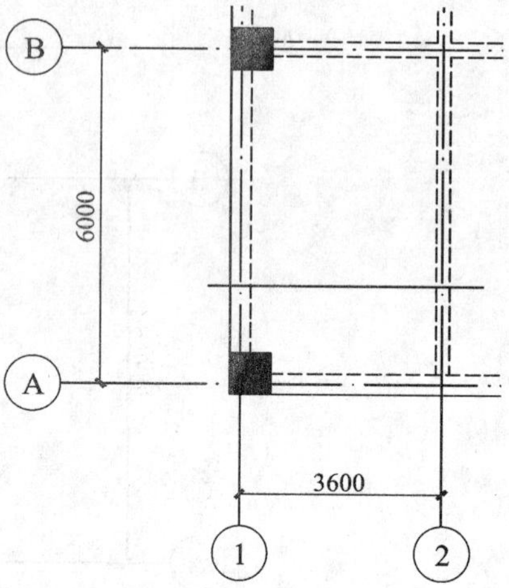

图 6－4　水平辅助线

(3)打开“正交”、“对象捕捉”模式，单击多段线按钮“ ”，命令行提示：

命令：_pline　//画钢筋，钢筋粗实线绘制，线宽为 25，带半圆弯钩

指定起点：　//在图上捕捉水平辅助线与①轴的交点

当前线宽为 0

指定下一个点或［圆弧(A)/半宽(H)/长度(L)/放弃(U)/宽度(W)］：w　//输入设置线宽参数 W 后回车。

指定起点宽度 <0>：25　//设定线宽的起点为 25

指定端点宽度 <25>：　//设定线宽的端点为 25

指定下一个点或［圆弧(A)/半宽(H)/长度(L)/放弃(U)/宽度(W)］：　//水平移动鼠标捕捉到水平辅助线与②轴的交点单击鼠标左键确认。

指定下一点或［圆弧(A)/闭合(C)/半宽(H)/长度(L)/放弃(U)/宽度(W)］：a　//输入绘制圆弧参数 *a* 后回车。

指定圆弧的端点或［角度(A)/圆心(CE)/闭合(CL)/方向(D)/半宽(H)/直线(L)/半径(R)/第二个点(S)/放弃(U)/宽度(W)］：100　//向上移动鼠标指定圆弧绘制方向，输入 100 确定半圆弧直径。

指定圆弧的端点或［角度(A)/圆心(CE)/闭合(CL)/方向(D)/半宽(H)/直线(L)/半径(R)/第二个点(S)/放弃(U)/宽度(W)］：L　//输入 L，命令从画圆弧转换到画直线

指定下一点或［圆弧(A)/闭合(C)/半宽(H)/长度(L)/放弃(U)/宽度(W)］：120　//向左移动鼠标指定直线段绘制方向，输入 120 确定直线段的长段，回车后完成图示右侧 180°弯钩绘制。

(4)重复"多段线"命令，绘出钢筋左侧的半圆弯钩。完成后如图 6－5 所示。

(5)删除辅助线，并重复上述(2)～(4)步骤完成其他位置板底钢筋绘制。

(6)重复"多段线"命令绘制现浇板中的面筋，结果如图 6－6 所示。板面钢筋的线宽为中粗线，即在执行"多段线"命令时，选择参数"宽度(W)"，设置宽度为 25 mm。板面钢筋的 90°弯钩弯折长度按钢筋混凝土结构构造要求取值，即按板厚扣除上、下共两个保护层厚度，则向下弯钩长度为 120 mm－2×15 mm＝90 mm。

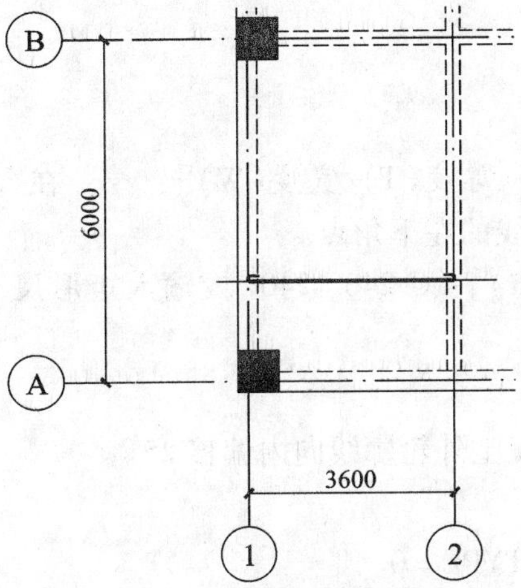

图 6－5　板底钢筋绘制图示

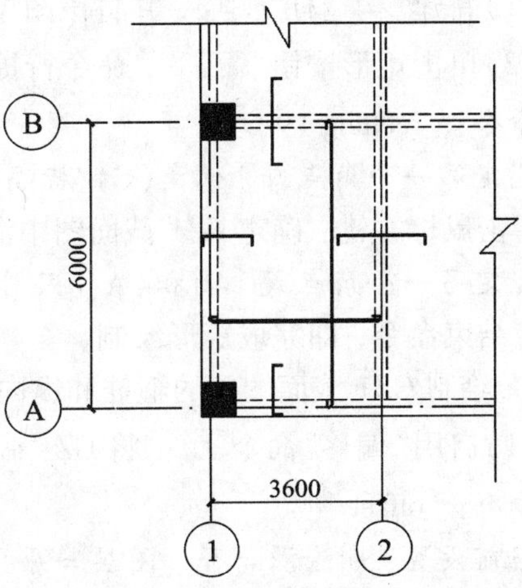

图 6－6　板底、板面钢筋绘制完成的示意图

3. 标注板配筋图中文字

(1)将"文字"图层置为当前。

(2)利用"单行文字"命令输入钢筋的型号，完成后的配筋图如图 6－1 所示。

6.2.2　绘制如图 6－7 所示的 GZ1 截面图

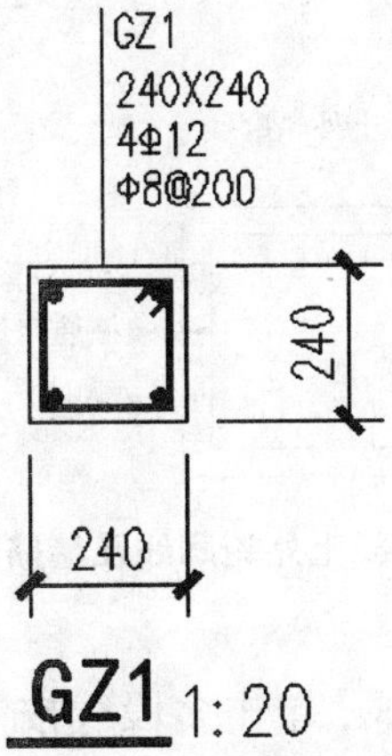

图 6－7　GZ1 截面图

一、GZ1 截面图绘制步骤

(1)绘制 GZ1 截面图中的混凝土外轮廓线。

(2)绘制 GZ1 截面图中的箍筋和纵筋。

(3)标注尺寸、文字及图名。

二、具体操作过程

1. 绘制 GZ1 截面图中的混凝土外轮廓线

(1)新建"构造柱"图层，并将该图层置为当前。

(2)单击矩形按钮" "，命令行提示：

命令：_rectang

指定第一个角点或［倒角(C)/标高(E)/圆角(F)/厚度(T)/宽度(W)］：// 在合适位置，单击鼠标左键，确定 GZ1 截面图中混凝土外轮廓线的左下角点。

指定另一个角点或［面积(A)/尺寸(D)/旋转(R)］：@240，240 //输入矩形尺寸后，回车，结束命令，即完成矩形绘制。

2. 绘制 GZ1 截面图中的箍筋和纵向钢筋

(1)启用"偏移"命令 ，将 GZ1 截面图中的混凝土外轮廓线向内偏移 25。

命令：_offset

当前设置：删除源 = 否　图层 = 源　OFFSETGAPTYPE = 0

指定偏移距离或［通过(T)/删除(E)/图层(L)］ <通过>：25 //输入 25，此数值为 GZ1 混凝土的保护层厚度。

选择要偏移的对象，或［退出(E)/放弃(U)］ <退出>：//单击鼠标左键选择 GZ1 截面图中的混凝土外轮廓线。

指定要偏移的那一侧上的点，或［退出(E)/多个(M)/放弃(U)］ <退出>：//鼠标移到 GZ1 截面图中的混凝土外轮廓线内侧，单击鼠标左键确定。箍筋的定位线绘制完成，如图 6－8 所示。

选择要偏移的对象，或［退出(E)/放弃(U)］ <退出>：//回车，退出命令。

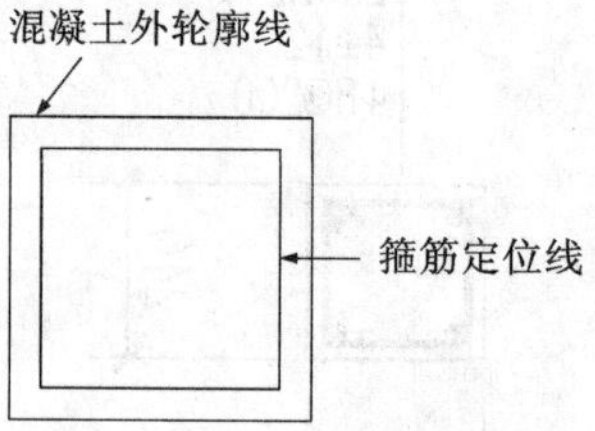

图 6－8　混凝土外轮廓线及箍筋定位线图示

(2)打开"正交"、"对象捕捉"模式，单击多段线按钮" "，命令行提示：

命令：_pline //加粗箍筋定位线，线宽为 5

指定起点：//在图上捕捉到箍筋定位线其中一个交点

当前线宽为 0

指定下一个点或［圆弧(A)/半宽(H)/长度(L)/放弃(U)/宽度(W)］：w //输入设置线宽参数 *W* 后回车。

指定起点宽度 <0>：5 //设定线宽的起点为 5

指定端点宽度 <25>： //设定线宽的端点为 5

指定下一个点或［圆弧(A)/半宽(H)/长度(L)/放弃(U)/宽度(W)］： //沿箍筋定位线完成箍筋绘制。

(4)启用“圆环”命令完成 GZ1 截面图中的纵向钢筋绘制。选择“绘图”下拉菜单中“圆环”命令，命令行提示：

命令：_donut

指定圆环的内径 < 0.5000 >：0 //设置圆环的内径为 0

指定圆环的外径 <1.0000 >：25 //设置圆环外径为 25

指定圆环的中心点或 <退出>： //分别捕捉箍筋投影线的四个角点，完成纵向钢筋的绘制。完成后回车，退出命令。

(3)启用多段线按钮“  ”，设置线宽为 5，绘制箍筋右上角 135°的弯钩。完成后如图 6－9 所示。

图 6－9 箍筋和纵向钢筋绘制完成后的图示

3．标注尺寸、文字及图名

按第 1 章 1.6 节所述方法设置文字样式，利用“单行文字”命令标注文字及图名。按按第 1 章 1.7 节所述方法设置尺寸样式，标注尺寸。完成如图 6－7 所示 GZ1 截面图的绘制。

习 题

1．绘制如图 6－10 所示的二层楼面结构布置图。

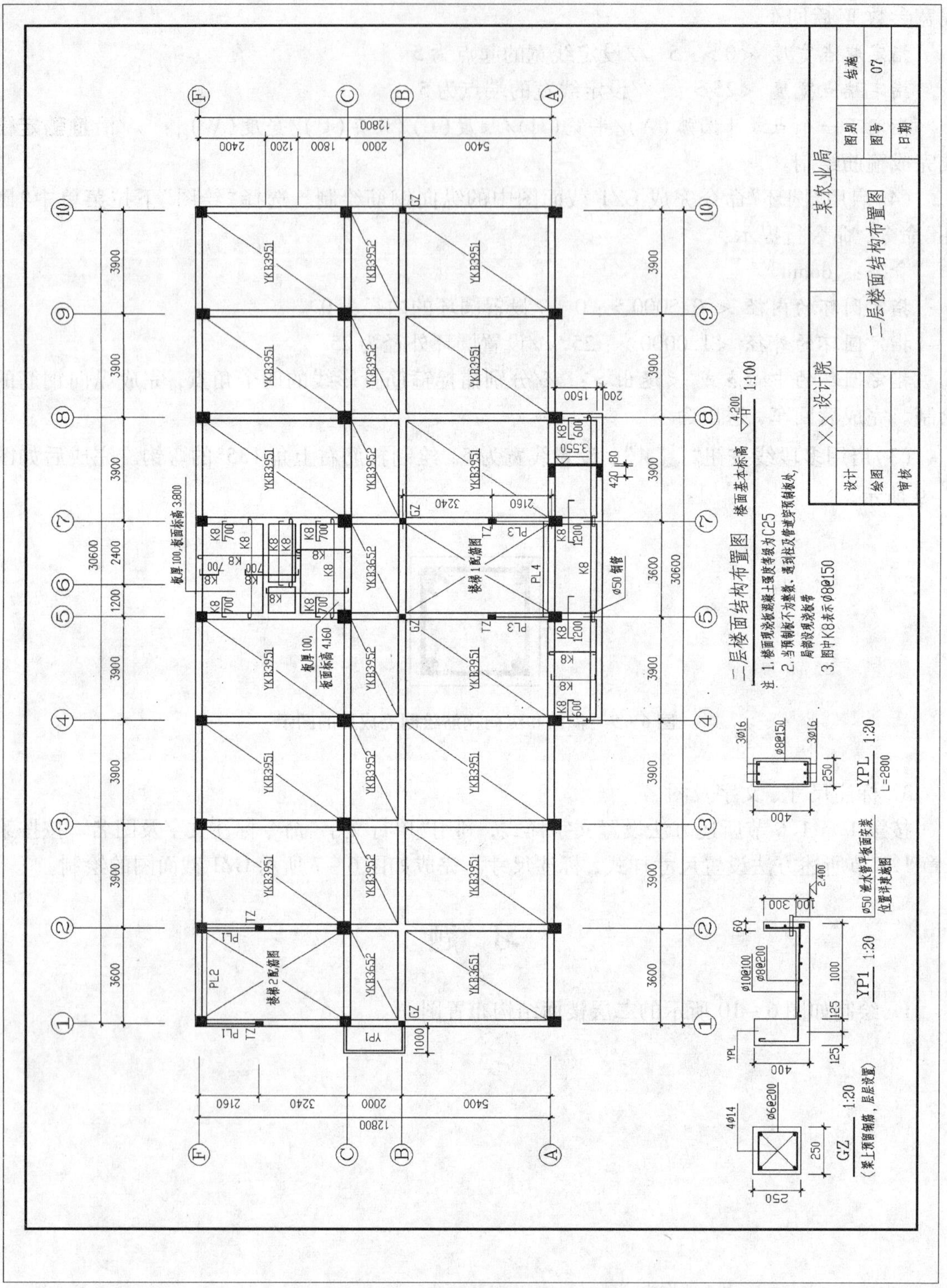

图 6－10　二层楼面结构布置图

模块七　天正建筑软件的应用

本章以目前使用得最广泛的天正建筑 2014(天正建筑 2014，操作平台 Auto2014)为学习对象，其他较低或较高天正建筑版本操作方法大同小异。天正建筑 2014 软件完全基于 Auto2014 版本的应用而开发，因此对软硬件环境要求取决于 Auto2014 平台的要求。本章主要介绍如何使用天正软件来绘制建筑施工图。要求读者通过这些实例的学习，掌握天正软件图形绘制方法与相关的知识。

【知识目标】

通过本模块的学习，了解天正建筑软件的基本知识，掌握天正软件的应用步骤，以及绘图技巧。

【技能目标】

通过学习本章节，能了解天正建筑软件绘图的基本知识；熟练运用该软件绘制建筑平面图、立面图和剖面图；掌握该软件的基本功能、相关参数的选择和输入要求，进一步提高建筑施工图的绘图速度。

7.1　天正建筑软件简介

天正建筑(TArch)是北京天正工程软件有限公司开发的建筑专业系列软件，涵盖了建筑设计、装修设计、暖通设计、给水排水、建筑电气与建筑结构等。由于该软件是一款在 AutoCAD 基础上二次开发的用于建筑绘图的专业软件，其与 AutoCAD 的关系十分密切。

天正建筑有以下特点：

天正建筑与 AutoCAD 相比，显得更加智能、人性化与规范化，能有效地提高作图效率。

天正建筑在 AutoCAD 的基础上增加了用于绘制建筑构造的专用工具栏，如轴网柱子、绘制门窗等工具。

天正建筑为其专业图形设置了默认的图层标准，用户在使用其提供的工具绘制建筑图形时，会自动创建相应的图层。

预设了图纸的绘图比例以及符合国家规范的制图标准。

7.1.1　天正建筑软件的安装与使用

一、安装

运行天正建筑软件光盘的“Stup. exe”文件，根据实际情况选择单机版或网络版授权方式，然后选择要安装的组件进行安装即可。

二、启动

天正建筑安装完成后，将在桌面创建“天正建筑 2014”快捷方式图标。双击该图标，在开始菜单中执行【程序】→【Autodesk】→【天正建筑 2014】命令。界面如图 7－1 所示。

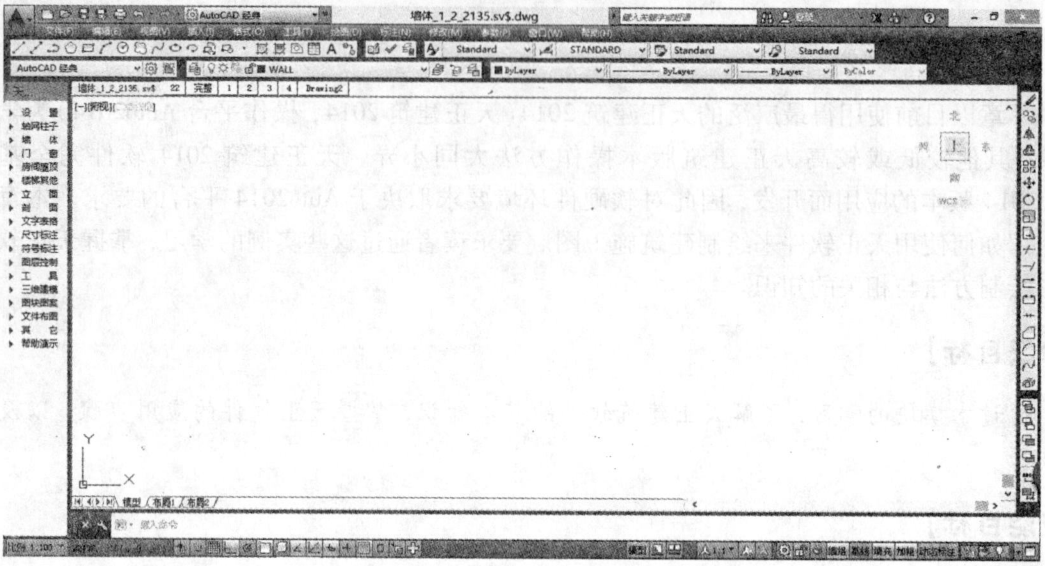

图 7－1　天正界面

7.1.2　天正建筑 2014 通用工具命令

一、天正的图形界面

天正建筑主要功能都列在“折叠式”三级结构的屏幕菜单上，上一级菜单可以单击展开下一级菜单，同级菜单相互关联，展开另一个同级菜单时，原来展开的菜单自动合拢。二级到三级菜单是天正建筑 2014 的可执行命令或者开关项，当光标移到菜单上时，状态行会出现该菜单功能的简短提示。有些菜单无法完全在屏幕显示，可用鼠标滚轮上下滚动菜单快速选取当前不可见的项目。具体操作如图 7－2 所示。

常用工具栏如图 7－3 所示，基本包括了天正建筑绘图过程中常用的命令以及快捷方式。

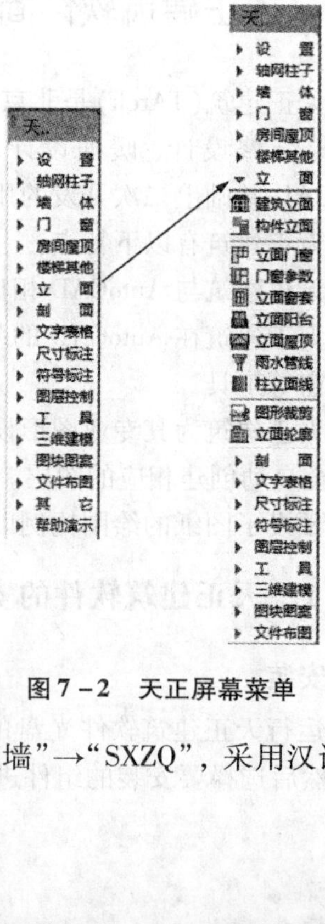

图 7－2　天正屏幕菜单

二、建筑设计流程

建筑设计流程，如图 7－4 所示。

三、天正命令的执行方式

天正建筑软件大部分功能都可以在命令行键入命令执行，屏幕菜单、右键快捷菜单和键盘命令三种形式调用命令的效果是相同的。键盘命令以全称简化的方式提供，如“双线直墙”→“SXZQ”，采用汉语拼

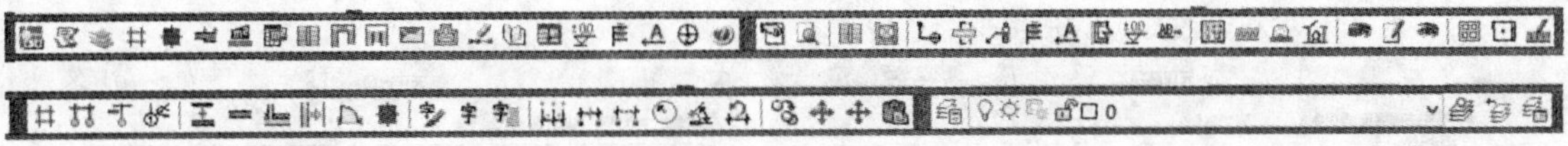

图 7-3　天正工具栏

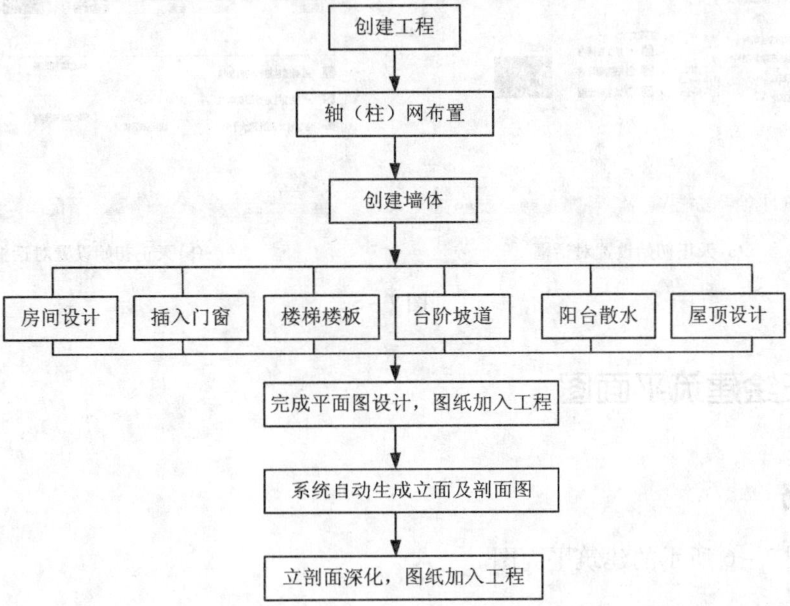

图 7-4　建筑设计流程

音的第一个字母组成。少数功能只能菜单点取，不能从命令行键入，如状态开关。

天正建筑 2014 的命令格式与 AutoCAD 相同，但选项改为快捷键直接执行的方式，不必回车，如“直墙下一点或〔弧墙(A)/矩形画墙(R)/闭合(C)/回退(U)〕〈另一段〉：”，键入“A”、“R”、“C”或“U”均可直接执行。

(1)初始设定。

天正建筑为用户提供了初始设置功能，通过选项对话框进行设置，分为“天正基本设定”与“天正加粗填充”两个页面。

1)基本设定。

用于设置软件的基本参数和命令默认执行效果，用户可以根据工程的实际要求对其中的内容进行设定。执行【设置】→【选项】命令，程序打开“选项对话框”，如图 7-5(a)所示。通过该对话框的“基本设定”选项卡可对图形进行“当前比例”（一般以 1∶100 的比例打印出图）及“当前层高”等的初始设置。

2)加粗填充。

专用于墙体与柱子的填充，提供各种填充图案和加粗线宽，并有“标准”和“详图”两个级别，由用户通过“当前比例”给出界定，当前比例大于设置的比例界限，就会从一种填充与加粗选择进入另一种填充与加粗选择，有效地满足了施工图中不同图纸类型填充与加粗详细程度不同的要求，如图 7 -5(b)所示。

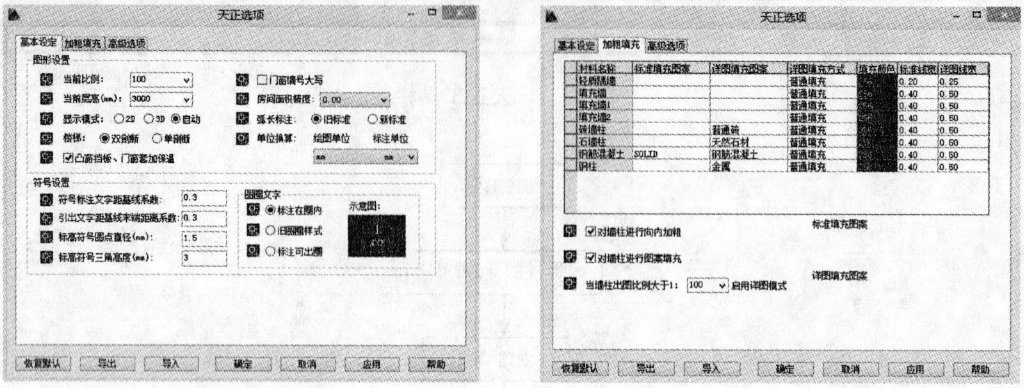

(a)天正初始设置对话框　　　(b)天正初始设置对话框

图 7 -5

7.2　天正绘建筑平面图

7.2.1　任务

绘制如图 7 -6 所示的建筑平面图。

7.2.2　天正绘建筑平面图的步骤

一、绘制建筑平面图步骤

(1)绘制轴网;
(2)标注轴网;
(3)绘制墙体;
(4)绘制柱子;
(5)绘制门窗;
(6)绘制楼梯;
(7)绘制卫生间;
(8)绘制雨篷;
(9)房间名称;
(10)尺寸标注;
(11)插入图框。

二、具体操作过程

1. 绘制轴网

绘制轴网：选择“轴网柱子” ▾ 轴网柱子 菜单→“绘制轴网” 井 绘制轴网 命令后，显示“绘制轴网”对话框，在对话框右侧选择数据，输入开间间距、进深间距，如图 7 -7 所示。由

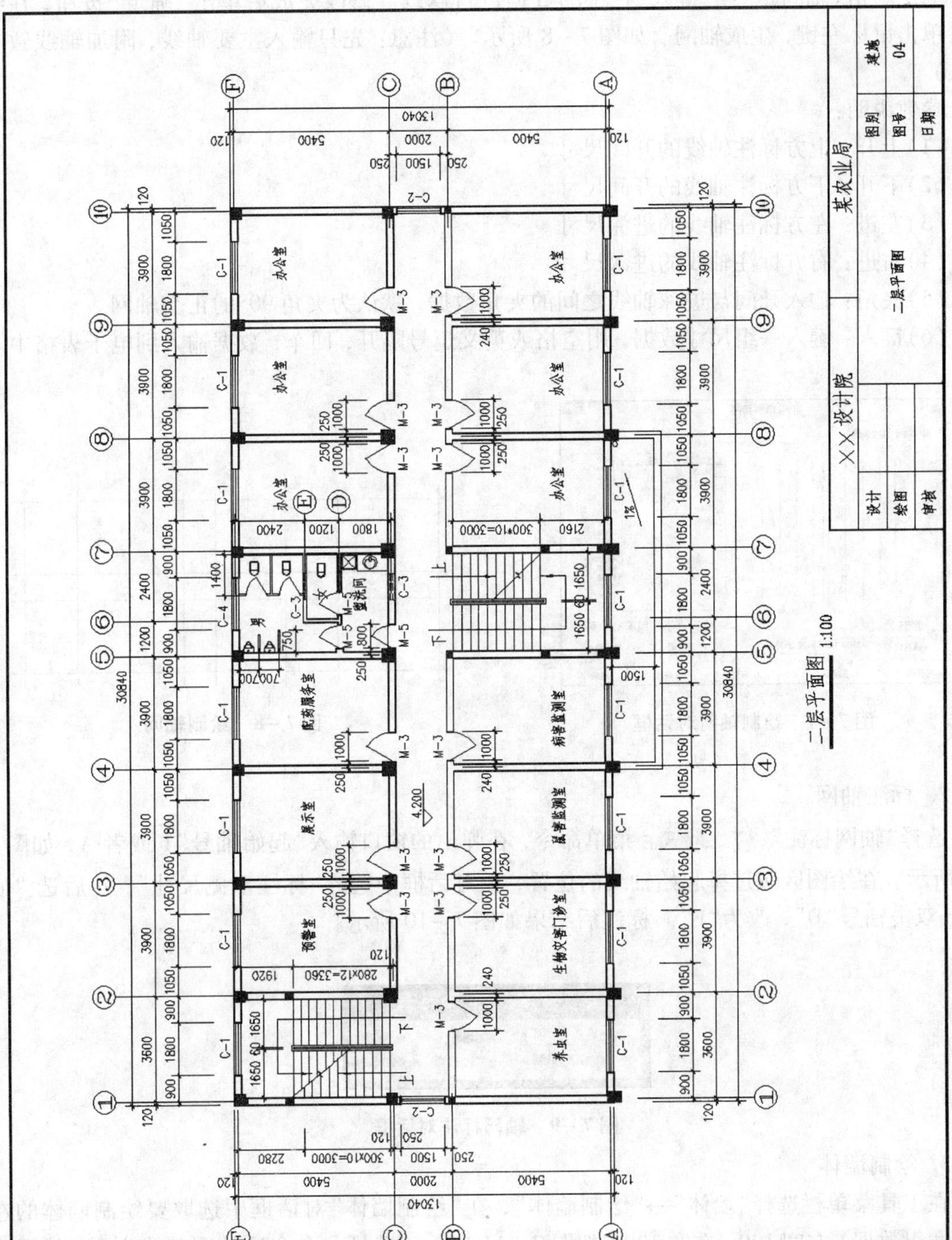

图7-6　建筑平面图

于上开下开尺寸一致，左进右进尺寸一致，故只用选其中一项输入。如果数据不一致，可以点击电子表格“轴间距”或“键入”栏中的数据进行修改。修改完成后单击“确定”按钮，在绘图区单击鼠标左键，生成轴网。如图 7 – 8 所示。（注意：先只输入主要轴线，附加轴线暂不输入）

参数说明：

(1)上开：上方标注轴线的开间尺寸。

(2)下开：下方标注轴线的开间尺寸。

(3)左进：左方标注轴线的进深尺寸。

(4)右进：右方标注轴线的进深尺寸。

(5)夹角：输入开间与进深轴线之间的夹角数据，默认为夹角 90°的正交轴网。

(6)键入：键入一组尺寸数据，用空格或英文逗号隔开，回车，数据输入到电子表格中。

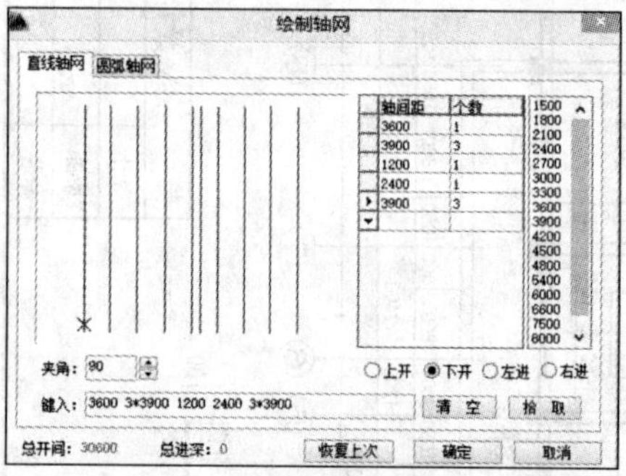

图 7 – 7 绘制轴网对话框

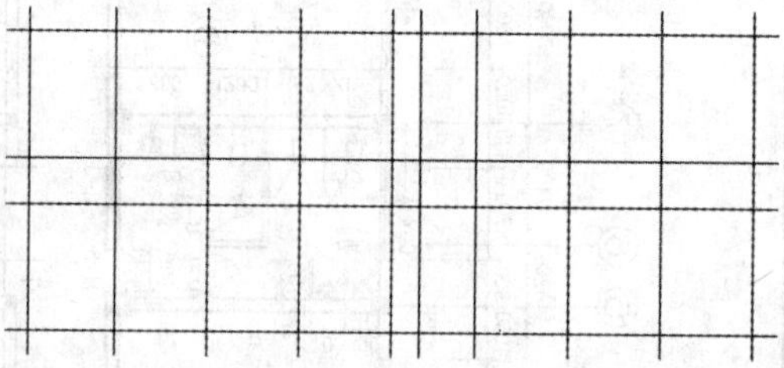

图 7 – 8 绘制轴网

2. 标注轴网

选择“轴网标注” 

菜单命令，在弹出的窗口输入“起始轴号”1 或者 A，如图 7 – 9 所示。在绘图区域选择起始轴线的位置，在对话框中选择“标注双侧尺寸”，然后选“确定”，双击轴号“D”，改为“F”。标注后结果如图 7 – 10 所示。

图 7 – 9 轴网标注对话框

3. 绘制墙体

在工具菜单栏选择“墙体”→“绘制墙体”，在“绘制墙体”对话框中选取要绘制墙体的左右墙宽组数据，左宽 120、右宽 120，如图 7 – 11 所示。选择一个合适的墙基线方向，然后单击下方工具栏图标，在“直墙绘制”进入绘制墙体，绘制结果如图 7 – 12 所示。

4. 绘制柱子

(1)绘制柱子：在工具菜单栏选择“轴网柱子”→“标准柱”，弹出“标准柱”选项卡，框架柱截面尺寸 400 mm × 450 mm，柱高 3300，如图 7 – 13 所示。

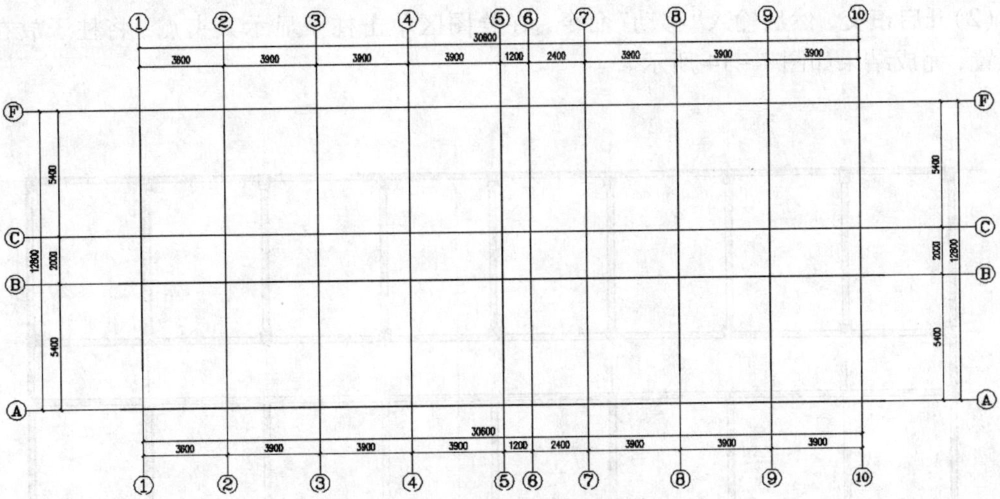

图 7－10　轴网标注

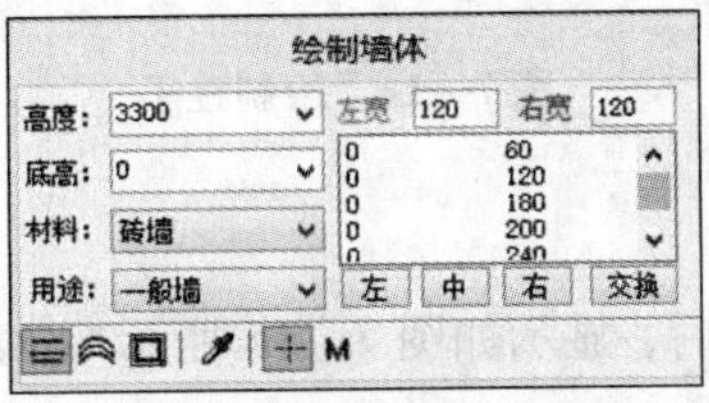

图 7－11　绘制墙体对话框

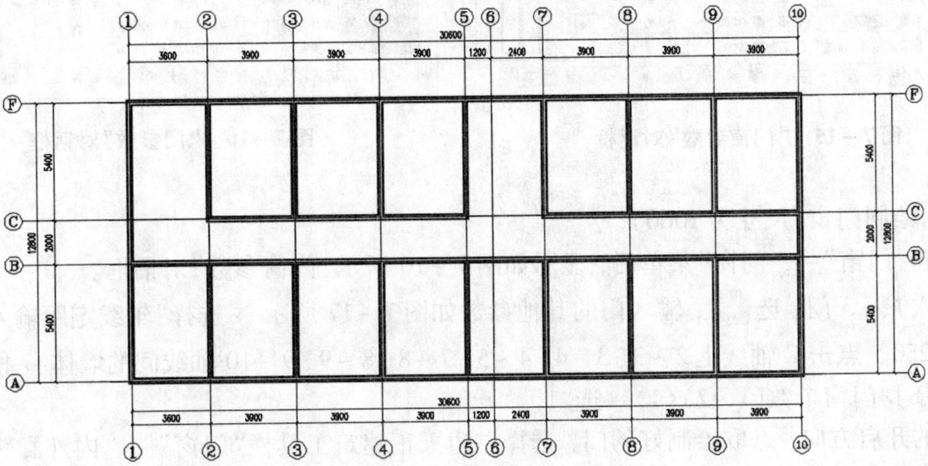

图 7－12　绘制墙体

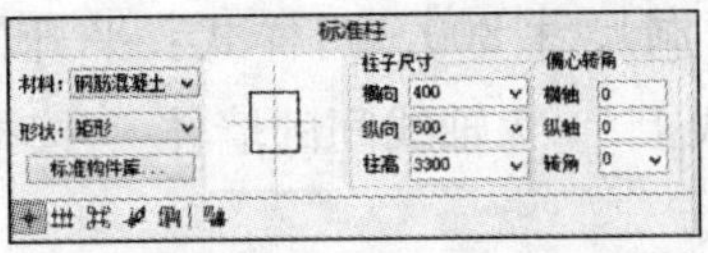

图 7－13　标准柱对话框

（2）开启正交，然后输入“移动”命令，在绘图区单击柱子显示其夹点，将柱子放在适当的位置，完成结果如图 7 – 14 所示。

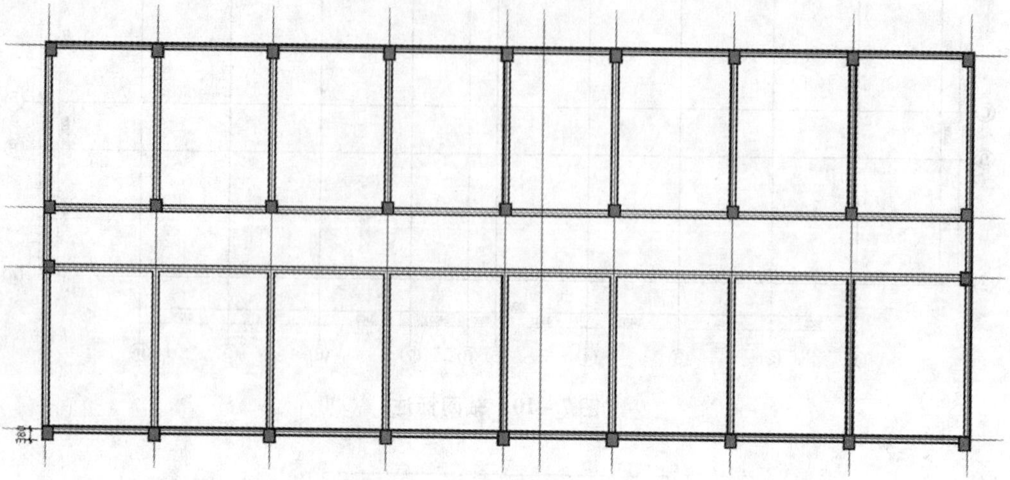

图 7 – 14　绘制柱子

5．绘制门窗

选择“门窗”→“门窗”菜单后，显示如图 7 – 15 所示“门窗参数”对话框。

图 7 – 15　“门窗参数”对话框

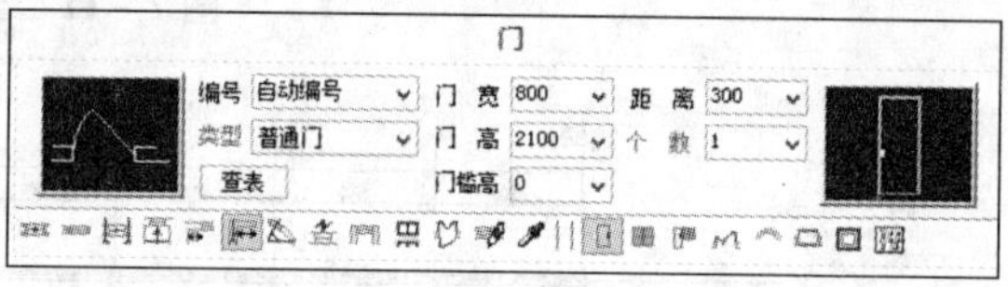

图 7 – 16　“门参数”对话框

（1）绘制门窗（尺寸为 1000）。

选择“门窗”→“门窗”菜单后，显示如图 7 – 16 所示“门窗参数”对话框。

插入 M – 3 门：选 ，输入门的其他参数如图 7 – 17 所示→ 选择“轴线定距输入” ，距离为 250。点击 C 轴线上 2 ~ 3、3 ~ 4、4 ~ 5、7 ~ 8、8 ~ 9、9 ~ 10 轴线间的墙体→ 按指定参考轴线〔S〕/门窗个数（1 ~ 2）〈1〉→选“1”。

门的开启方向：点取绘制好的门，选择左边天正建筑工具栏“门窗”→“内外翻转或左右翻转” 左右翻转 。

绘制 M – 5，方法同上，门窗选项卡进行编号、门洞尺寸、门样式、输入方式设置，如图 7 – 18 所示，门编号：M – 5，门洞尺寸 800，门样式：平开门，输入方式：“轴线定距输入 ”，距离为 250。点击 C 轴线上 5 ~ 7 轴线间的墙体→ 按指定参考轴线〔S〕/门窗个数（1 ~ 2）〈1〉→选“1”。

图 7 - 17　“M - 3 门参数”对话框

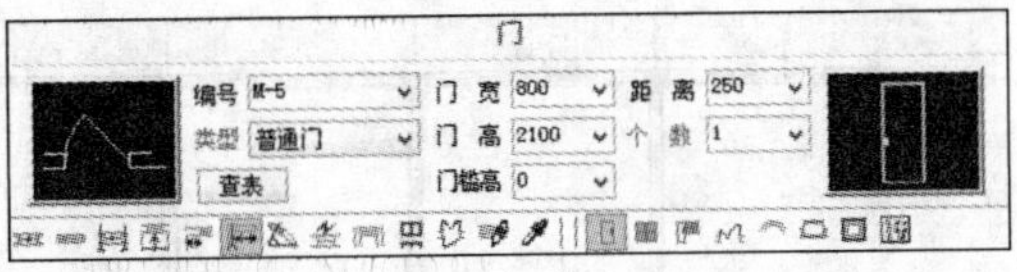

图 7 - 18　“M - 5 门参数”对话框

(2)绘制窗。

图中分别有 C1 型号窗 15 个，窗洞尺寸为 1800 × 1800(宽 × 高，下同)，窗台高 900；C4 型号窗 1 个，窗宽为 1800，窗高 1500，窗台高 1200，C2 型号窗 2 个，窗洞尺寸为 1500 × 1800，C3 数量 2 个，窗洞尺寸为 900 × 900，窗台高 1800。

插入 C1 窗：选 ，输入窗的其他参数如图 7 - 19 所示→ 选择依据两侧轴线等分插入  → 点击 A 轴上 1 ~ 10 轴间的墙体，点击 F 轴上 1 ~ 5、7 ~ 10 轴间的墙体→ 按指定参考轴线〔S〕/门窗个数(1 ~ 2)〈1〉→选“1”。

插入 C4 窗：选 ，输入窗的其他参数如图 7 - 20 所示→ 选择“在点取的墙段上等分插入”  → 点击 F 轴上 5 ~ 7 轴间的墙体→按指定参考轴线〔S〕/门窗个数(1 ~ 2)〈1〉→选“1”。

图 7 - 19　“C1 窗参数”对话框

图 7 - 20　“C4 窗参数”对话框

同理插入 C - 2、C - 3。绘制结果如图 7 - 21 所示。

参数说明：

按对话框最下方工具栏门窗定位方式从左到右依次讲述：

a. 自由插入。

可在墙段的任意位置插入，速度快但不易准确定位，通常用在方案设计阶段。

b. 沿着直墙顺序插入。

以距离点取位置较近的墙边端点或基线端点为起点，按给定距离插入选定的门窗。

c. 依据点取位置两侧的轴线进行等分插入。

将一个或多个门窗等分插入到两根轴线间的墙段等分线中间，如果墙段内没有轴线，则该侧按墙段基线等分插入，如图 7 - 22(a)所示。

d. 在点取的墙段上等分插入。

此命令在一个墙段上按墙体较短的一侧边线插入若干个门窗，按墙段等分使各门窗之间墙垛的长度相等，如图 7 - 22(b)所示。

e. 垛宽定距插入。

按指定垛宽距离插入门窗，适合插入室内门。

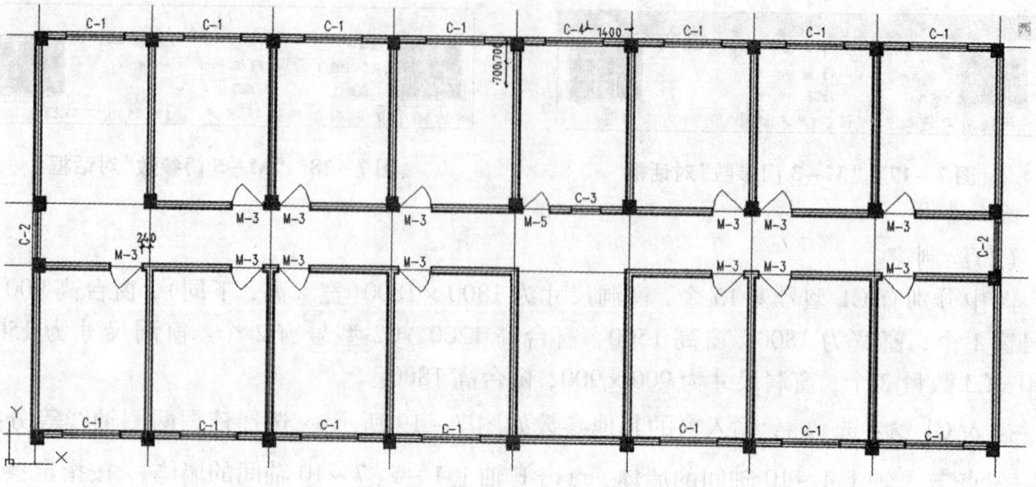

图 7－21　绘制门窗

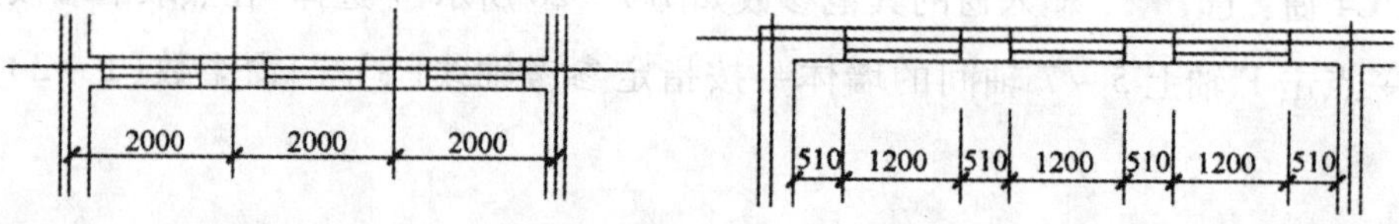

(a)轴线等分插入　　(b)墙段等分插入

图 7－22

f. 轴线定距插入。

与垛宽定距相似，系统自动搜索单击位置最近的轴线与墙体的交点，将该点作为参考位置，按预定距离插入门窗。

g. 按角度插入弧墙上的门窗。

按给定角度在弧墙上插入门窗。

h. 充满整个墙段插入门窗。

门窗完全充满一段墙。使用该方式时，门窗宽度参数由系统自动确定。

i. 插入上层门窗。

在已有的门窗上方增加一个宽度相同、高度不同的窗，设置参数时要注意上层窗的顶标不能超过墙的顶高，否则无法插入上层窗。

提示：单击“门窗参数”对话框中的“替换途中已经插入的门窗”按钮 ，可将前门窗替换为其他门窗。

6. 绘制楼梯

楼梯是建筑中重要的垂直交通设施，楼梯的数量、位置以及形式应满足使用方便和安全疏散的要求，并注重建筑环境空间的艺术效果。设计楼梯时，还应使其符合《建筑设计防火规范》和《建筑楼梯模数协调标准》等其他有关单项建筑设计规范的要求。

在天正建筑软件中，可直接绘制双跑楼梯和多跑楼梯，并可使用梯段、休息平台和扶手等拼合各种形式的楼梯。

在此重点讲述如何绘制图 7－6 中所示的双跑楼梯。具体操作步骤如下。

(1)选择屏幕菜单“楼梯其他” 楼梯其他 →“双跑楼梯”命令，打开“双跑楼梯” 双跑楼梯 对话框，如图 7－23 所示，然后参照图 7－23 设置参数。

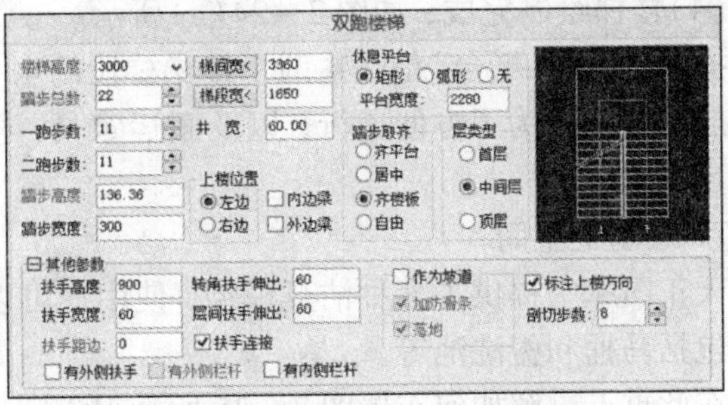

图 7－23　楼梯参数设置对话框

(2)单击“确定”按钮，此时“双跑楼梯对话框”消失，在图中单击制定楼梯，放置位置 A 点，即可完成双跑楼梯的绘制，如图 7－24(a)所示(注意保存)。

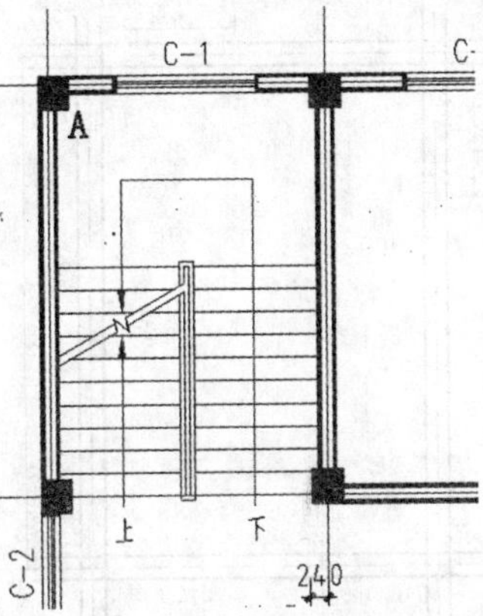

(a)绘制1~2号轴线间的楼梯

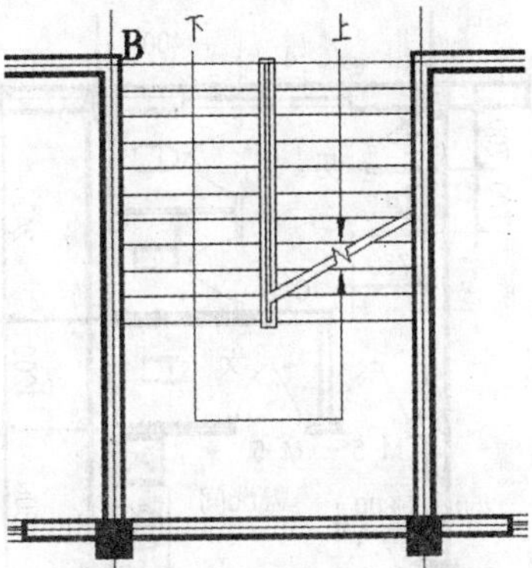

(b)绘制5~7号轴线间的楼梯

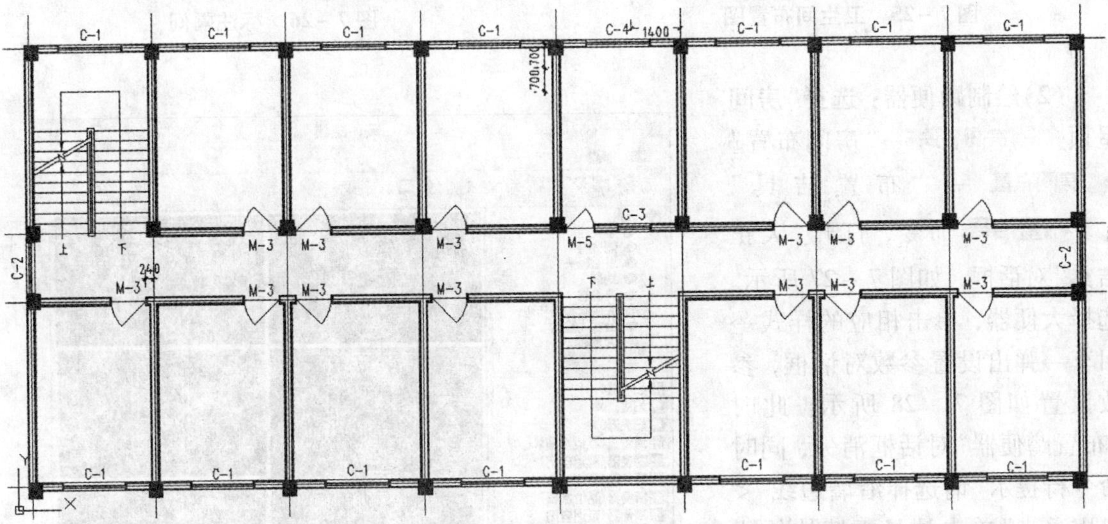

(c)绘制楼梯后效果

图 7－24

(3)绘制 5～7 号轴线间的楼梯，方法同上，完成后注意将楼梯旋转 90°，然后单击楼梯放置位置 B 点，如图 7－24(b)所示。

(4)楼梯绘制完成，如图 7－24(c)所示。

提示：“休息平台”是联系两个楼梯梯段的水平建筑构件，主要是为了解决楼梯段的转折与楼层的链接。为了方便通行，以及搬运家具，楼梯平台的净宽应不小于楼梯段的净宽(通常不小于 1.1 m)。

7. 绘制卫生间

天正图库中提供了多种洁具模型，使用户可以方便地在卫生间或浴室布置洁具。卫生间主要包括马桶和盥洗池等。

在此重点讲解如何布置图 7－25 所示卫生间洁具。具体操作步骤如下：

(1)如图 7－25 所示，卫生间每个隔间的尺寸很明确，因此可以先用“标注”命令，将各个隔间尺寸标注出来，便于下一步输入洁具，如图 7－26 所示。

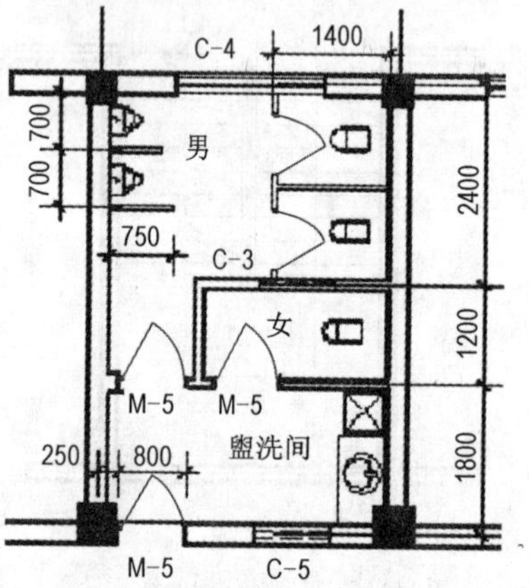

图 7－25　卫生间布置图

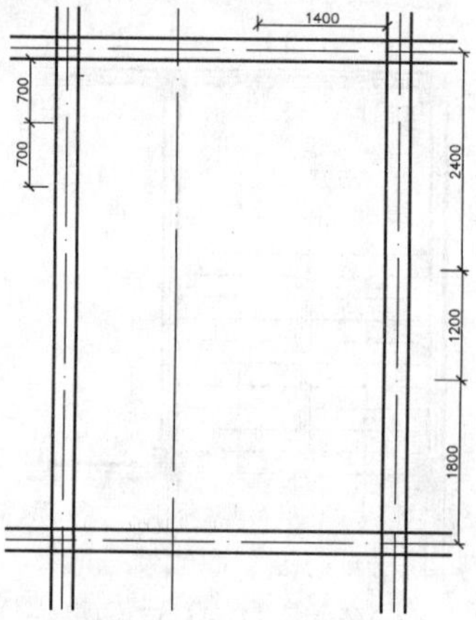

图 7－26　标注隔间

(2)绘制蹲便器：选择“房间屋顶” 房间屋顶 →“房间布置” 房间布置 →“布置洁具” 布置洁具 命令，打开“天正洁具”对话框，如图 7－27 所示。选择大便器，单击相应的样式→回车→弹出设置参数对话框，参数设置如图 7－28 所示。此时“布置蹲便器”对话框消失，同时命令行提示“请选择沿墙边线 <退出>：”单击洁具靠墙体的边线→“插入第一个洁具[插入基点(B)] <退出>：”在绘图区点击第一个洁具所在的位置→“下一个 <结束>：”在绘图区点击第

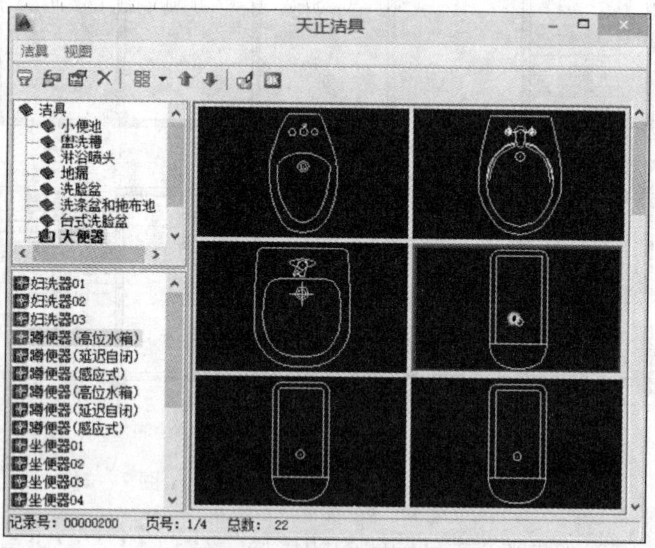

图 7－27　“天正洁具”对话框

二个洁具所在的位置→“下一个 <结束>：”在绘图区点击第三个洁具所在的位置→回车放弃命令。绘制结果如图 7－29 所示。

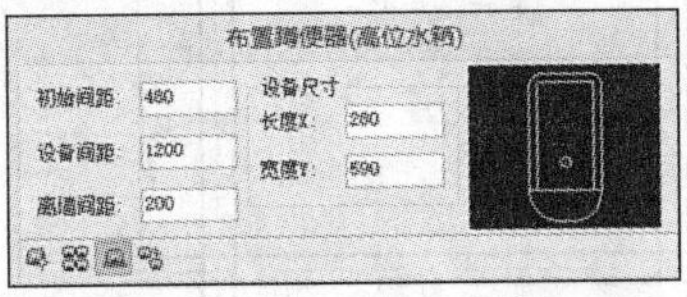

图 7－28　蹲便器参数设置对话框

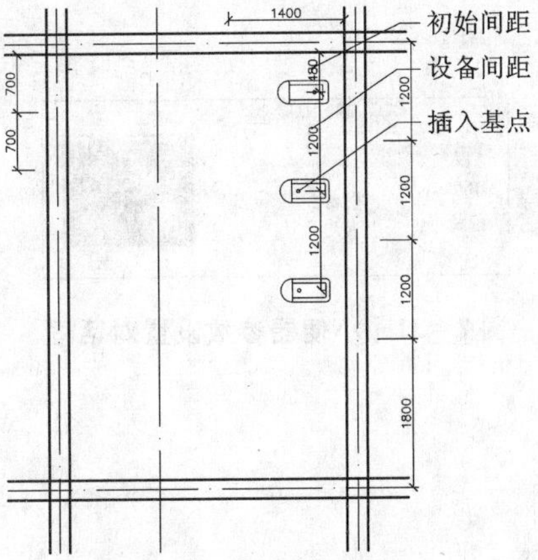

图 7－29　绘制蹲便器

(3)绘制小便器：选择“房间屋顶” 房间屋顶 →“房间布置” 房间布置 →“布置洁具” 布置洁具 命令，打开“天正洁具”对话框。选择“小便器”，如图 7－30 所示。单击相应的样式→回车→弹出设置参数对话框，参数设置如图 7－31 所示。同时命令行提示“请选择沿墙边线 <退出>：”单击洁具靠墙体的边线→“插入第一个洁具[插入基点(B)] <退出>：”在绘图区点击第一个洁具所在的位置→“下一个 <结束>：”在绘图区点击第二个洁具所在的位置→回车放弃命令。绘制结果如图 7－32 所示。

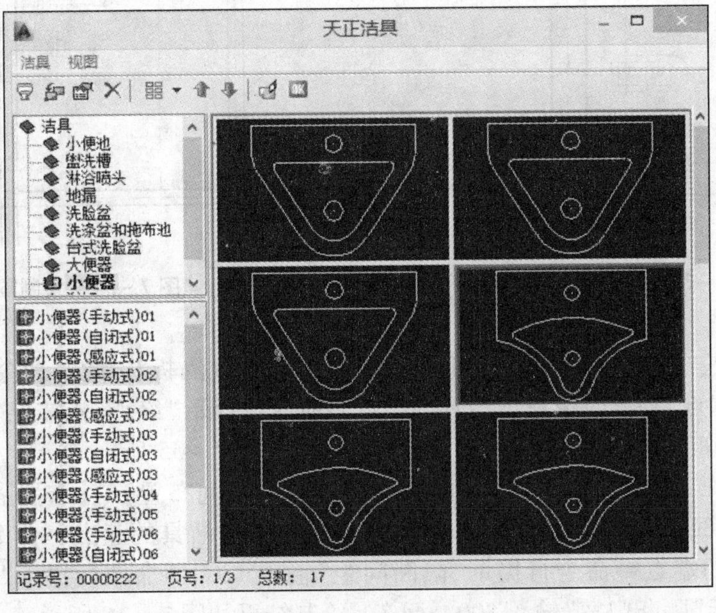

图 7－30　“天正洁具”对话框

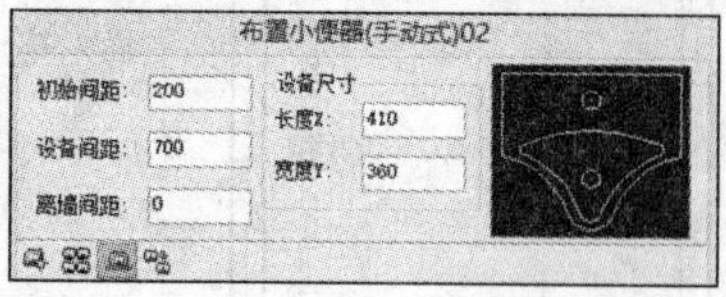

图 7－31　小便器参数设置对话框

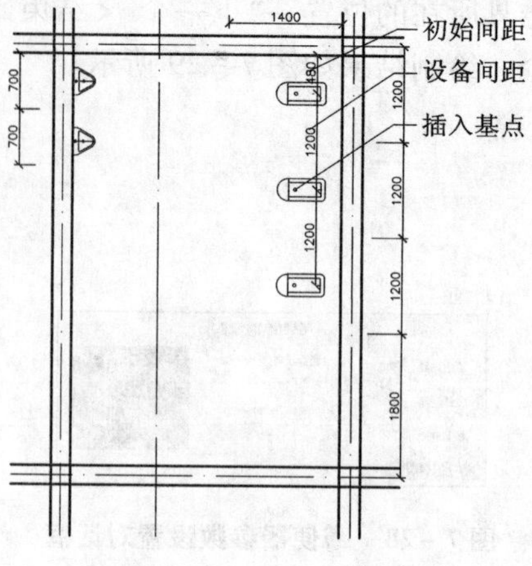

图 7－32　绘制小便器

（4）绘制隔断：选择【房间屋顶】→【房间布置】→【布置隔断】，此时命令行提示“输入一直线来选洁具，起点”→此时请点击洁具的端点 a，如图 7－33 所示→命令行提示“终点”点击洁具的另一个端点 b，如图 7－33 所示→命令行提示“隔断间距”输入 1200→命令行提示“隔断长度”输入 1400→命令行提示“隔断门宽”输入 600→回车，绘制结果如图 7－34 所示。

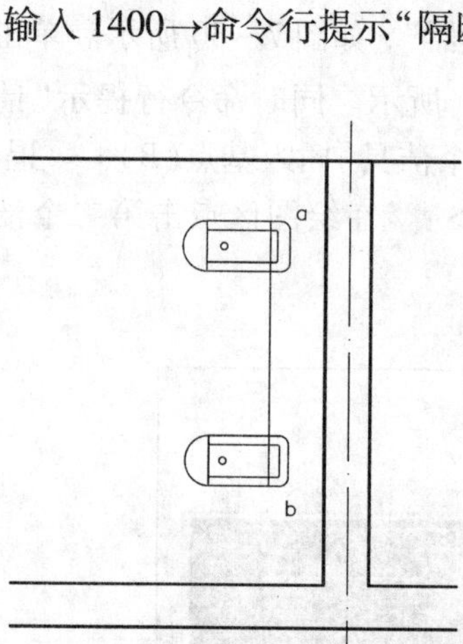

图 7－33　隔断位置

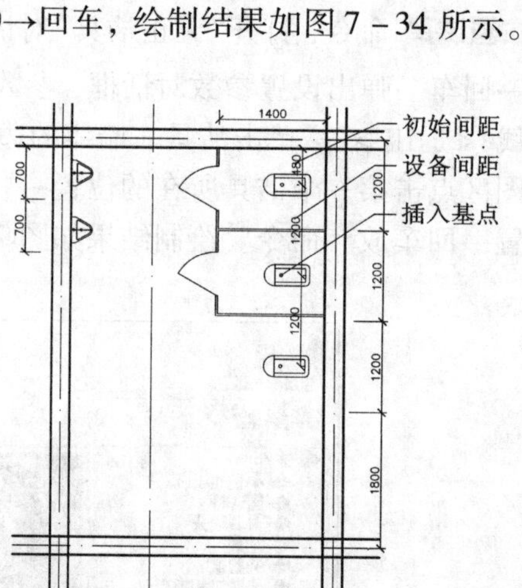

图 7－34　绘制隔断

（5）绘制隔板：选择【房间屋顶】→【房间布置】→【布置隔板】，此时命令行提示“输入一直线来选洁具，起点”→此时请点击洁具的端点→命令行提示“终点”点击洁具的另一个端点→命令行提示“隔板长度”输入 750→回车，绘制结果如图 7－35 所示。

（6）绘制 D～E 轴线中的隔断：选择【房间屋顶】→【房间布置】→【布置隔断】，此时命令行提示“输入一直线来选洁具，起点”→此时请点击第二个洁具的起点→命令行提示“终点”点击第三个洁具的端点→命令行提示“隔断间距”输入 1200→命令行提示“隔断长度”输入 2400→命令行提示“隔断门宽”输入 800→回车，绘制结果如图 7－36 所示。

选择门宽为 800 的门，单击“移动”命令，将门移动到任意空白处，然后用“旋转”命令，将门旋转方向，放置到适当的位置，此时墙体会自动断开，绘制结果如图 7－37 所示。

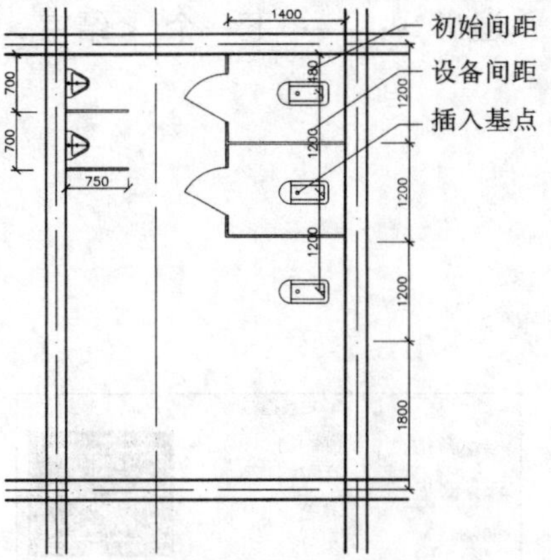

图 7－35　绘制隔板

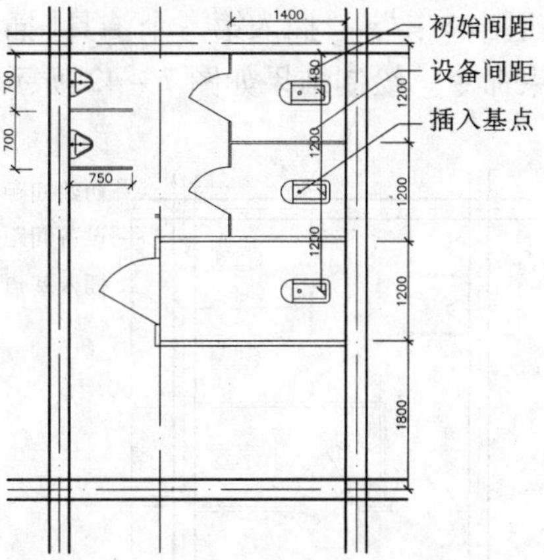

图 7－36　绘制 D～E 轴线中的隔断

用夹点编辑将 M－5 门所在的隔墙拉长至 5 号轴线墙体，复制 M－5 门放置到适当的位置，绘制结果如图 3－38 所示。

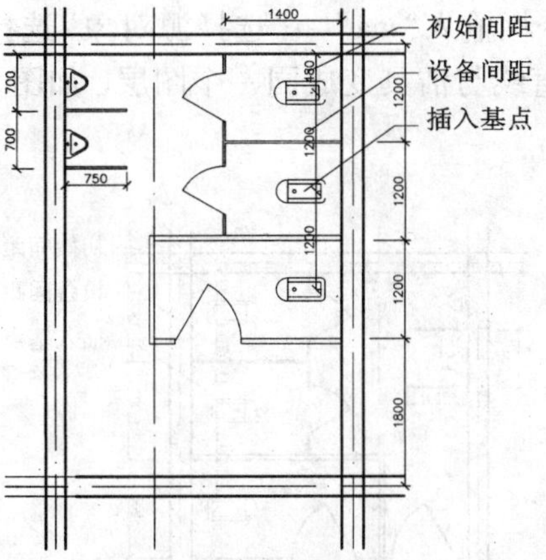

图 7－37　旋转隔断

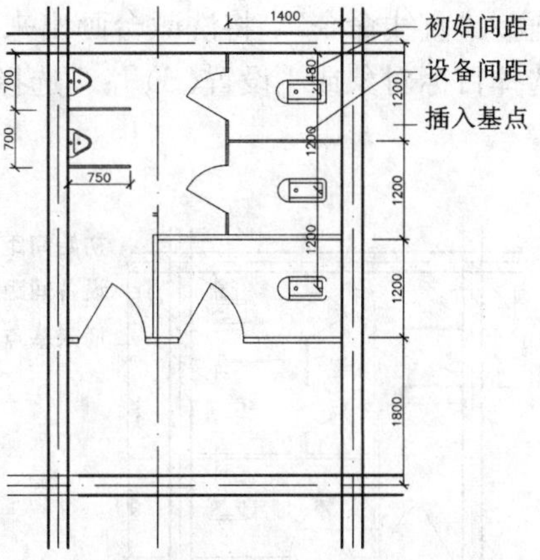

图 7－38　加 M－5 门

(7)绘制盥洗间：选择【房间屋顶】→【房间布置】→【布置洁具】，选择“洗脸盆”。在右侧的列表中单击“洗脸盆 02”→回车，此时“天正洁具”对话消失，“布置洗脸盆 02”参数设置对话框出现，如图 7－39 所示，同时命令行提示“请选择沿墙边线 <退出>：”单击墙体边线→“是否为该对象？[是(Y)/否(N)] <Y>”选择“是”→“插入第一个洁具[插入基点(B)] <退出>”点击洁具所在的位置：→回车，结束命令，绘制结果如图 7－40 所示。

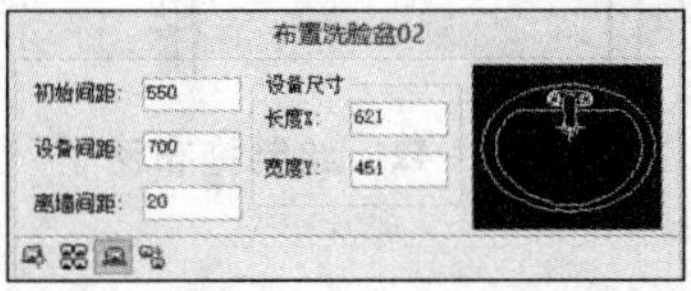

图 7－39　洗脸盆 02 参数设置对话框

(8)绘制“拖布池”：选择【房间屋顶】→【房间布置】→【布置洁具】，选择“洗涤盆与拖布池”。此时弹出“天正洁具”对话框，选择“拖布池”样式→回车→“天正洁具”对话框消失，

“拖布池”参数设置窗口弹出，如图 7－41 设置拖布池参数，此时命令行提示“请选择沿墙边线 <退出>：”→“插入第一个洁具[插入基点(B)] <退出>：”→“下一个 <结束>：”回车结束命令。绘制结果如图 7－42 所示。

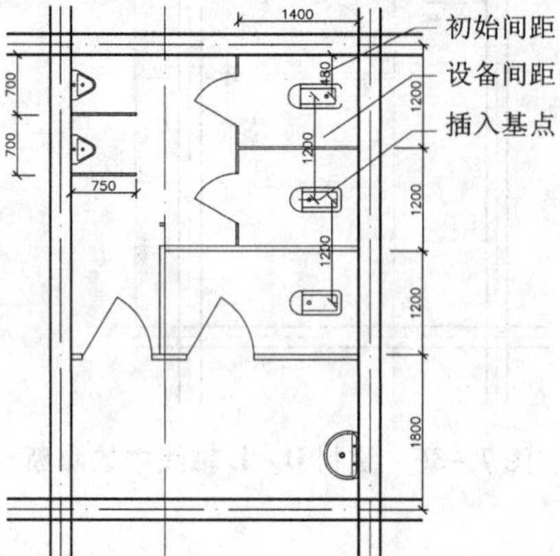

图 7－40 绘制洗脸盆

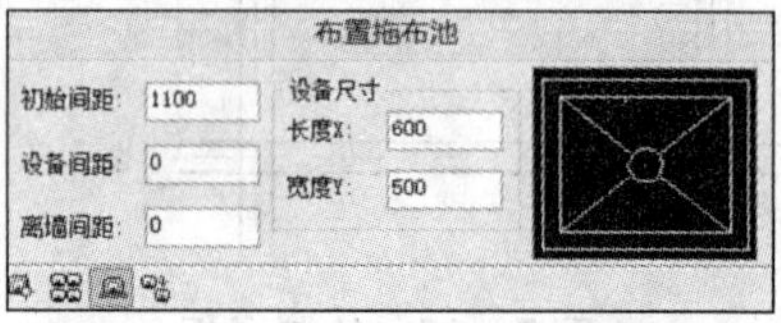

图 7－41 拖布池参数设置对话框

输入“直线命令”，将洗漱台画出来，然后在命令栏输入“ma”→“选择源对象”选择洁具→“选择目标对象或［设置(S)］：”选择直线，此时直线与洁具变成同一个图层，如图 7－43 所示。

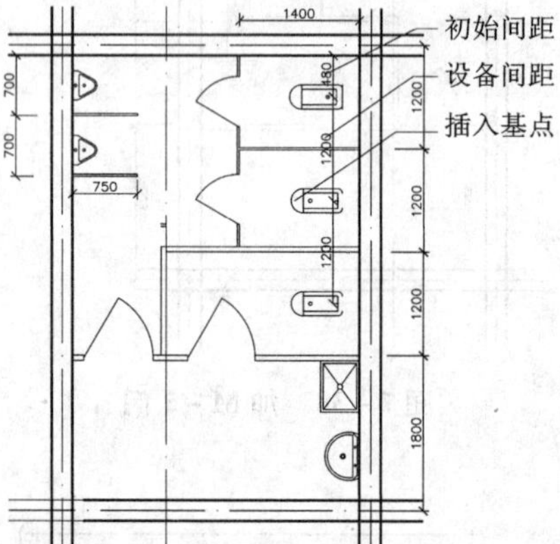

图 7－42 绘制拖布池子

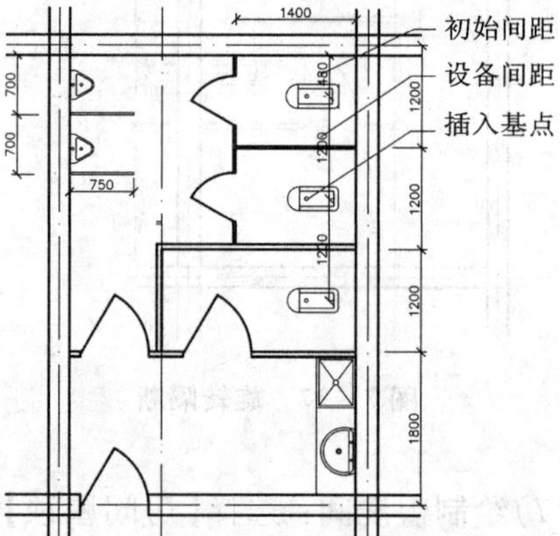

图 7－43 绘制洗漱台

8. 绘制雨篷

绘制雨篷可用阳台工具，只需修改参数即可。

选择【楼梯其他】→【阳台】参数设置如图 7－44 所示。输入方式选择“矩形三面阳台”→点击“阳台起点 <退出>：”→点击“阳台终点或［翻转到另一侧(F)］<取消>”：→回车结束命令，绘制完成。如图 7－45 所示。

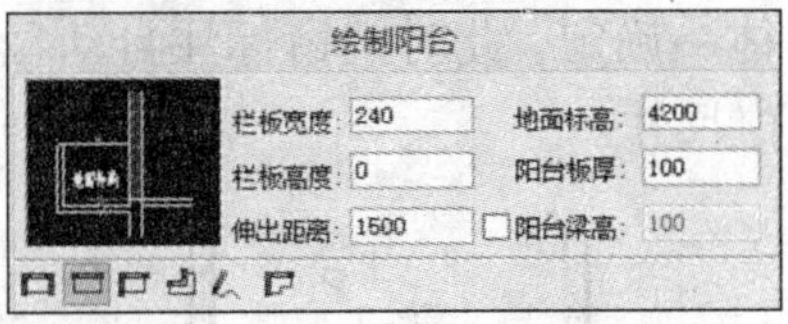

图 7－44　雨篷参数设置对话框

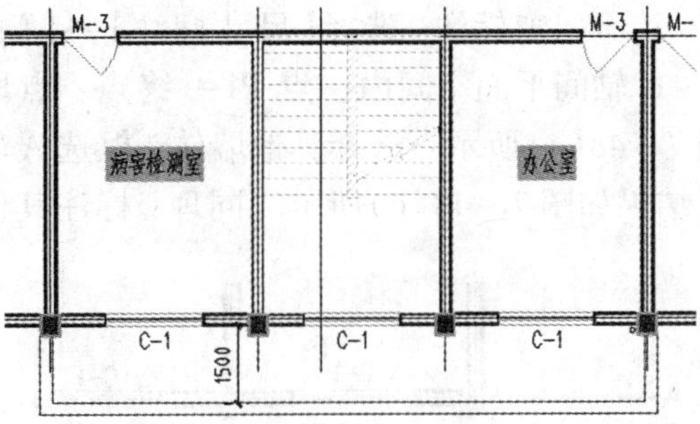

图 7－45　绘制雨篷

9．房间名称

使用【搜索房间】命令可以批量创建或更新房间名称或编号，并标注室内使用面积(标注位置自动置于房间中心)和建筑面积。

(1)单击【房屋顶层】→【搜索房间】命令，打开【搜索房间】对话框，如图 7－46 所示，通过对话框选择房间的标注信息和标注样式，此时命令行提示【请选择构成一完整建筑物的所有墙体(或门窗)＜退出＞】，在操作区中框选需要标注的房间墙体(这里框选整栋建筑物)，→按【回车】完成房间名称的标注，此时每个房间的名称统一显示为“房间”→双击“房间”改每个房间的名称，如图 7－47 所示。

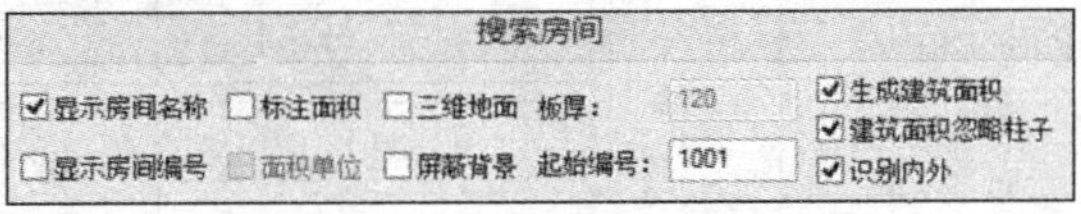

图 7－46　搜索房间对话框

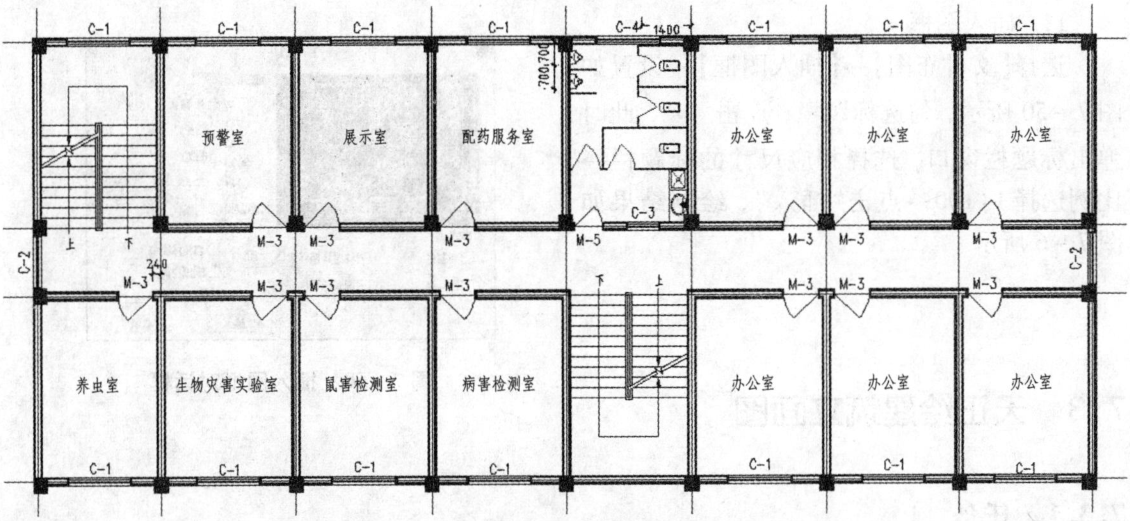

图 7－47　房间名称

10. 尺寸标注

(1)门窗标注：选择【尺寸标注】→【门窗标注】→命令行提示“起点”：点取 1 ~ 2 轴间 A ~ B 轴间平面空间内一点 P1→终点：点取 1 ~ 2 轴和 A ~ B 轴间平面空间外一点 P2，如图 7 - 48(a)所示→选择其他墙体：框选 A 轴上其他墙体→确定，此时门窗标注自动显示，绘图结果如图 7 - 48(b)所示。同理：标注其他墙体上门窗尺寸。

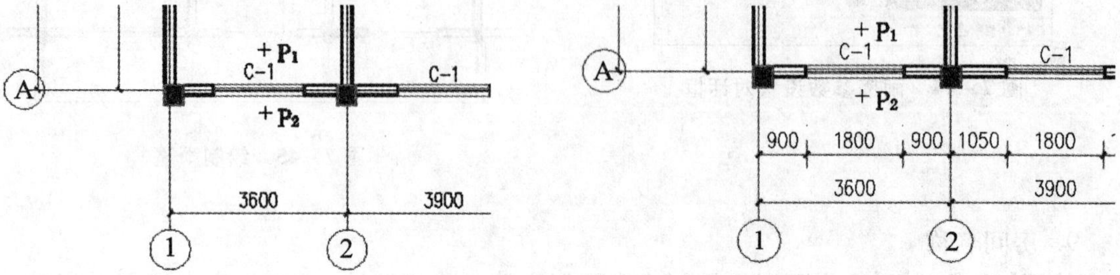

(a)门窗标注起点终点位置　　(b)门窗标注

图 7 - 48

(2)符号标注：【符号标注】→【箭头引注】→弹出对话框，设置如图 7 - 49(a)所示，绘制结果如图 7 - 49(b)。

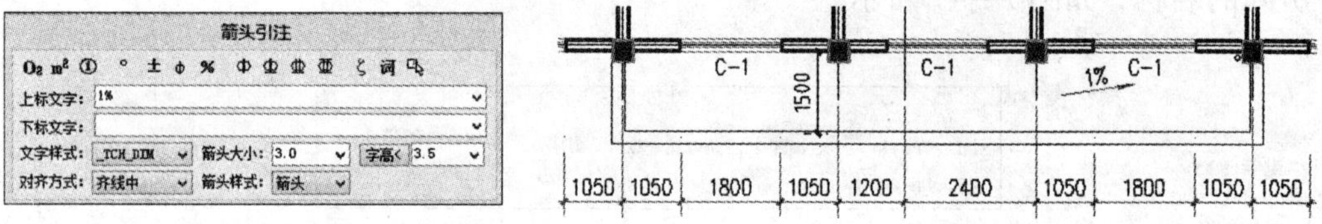

(a)箭头引注对话框　　(b)绘制箭头引注

图 7 - 49

11. 插入图框

选择【文件布图】→【插入图框】→设置如图 7 - 50 所示，勾选标题栏，点击 ，此时弹出标题栏窗口，选择相应尺寸的标题栏→比例选择 1∶100→点击“插入”，绘制结果如图 7 - 6 所示。

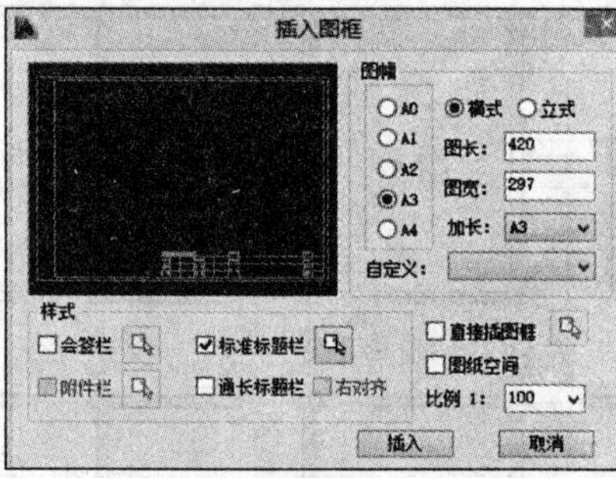

图 7 - 50　插入图框对话框

7.3 天正绘建筑立面图

7.3.1 任务

绘制如图 7 - 51 所示建筑立面。

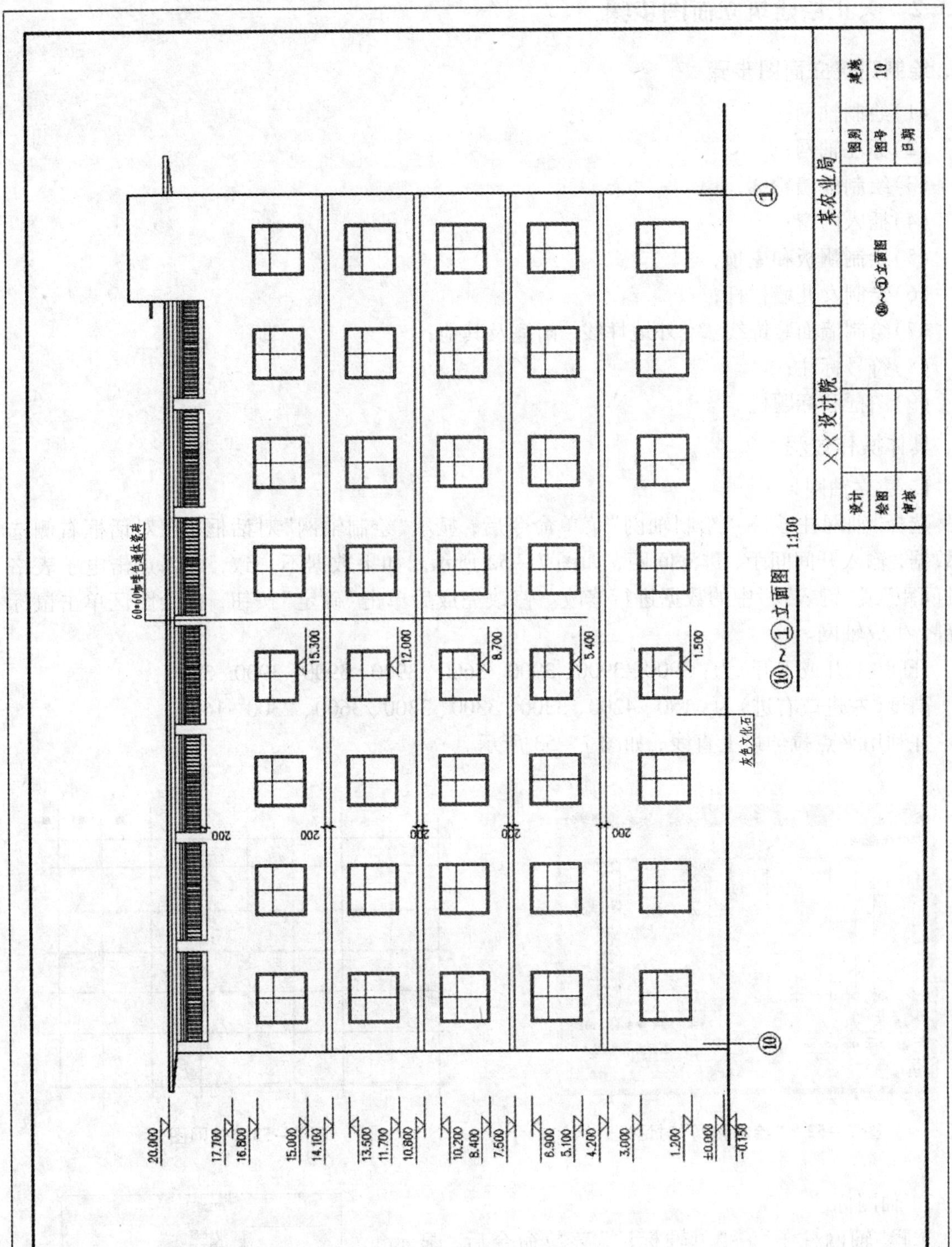

⑩~①立面图 1:100
XX设计院
某农业局
设计
绘图
审核
图别
图号
日期
建施
10
灰色文化石
15.300
12.000
8.700
5.400
1.500
200
20.000
17.700
16.800
15.000
14.100
13.500
11.700
10.800
10.200
8.400
7.500
6.900
5.100
4.200
3.000
1.200
±0.000
-0.150

图7-51　建筑立面

7.3.2　天正绘建筑立面图步骤

一、绘制建筑立面图步骤

(1)绘制轴网;
(2)标注轴网;
(3)绘制外墙轮廓;
(4)插入门窗;
(5)绘制飘板和屋顶;
(6)绘制女儿墙栏杆;
(7)绘制墙面装饰线、室外地坪线、雨篷及其他;
(8)符号标注;
(9)图框和标题栏。

二、具体操作过程

1. 建立轴网

选择“轴网柱子”→“绘制轴网”菜单命令后，显示“绘制轴网”对话框，在对话框右侧选择数据，输入开间间距、进深间距，如图7－52所示。如果数据不一致，可以点击电子表格“轴间距”或“键入”栏中的数据进行修改。修改完成后单击“确定”按钮，在绘图区单击鼠标左键，生成轴网。

开间(上开或下开)为: 3900、3900、3900、3600、3900、3900、3900、3600

高度(左进或右进)为: 150、4200、3300、3300、3300、3600、2300、1600

并利用夹点拉伸最上直线，如图7－53所示。

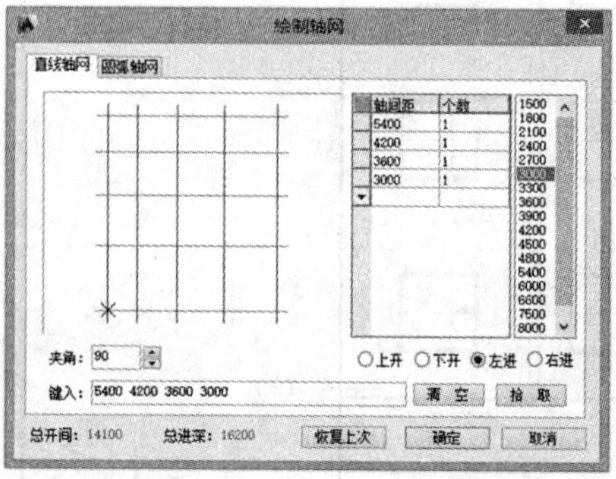

图7－52　“绘制轴网”对话框

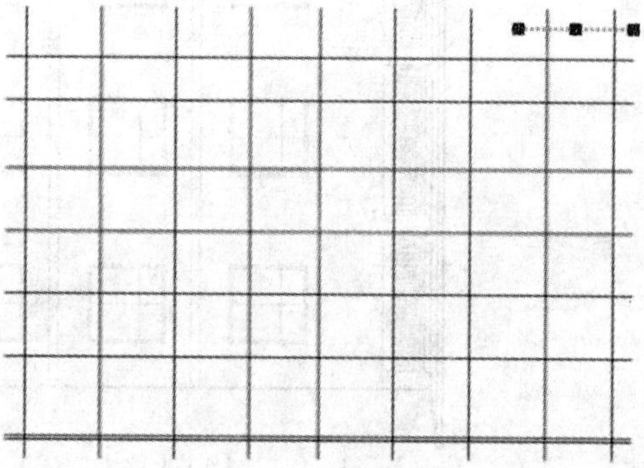

图7－53　轴网图

2. 轴网标注

选择“轴网柱子”→“单轴标注”菜单命令后，显示“单轴标注”对话框，如图7－54所示，在对话框中填写要标注的轴号，(分别为10、1)标注后如图7－55所示。

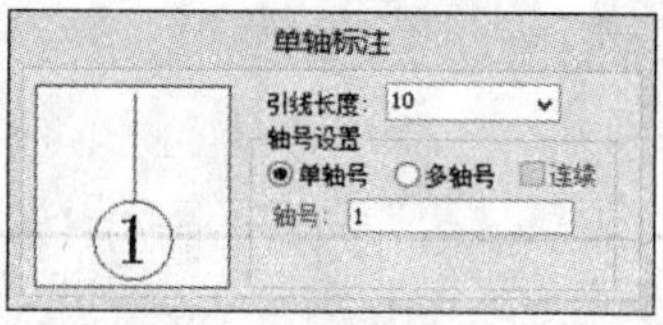

图7－54　单轴标注对话框

3. 绘制外墙轮廓

(1)调用 CAD 偏移命令 将 10 号、1 号轴线向外偏移 120、与 1 号轴线相邻的 2 号轴线向左偏移 120。

(2)利用 CAD 多段线命令 绘制外轮廓。

(3)选择“立面”→“立面轮廓”菜单命令后，命令行提示如下：

选择二维对象：用窗选选取所有轴线

选择二维对象：回车

请输入轮廓一宽度(按模型空间的尺寸)：5

成功地生成了轮廓线如图 7－56 所示。

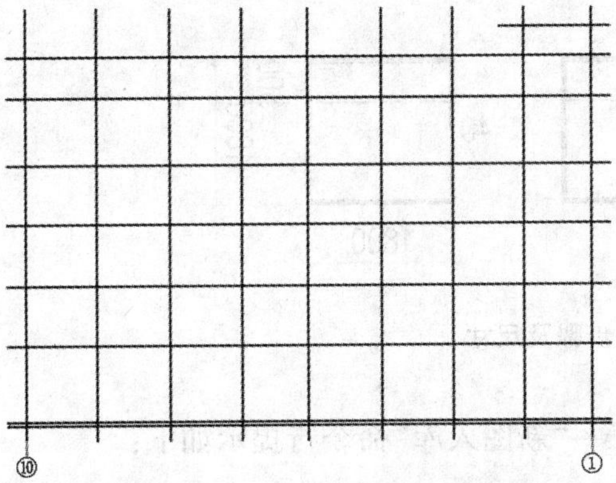

图 7－55　轴网标注

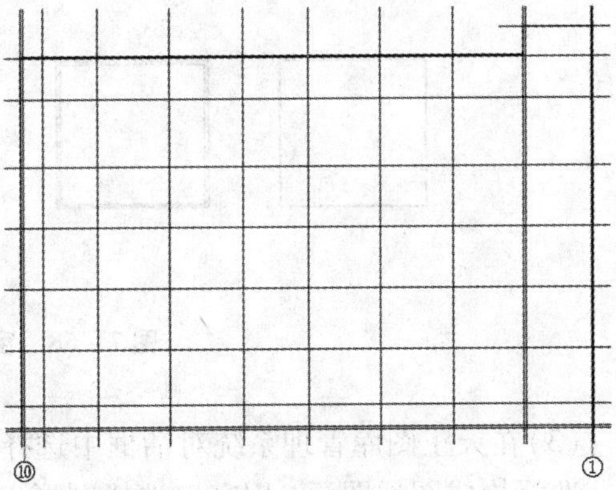

图 7－56　绘制外墙轮廓

4. 绘制立面门窗

(1)立面门窗。

选择“立面”→“立面门窗”菜单命令后，打开 EWDLib 文件夹，选择“立面窗”→“普通窗”选择自己所需窗，如图 7－57 所示。

(2)在系统中未找到所要的窗，用多段线绘制门窗，加入到天正图库管理系统，具体操作方法如下：

1)选择多段线 命令，命令提示如下：

指定起点：在绘图区任意点取点

当前线宽为 5

指定下一点[圆弧(A)/半宽(H)/长度(L)/放弃(U)/宽度(W)]：<正交开>1800，回车

指定下一点[圆弧(A)/闭合(C)/半宽(H)/长度(L)/放弃(U)/宽度(W)]：<正交 开>1800 回车

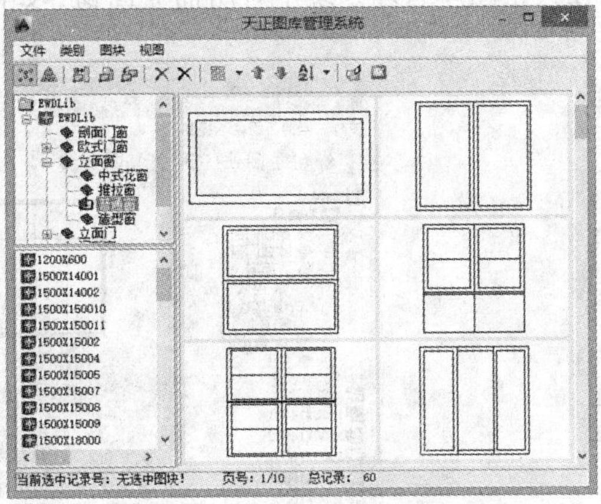

图 7－57　天正图库管理系统

指定下一点[圆弧(A)/闭合(C)/半宽(H)/长度(L)/放弃(U)/宽度(W)]: <正交 开>1800 回车

指定下一点[圆弧(A)/闭合(C)/半宽(H)/长度(L)/放弃(U)/宽度(W)]: <正交 开>C 回车

2)选择偏移命令，命令提示如下：

指定偏移距离或[通过(T)/删除(E)/图层(L)]<通过>: 40 回车

选择要偏移的对象，或[退出(E)/放弃(U)]<退出>: 用拾取框单击矩形

指定偏移的那一侧上的点，或[退出(E)/多个 M/放弃(U)]<退出>: 在矩形内单击鼠标左键

3)用直线命令完成图形，如图 7－58 所示。

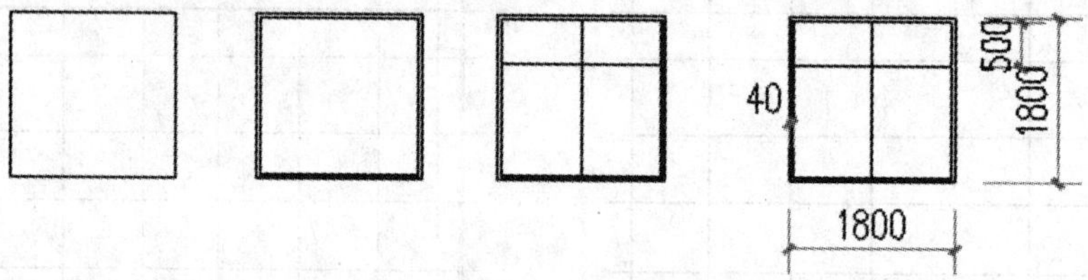

图 7－58　窗的作图步骤及尺寸

(3)在天正图库管理系统对话框中选择“图块”→“新图入库”命令行提示如下：

选择构成图块图元: 用窗口选择图形

图块基点: 选择窗左下角一点

制作幻灯片(请用 ZOOM 调整合适)或[消隐(H)/不制作返回(X)]: 回车

在天正图库管理系统中有所需立面窗，如图 7－59 所示。

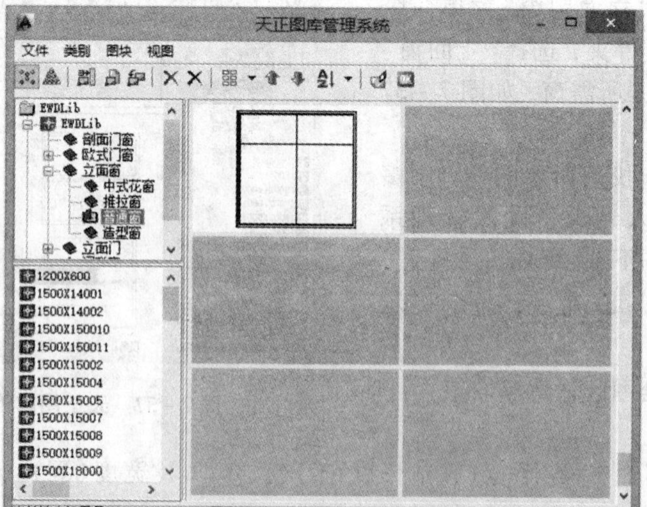

图 7－59　新添立面窗

(4)插入门窗。

1)选择“立面”→“立面门窗”命令，显示图 7－59 对话框，选定按钮“OK”键，

出现图 7－60 所示对话框。

2)参数数据：C－1 窗尺寸为 1800 mm × 1800 mm，窗台高一层 1200 mm，二至五层 900 mm，C－4 窗尺寸为 1800 mm × 1500 mm，窗台高一层 1500 mm，二至五层 1200 mm，3900 mm 开间窗的定位 1050 mm、3600 mm 开间 900 mm。

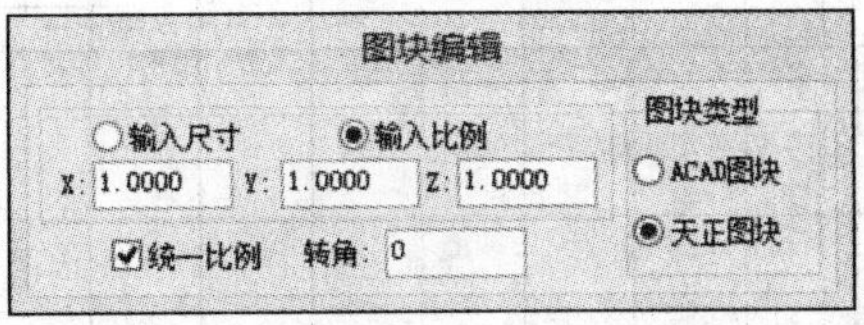

图 7－60　C1 图块编辑对话框

3)将 10 轴线向右偏移 1050，一层水平线向上偏移 1200，直接插入门窗，如图 7－61 所示。

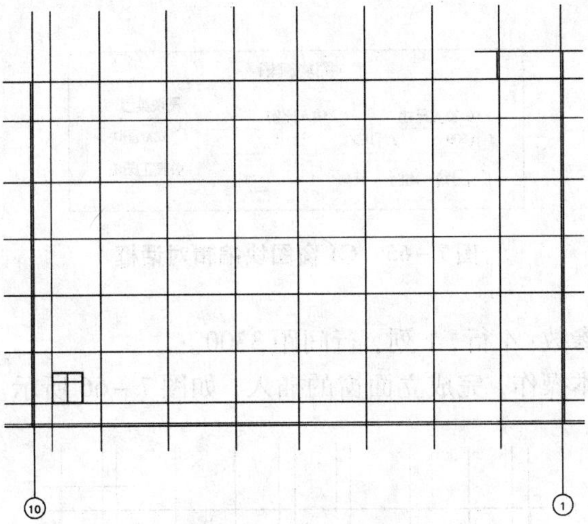

图 7－61　C1 单窗插入

4)选择阵列 阵列 命令，出现如图 7－62 所示对话框，输入参数后，完成图形如图 7－63 所示。

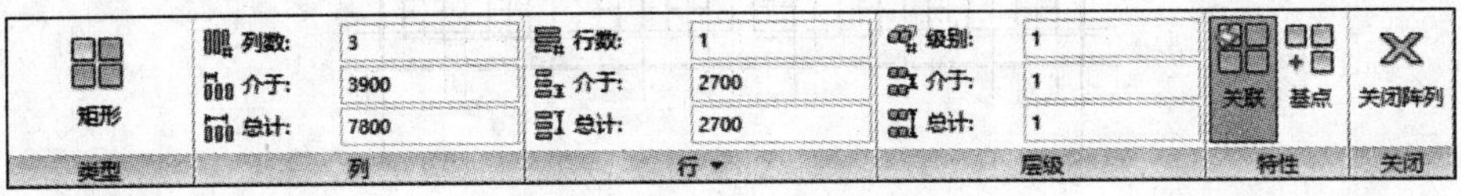

图 7－62　阵列对话框

5)同理，将二层轴线向上偏移 900，插入门窗，第二次阵列，操作参数为，4 行、3 列，行间距设为 3300，列间距设为 3900，如图 7－64 所示。

6)将一、二层轴线向上偏移 1500、1200，并将 6 号轴线向右偏移 900，再次选择“立面”→“立面门窗”出现 7－59 对话框，在对话框里选择“输入尺寸”Y 输入 1500，去掉统一比例的钩，如图 7－65 所示。

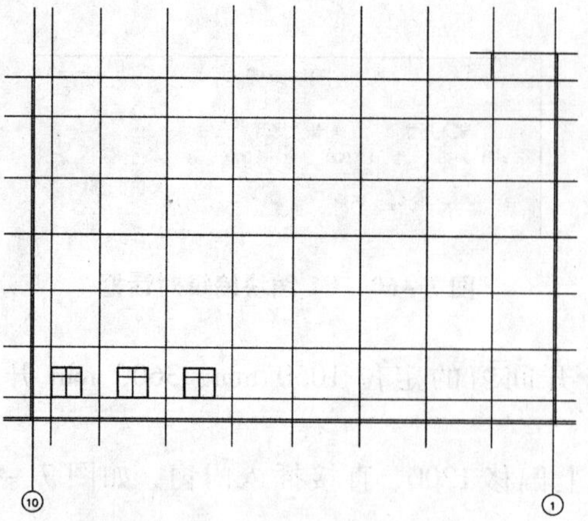

图 7－63　一次阵列后的立面窗

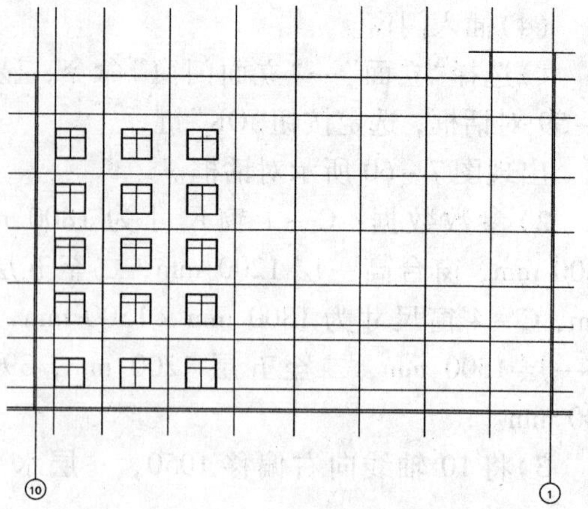

图 7－64　二次阵列后的立面窗

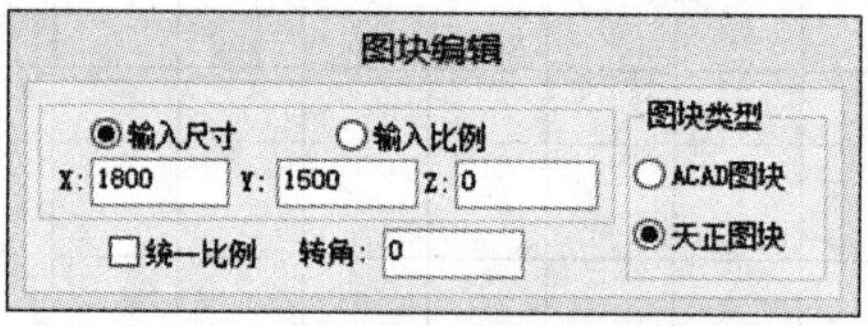

图 7－65　C4 窗图块编辑对话框

7）三次阵列，操作参数：4 行，1 列，行间距 3300。

8）同理，按上述基本操作，完成立面窗的插入，如图 7－66 所示。

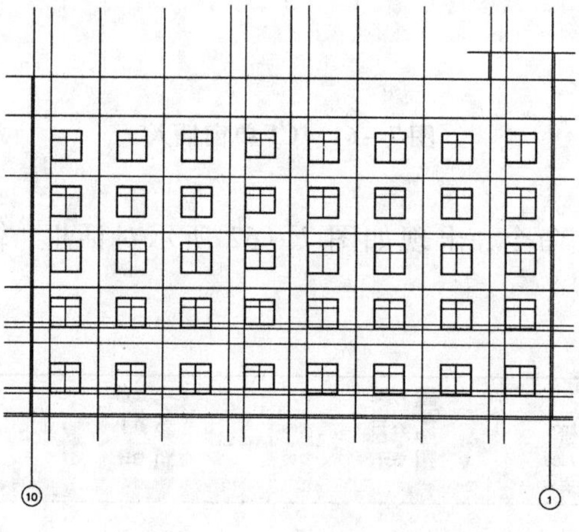

图 7－66　立面窗的绘制

5．绘制混凝土飘板和屋顶

调用多段线 绘制飘板，尺寸方法如图 7－67 所示。

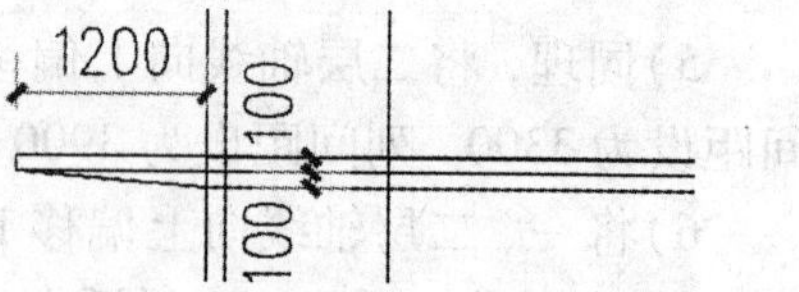

图 7－67　飘板的绘制

6. 女儿墙栏杆的绘制

(1) 调用多段线 命令，绘制栏杆的外轮廓。

(2) 调用偏移 命令，上直线偏移：100、50、50，下直线向上偏移200，左直线向右偏移100、20。

(3) 调用阵列 阵列 命令，参数为1行、30列，列间距100，如图7－68所示。

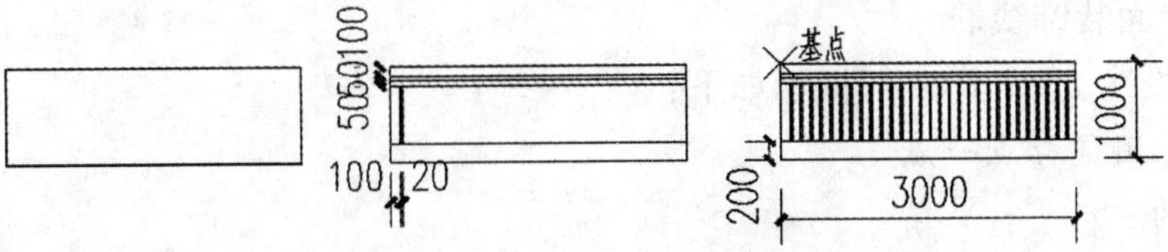

图7－68　女儿墙栏杆的绘制步骤

(4) 将所作图7－68以图块的形式加入到天正图库管理系统，操作方法如下：

在天正图库管理系统对话框中选择“图块”→“新图入库”命令行提示如下：

选择构成图块图元：用窗口选择图形

图块基点：选择窗右上角一点

制作幻灯片(请用ZOOM调整合适)或[消隐(H)/不制作返回(X)]：回车

在天正图库管理系统中有所需女儿墙栏杆，如图7－69所示。

(5) 插入栏杆。

1) 将2至10轴线向右偏移200

2) 选择“立面”→“立面门窗”显示图7－69对话框，选择OK按钮，出现如图7－70所示对话框，在3900开间X：3500，在3600开间X：3100。

3) 插入栏杆，完成后如图7－71所示。

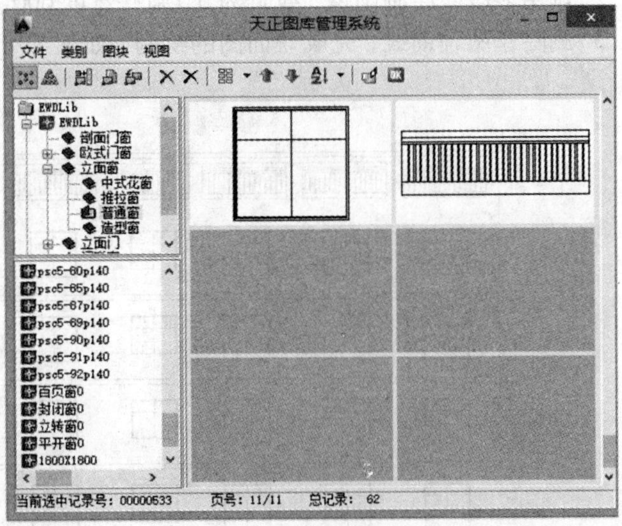

图7－69　女儿墙栏杆入库

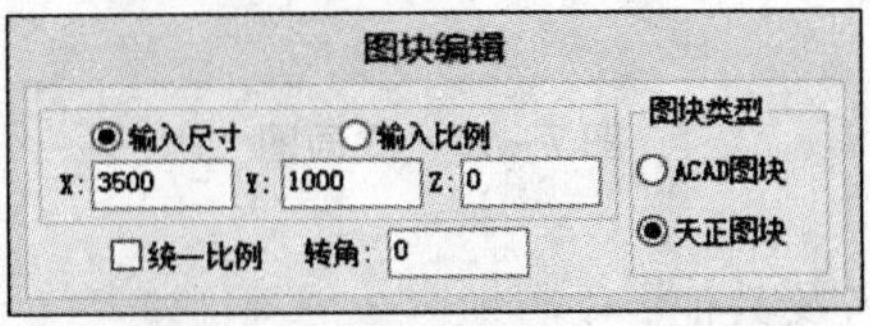

图7－70　图块编辑对话框

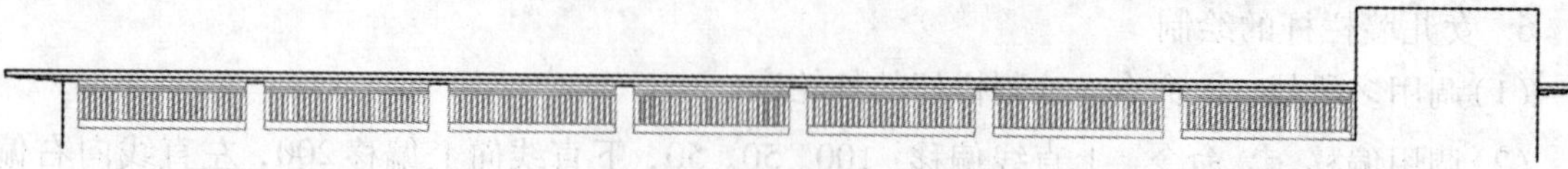

图 7-71 插入女儿墙栏杆

7. 绘制墙面装饰线、室外地坪线、雨篷及其他

(1)绘制墙面装饰线。

1)调用多段线 ，命令行提示如下：

指定起点：用鼠标点一点

当前线宽为：5

指定下一个点或［圆弧(A)/半宽(H)/长度(L)/放弃(U)/宽度(W)］：点取另一点

指定下一点或［圆弧(A)/闭合(C)/半宽(H)/长度(L)/放弃(U)/宽度(W)］：回车

2)调用偏移 命令，偏移距离 200，向上偏移。

(2)室外地坪线。

1)调用多段线绘制室外地坪线，线宽设置 20。

2)调用多段线绘制雨篷，线宽为 5，雨篷宽度 600、厚度 80。

3)删除作图辅助线，完成立面图的绘制，如图 7-72 所示。

图 7-72 立面图

8. 标高、引出标注、图名及其他

(1)标高。

选择“符号标注”→“标高标注”出现“标高标注”对话框，在对话框中：选择手动输入、带

基线标注，输入要标注的标高，命令行提示如下：

请点取标高点或［参考标高(R)］<退出>：用鼠标点取一点

请点取标高方向<退出>：点取标高方向

点取基线位置<退出>：点取基线的位置

如图 7－73 所示。

同理完成所有标高标注。

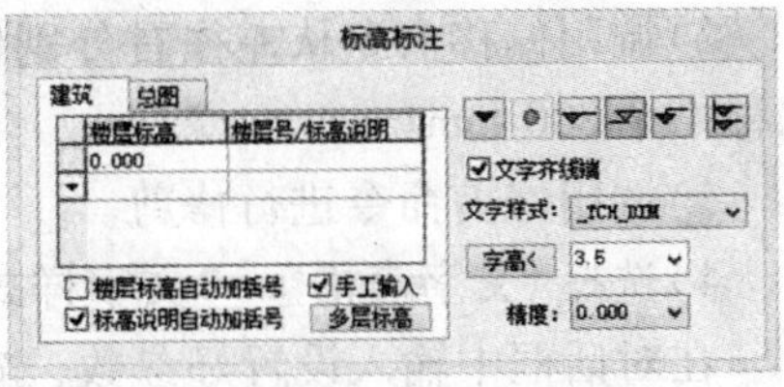

图 7－73　标高标注对话框

(2)引出标注。

选择“符号标注”→“引出标注”菜单命令，出现如图 7－74 所示对话框，在对话框中编辑好标注内容及其形式后，按命令行提取点标注。

(3)图名标注。

选择“符号标注”→“图名标注”出现“图名标注”对话框，如图 7－75 所示，在立面图下方适当位置插入。

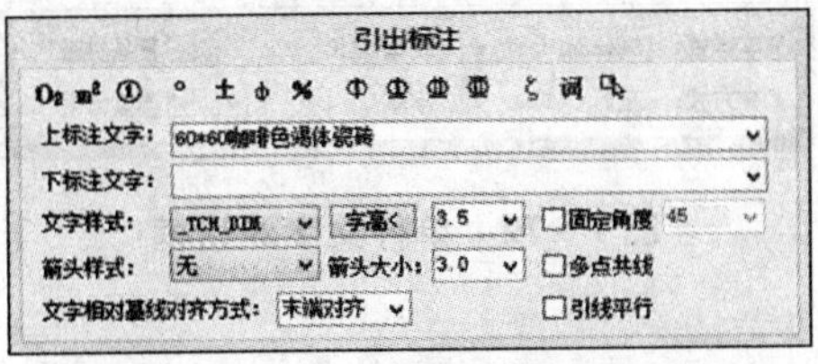

图 7－74　引出标注对话框

图 7－75　图名标注对话框

9．图框和标题栏的绘制

(1)图框。

选择“文件布置”→“插入图框”菜单命令后，显示如图 7－76 所示的对话框。

对话框中输入设置好参数，按命令行提示取点标注。

(2)标题栏的绘制。

因图框中的标题栏与样图不同，需另绘制标题栏，绘制方法尺寸如图 7－77 所示。

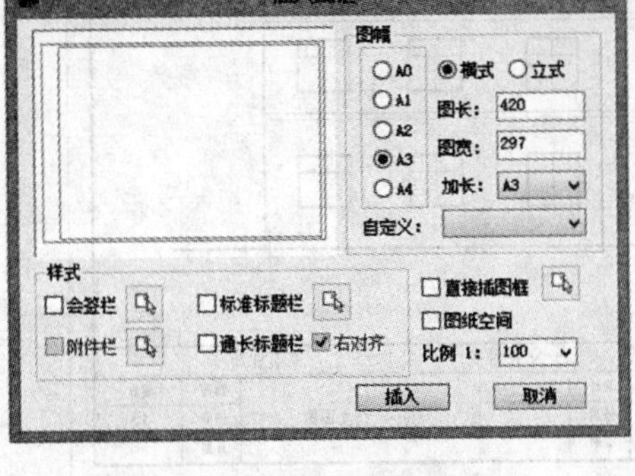

图 7－76　插入图框对话框

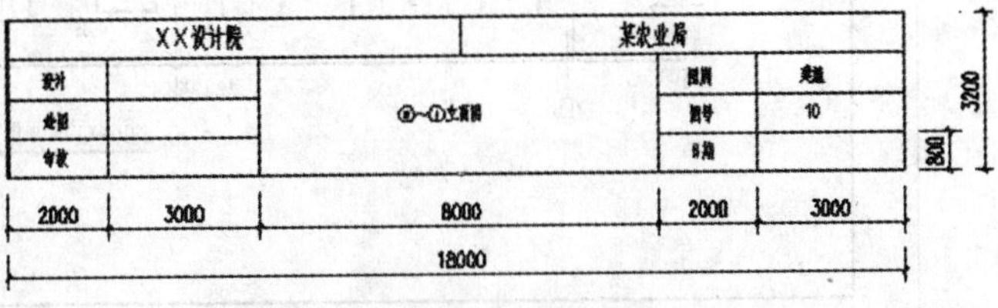

图 7－77　标题栏的格式

作图步骤如下：

1）调用多段线命令分别沿 X 轴方向绘制 18000 mm 的直线，沿 Y 轴绘制 3200 mm 直线。

2）调用偏移命令从左往右分别偏移 2000 mm、3000 mm、8000 mm、2000 mm，从下向上偏移 4 个 800 mm。

3）调用修剪命令进行修剪。

4）选择“文字表格”→“文字样式”菜单命令后，显示如图 7－78 所示的对话框。在对话框中输入设置好参数，按确定键。

图 7－78　文字样式对话框

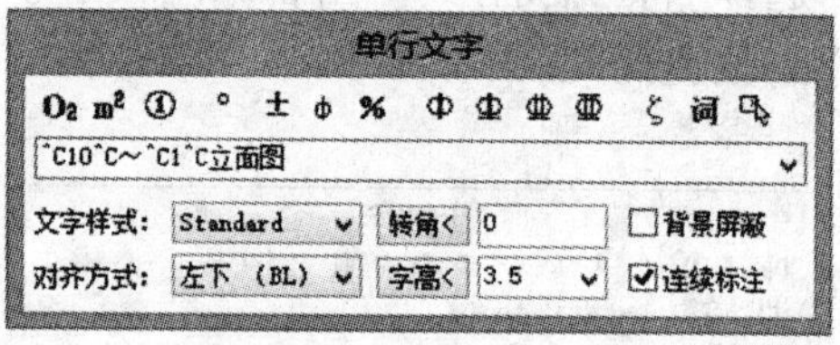

图 7－79　单行文字对话框

5）选择“文字表格”→“单行文字”菜单命令后，显示如图 7－79 所示的对话框。输入标题栏的内容，标题字高 5，内容字高 3.5，完成后的图形如图 7－80 所示。

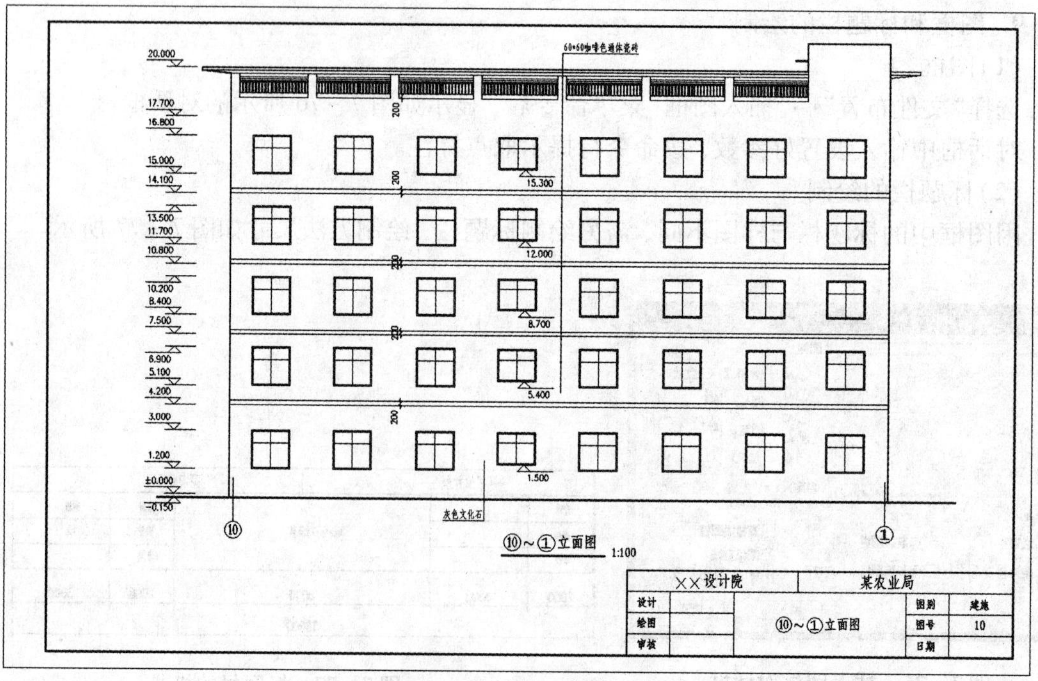

图 7－80　建筑立面图

7.4　天正绘建筑剖面图

7.4.1　任务

用天正软件绘制建筑剖面图，参考样图如图 7－81 所示，该剖面图为某农业局建筑剖面图（参考数据：设定墙厚 240 mm、楼板厚 120 mm、平台板厚 100 mm、过梁 240 mm × 120 mm、圈梁 240 mm × 300 mm，其他不详尺寸按大致比例画出）。

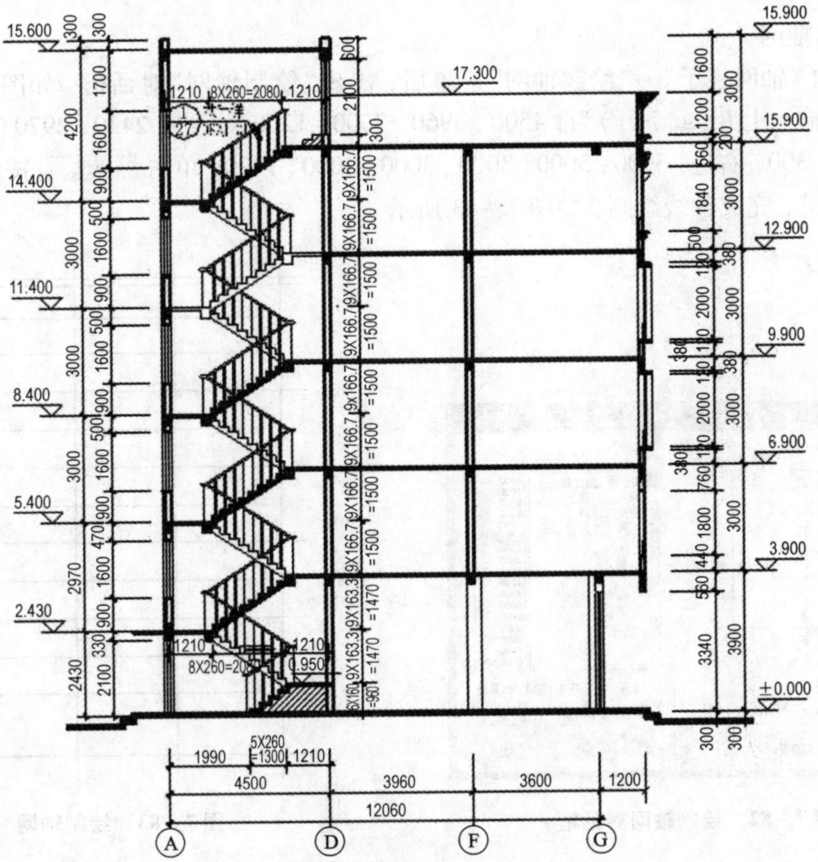

1—1剖面图 1:100

图 7－81　建筑剖面图

7.4.2　天正绘建筑剖面图步骤

一、绘制建筑剖面图步骤

（1）绘制轴网；

（2）轴网标注；

（3）绘制剖面墙线；

(4)绘制剖面门窗；

(5)插门窗过梁；

(6)绘制剖面楼梯；

(7)绘制楼板；

(8)插入圈梁；

(9)绘制剖面女儿墙及其他；

(10)尺寸标注；

(11)符号标注。

二、绘图具体过程

1. 绘制轴网

(1)选择“轴网柱子”→“绘制轴网”菜单后，出现“绘制轴网”对话框，如图 7－82 所示。在对话框里输入上开(或下开)为：4500、3960、3600、1200，左进：2430、2970、3000、3000、3000、4200、300，右进：3900、3000、3000、3000、3000、1400，单击 确定 按钮，在绘图区单击鼠标左键，完成轴线绘制，如图 7－83 所示。

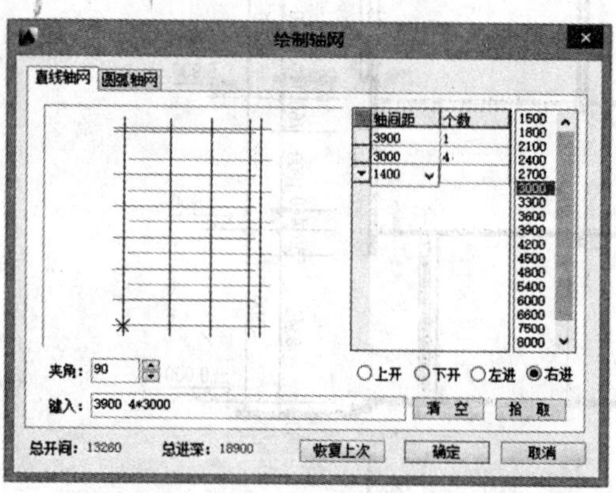

图 7－82　绘制轴网对话框

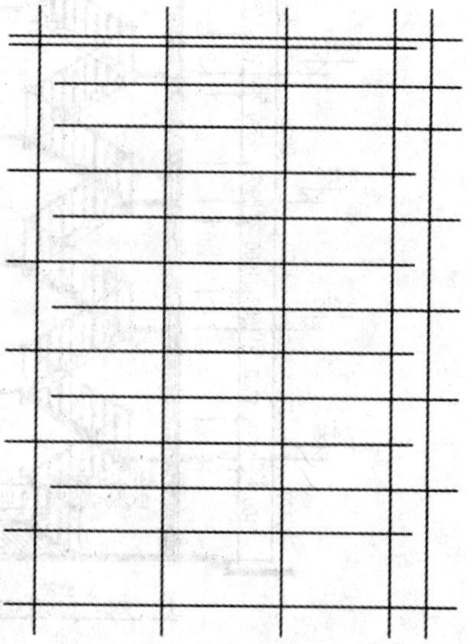

图 7－83　绘制轴网

(2)选择“轴网柱子”→“轴网标注”菜单后，出现“轴网柱子”对话框，如图 7－84 所示，单选“单侧标注”起始轴号输入“A”，命令行提示如下：

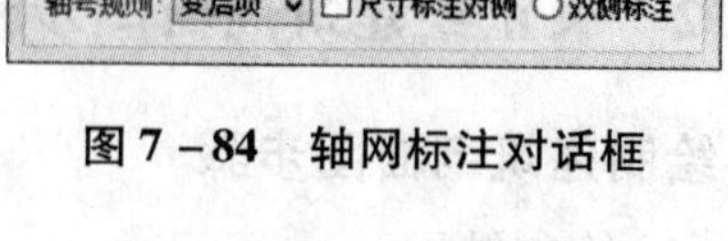

图 7－84　轴网标注对话框

请选取起始轴线<退出>：用鼠标选择轴线

请选取终止轴线<退出>：用鼠标选择轴线

请选择不需要标注的轴线：回车

(3)更改轴号名称。

将光标放置 B 轴号处，双击鼠标左键 B 改成 D，同理 C 改成 F，D 改成 G。

2. 绘制墙体

(1)选择“剖面” ▼剖 面 →“画剖面墙” 画剖面墙 菜单后，命令行提示：

请点取墙的起点(圆弧墙宜逆时针绘制)[取参照点(F)单段(D)] <退出>：用鼠标点取A轴线下方点。

墙厚当前值：左墙120，右墙240。

请点取直墙的下一点[弧墙(A)/墙厚(W)/取参照点(F)/回退(U)] <结束>：w

请输入左墙厚 <120>：

请输入右墙厚 <240>：120

墙厚当前值：左墙120，右墙120

请点取直墙的下一点[弧墙(A)/墙厚(W)/取参照点(F)/回退(U)] <结束>：用鼠标点取最上一点，回车

同理绘制D、F和外窗墙线，如图7-85所示。

图7-85 绘制墙线

3. 绘制门窗

(1)选择“剖面”→“剖面门窗” 剖面门窗 菜单后，命令行提示：

请点取剖面墙线下端或[选择剖面门窗样式(S)/替换剖面门窗(R)/改窗台高(E)/改窗高(H)] <退出>：用鼠标点取A轴线下方的墙线。

门窗下口到墙下端距离<900>：0

门窗的高度<1500>：2100

门窗下口到墙下端距离<0>：1230

门窗的高度<2100>：1600

门窗下口到墙下端距离<1230>：1370

门窗的高度<1600>：1600

门窗下口到墙下端距离<1370>：1400

门窗的高度<1600>：1600

门窗下口到墙下端距离<1400>：

门窗的高度<1600>：回车

门窗下口到墙下端距离<1400>：

门窗的高度<1600>：回车

门窗下口到墙下端距离<1400>：*取消*

同理D轴线门窗插入

请点取剖面墙线下端或[选择剖面门窗样式(S)/替换剖面门窗(R)/改窗台高(E)/改窗高(H)]<退出>：用鼠标点取D轴线上方的墙线。

门窗下口到墙下端距离<900>：-600

门窗的高度<1500>：-2100

门窗下口到墙下端距离<600>：*取消*

同理G轴线门窗插入

请点取剖面墙线下端或[选择剖面门窗样式(S)/替换剖面门窗(R)/改窗台高(E)/改窗

高(H)]<退出>：用鼠标点取 G 轴线下方的墙线。

门窗下口到墙下端距离<900>：0

门窗的高度<1500>：3340

门窗下口到墙下端距离<0>：＊取消＊

右边轴线外窗插入

请点取剖面墙线下端或[选择剖面门窗样式(S)/替换剖面门窗(R)/改窗台高(E)/改窗高(H)]<退出>：用鼠标点取外窗轴线下方的墙线。

门窗下口到墙下端距离<900>：440

门窗的高度<1500>：1800

门窗下口到墙下端距离<440>：1260

门窗的高度<1800>：2000

门窗下口到墙下端距离<1260>：1000

门窗的高度<2000>：

门窗下口到墙下端距离<1000>：1000

门窗的高度<2000>：1840

门窗下口到墙下端距离<1000>：＊取消＊如图 7－86 所示。

(2)改变门窗样式。

1)删除外墙线中高为 2000 mm 的两扇窗，如图 7－87 所示。

2)将墙线改成左墙 120，右墙 240 画出墙线，如图 7－88 所示。

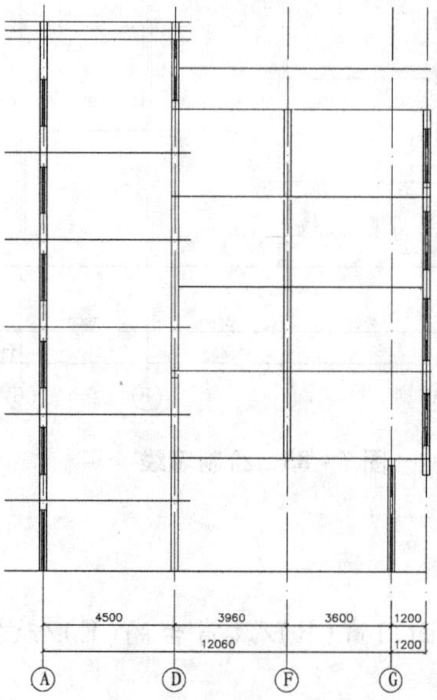

图 7－86　绘制门窗

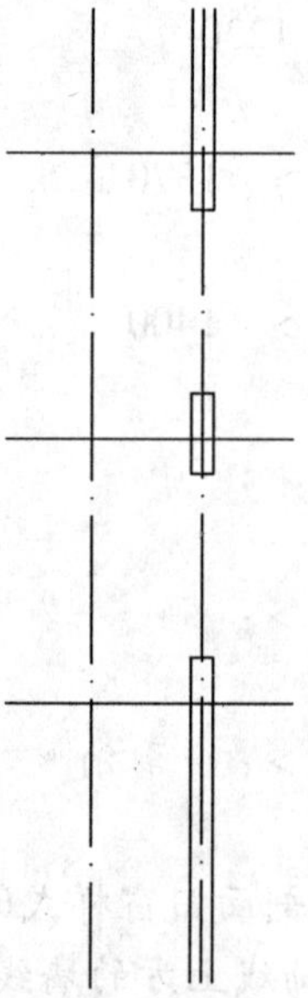

图 7－87　删除门窗

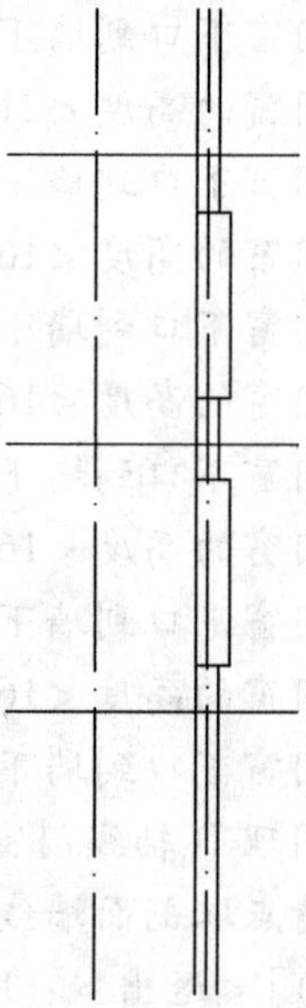

图 7－88　绘制窗的墙线

(3)插入门窗。

选择“剖面”→“剖面门窗”菜单后，命令行提示：

请点取剖面墙线下端或[选择剖面门窗样式(S)/替换剖面门窗(R)/改窗台高(E)/改窗

高(H)]<退出>：用鼠标点取墙线

门窗下口到墙下端距离<1000>：0

门窗的高度<1840>：1840

(4)改变门窗的高度。

请点取剖面墙线下端或［选择剖面门窗样式(S)/替换剖面门窗(R)/改窗台高(E)/改窗高(H)］<退出>：H

请选择剖面门窗<退出>：找到 1 个

请选择剖面门窗<退出>：回车

请指定门窗高度<退出>：2000

请点取剖面墙线下端或［选择剖面门窗样式(S)/替换剖面门窗(R)/改窗台高(E)/改窗高(H)］<退出>：*取消*如图 7-89 所示

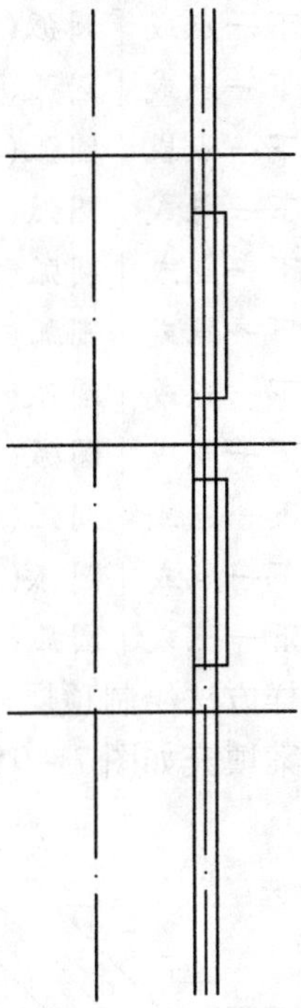

图 7-89　改变门窗的高度

4. 门窗过梁

选择“剖面”→“门窗过梁”菜单后，命令行提示：

选择需加过梁的剖面门窗：找到 1 个

选择需加过梁的剖面门窗：找到 1 个，总计 2 个

选择需加过梁的剖面门窗：找到 1 个，总计 3 个

选择需加过梁的剖面门窗：找到 1 个，总计 4 个

选择需加过梁的剖面门窗：找到 1 个，总计 5 个

选择需加过梁的剖面门窗：找到 1 个，总计 6 个

选择需加过梁的剖面门窗：找到 1 个，总计 7 个

选择需加过梁的剖面门窗：找到 1 个，总计 8 个

选择需加过梁的剖面门窗：找到 1 个，总计 9 个

选择需加过梁的剖面门窗：

输入梁高<120>：回车，如图 7-90 所示

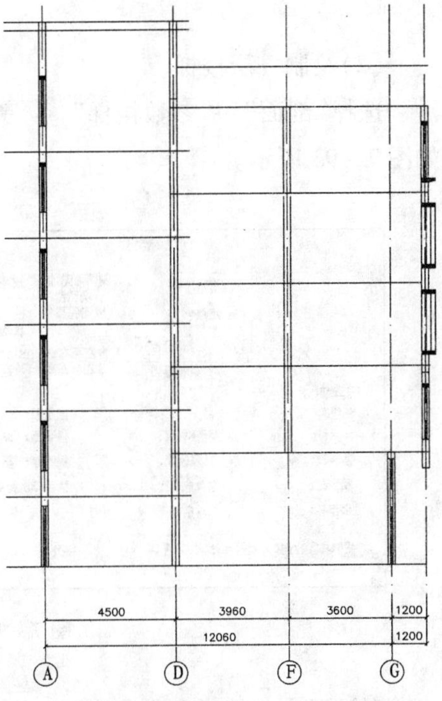

图 7-90　插入过梁

5. 绘制立面楼梯

(1)绘制底层、顶层楼梯。

1)调用偏移命令，将 A 轴线向右偏移 1990

2)调用多段线命令，命令行提示：

指定起点：用鼠标注点取一点

当前线宽为 0

指定下一个点或［圆弧(A)/半宽(H)/长度(L)/放弃(U)/宽度(W)］：w

指定起点宽度 <0>：5

指定端点宽度 <5>：

指定下一个点或［圆弧(A)/半宽(H)/长度(L)/放弃(U)/宽度(W)］：160

指定下一点或［圆弧(A)/闭合(C)/半宽(H)/长

度(L)/放弃(U)/宽度(W)]：<极轴 开> 260

指定下一点或［圆弧(A)/闭合(C)/半宽(H)/长度(L)/放弃(U)/宽度(W)］：160

指定下一点或［圆弧(A)/闭合(C)/半宽(H)/长度(L)/放弃(U)/宽度(W)］：260

指定下一点或［圆弧(A)/闭合(C)/半宽(H)/长度(L)/放弃(U)/宽度(W)］：160

指定下一点或［圆弧(A)/闭合(C)/半宽(H)/长度(L)/放弃(U)/宽度(W)］：260

指定下一点或［圆弧(A)/闭合(C)/半宽(H)/长度(L)/放弃(U)/宽度(W)］：160

指定下一点或［圆弧(A)/闭合(C)/半宽(H)/长度(L)/放弃(U)/宽度(W)］：160

指定下一点或［圆弧(A)/闭合(C)/半宽(H)/长度(L)/放弃(U)/宽度(W)］：260

指定下一点或［圆弧(A)/闭合(C)/半宽(H)/长度(L)/放弃(U)/宽度(W)］：160

指定下一点或［圆弧(A)/闭合(C)/半宽(H)/长度(L)/放弃(U)/宽度(W)］：260

指定下一点或［圆弧(A)/闭合(C)/半宽(H)/长度(L)/放弃(U)/宽度(W)］：160

指定下一点或［圆弧(A)/闭合(C)/半宽(H)/长度(L)/放弃(U)/宽度(W)］：回车

3)同样方法绘制顶层楼梯，踏步高 150 mm、踏步宽 260 mm

4)图案填充如图 7－91、图 7－92 所示。

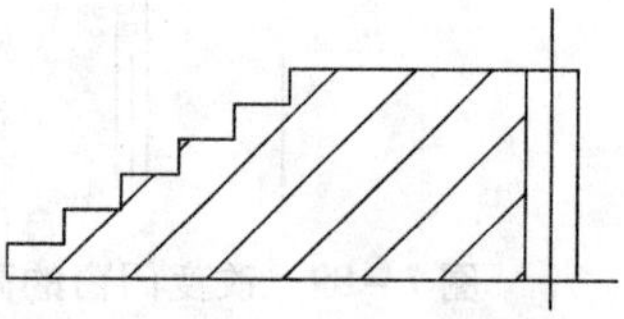

图 7－91　绘制底层楼梯

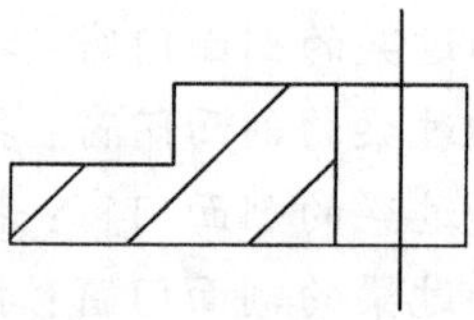

图 7－92　绘制顶层楼梯

(2)绘制一层楼梯。

选择“剖面”→“参数楼梯” 参数楼梯 菜单命令后，显示“参数楼梯”对话框，参数设置如图 7－93 所示。

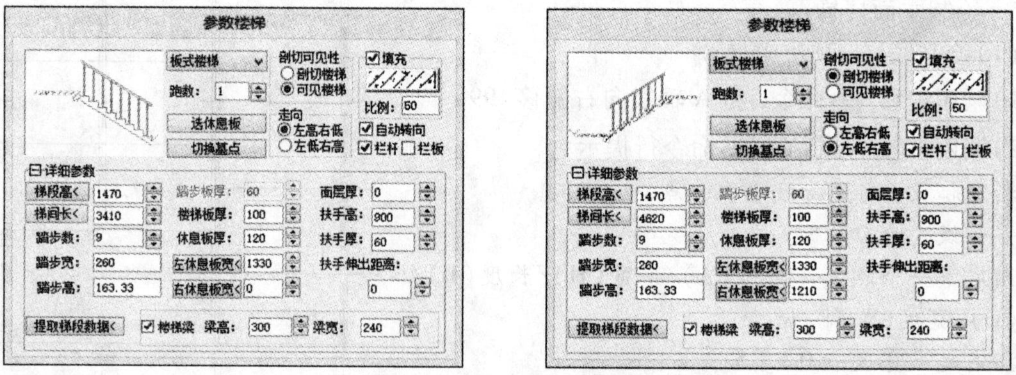

图 7－93　绘制一跑、二跑楼梯参数

在设置完成楼梯参数和类型，命令行提示如下：

请选择插入点：键入关键字改变选项，点插入楼梯

(3)绘制二至五层楼梯。

选择“剖面”→“参数楼梯”菜单命令后，显示“参数楼梯”对话框，参数设置如图 7－94 所示。

在设置完成楼梯参数和类型，命令行提示如下：

请选择插入点：点插入楼梯的点，重复 8 次，完成楼梯的画法，如图 7－95 所示。

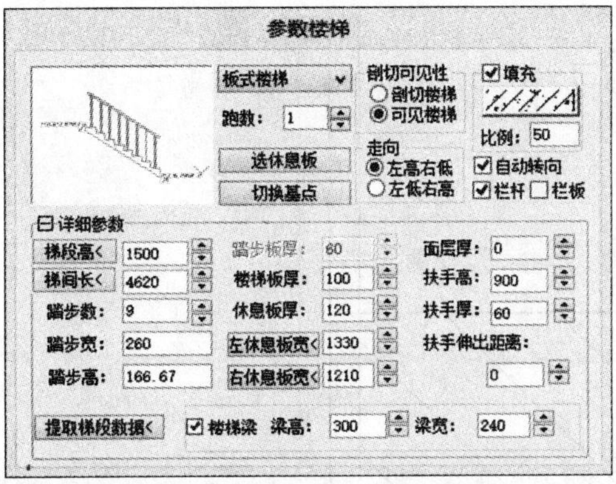

图 7－94　绘制三至十一跑楼梯参数

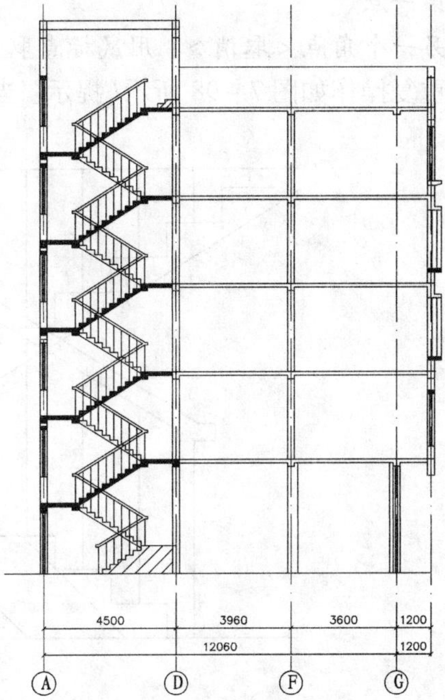

图 7－95　绘制楼梯

(4)绘制扶手和底层栏杆。

1)绘制底层栏杆。

选择“剖面”→“参数栏杆”菜单命令后，出现图 7－96 所示的对话框，在对话框中填写好参数内容，按确定按钮，在底层楼梯下方插入，如图 7－97 所示。

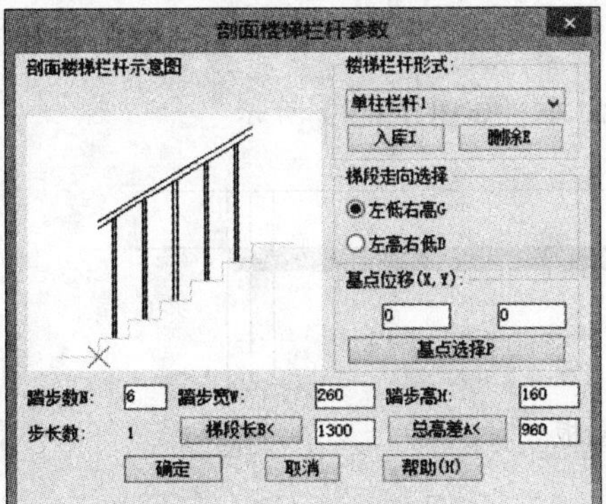

图 7－96　参数栏杆对话框图

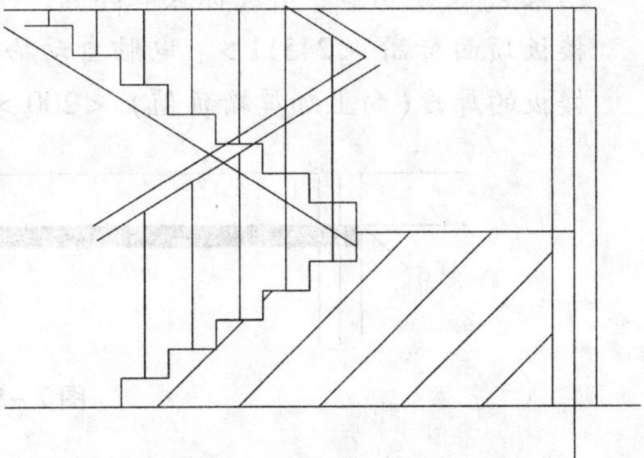

图 7－97　绘制底层栏杆

2）绘制扶手。

选择"剖面"→"扶手接头"菜单命令后，命令行提示：

请输入扶手伸出距离 <0>：260

请选择是否增加栏杆［增加栏杆(Y)/不增加栏杆(N)］<增加栏杆(Y)>：回车

请指定两点来确定需要连接的一对扶手！选择第一个角点 <取消>：（窗口选择）用鼠标点取第一点

另一个角点 <取消>：用鼠标点取第二点

重复操作如图 7－98 所示（提示：当插入扶手向上时，利用夹点拉伸）

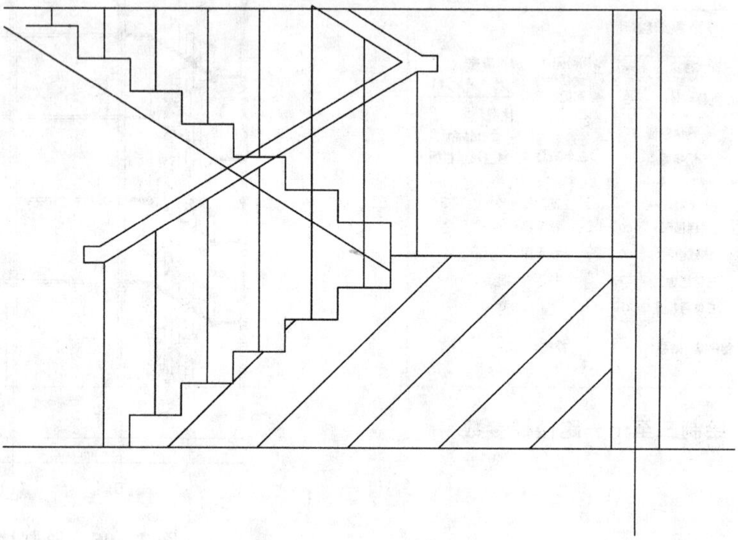

图 7－98　绘制扶手

6．绘制楼板

选择"剖面"→"双线楼板"菜单后，命令行提示：

请输入楼板的起始点 <退出>：用鼠标点取起点

结束点 <退出>：用鼠标点取终点

楼板顶面标高 <24511>：电脑自动拾取标高，回车就行

楼板的厚度（向上加厚输负值）<200>：120，回车，如图 7－99 所示

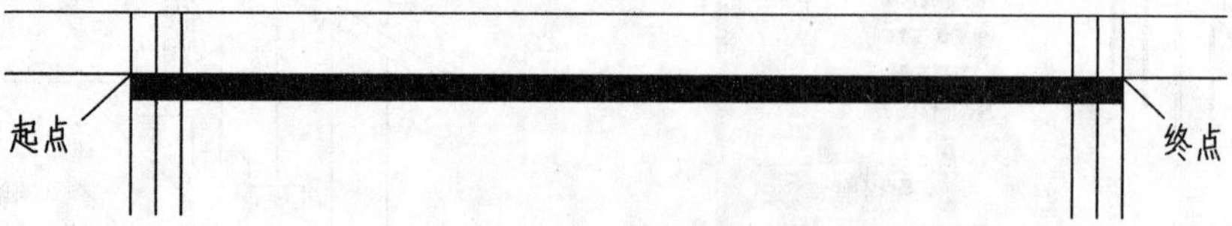

图 7－99　绘制楼板

提示：在有楼板之处用同样的方法绘制后进行图案填充。

7．插入圈梁

选择"剖面"→"加剖断梁"菜单后，命令行提示：

请输入剖面梁的参照点 <退出>：用鼠标点取楼板底面与轴线的交点

梁左侧到参照点的距离 <100>：120

梁右侧到参照点的距离 <100>：120

梁底边到参照点的距离 <300>：180，回车，如图 7－100 所示

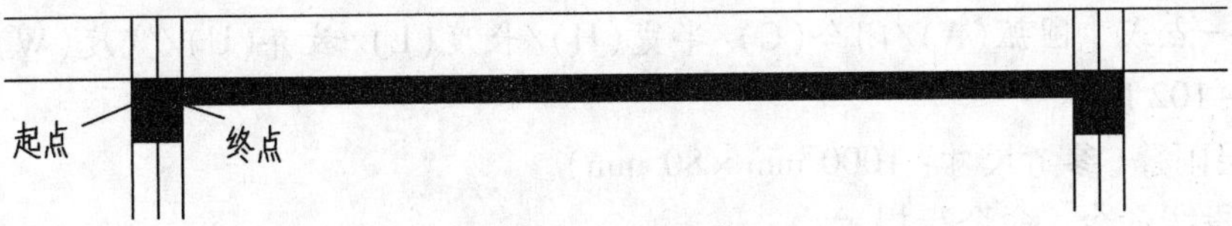

图 7－100　插入圈梁

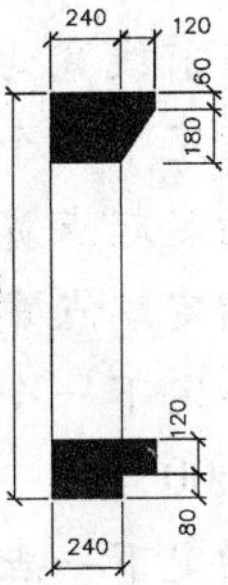

图 7－101　绘制女儿墙

提示：在有圈梁之处用同样方法绘制后进行图案填充

8. 绘制女儿墙、地面和室外地坪线、雨篷及其他

(1)女儿墙。

调用多段线 命令绘制，方法和尺寸如图 7－101 所示。

(2)地面和室外地坪(室外楼梯参数；二个踏步，踏步高 150 mm、踏步宽 300 mm、休息平台 1200 mm)。

选择多段线命令，命令行提示：

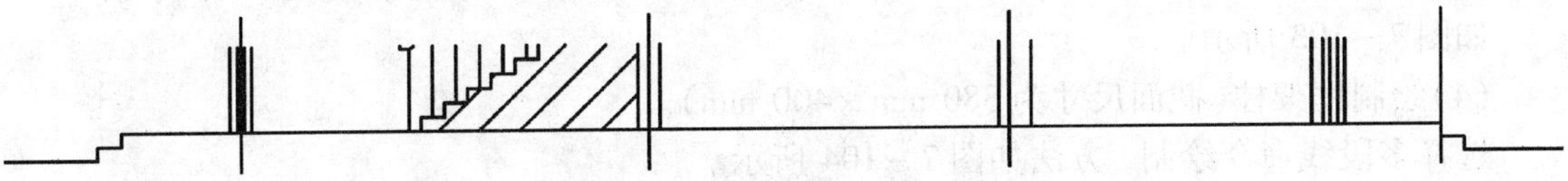

图 7－102　绘制地面和室外地坪线

指定起点：用鼠标点取 G 轴最下面一点

当前线宽为 0

指定下一个点或［圆弧(A)/半宽(H)/长度(L)/放弃(U)/宽度(W)］：w

指定起点宽度 <0>：20

指定端点宽度 <20>：

指定下一个点或［圆弧(A)/半宽(H)/长度(L)/放弃(U)/宽度(W)］：右边外窗轴线最下面一点

指定下一点或［圆弧(A)/闭合(C)/半宽(H)/长度(L)/放弃(U)/宽度(W)］：<极轴开> 150

指定下一点或［圆弧(A)/闭合(C)/半宽(H)/长度(L)/放弃(U)/宽度(W)］：300

指定下一点或［圆弧(A)/闭合(C)/半宽(H)/长度(L)/放弃(U)/宽度(W)］：150

指定下一点或［圆弧(A)/闭合(C)/半宽(H)/长度(L)/放弃(U)/宽度(W)］：用鼠标点取适当点，回车

同理调用多段线命令，命令行提示：

指定起点：用鼠标点取 A 轴最下面一点

当前线宽为 20
指定下一个点或［圆弧(A)/半宽(H)/长度(L)/放弃(U)/宽度(W)］: 1200
指定下一点或［圆弧(A)/闭合(C)/半宽(H)/长度(L)/放弃(U)/宽度(W)］: 150
指定下一点或［圆弧(A)/闭合(C)/半宽(H)/长度(L)/放弃(U)/宽度(W)］: 300
指定下一点或［圆弧(A)/闭合(C)/半宽(H)/长度(L)/放弃(U)/宽度(W)］: 150
指定下一点或［圆弧(A)/闭合(C)/半宽(H)/长度(L)/放弃(U)/宽度(W)］: 回车
如图 7－102 所示

(3)底层雨篷(参考尺寸: 1000 mm×80 mm)。
选择多段线命令，命令行提示:
指定起点: 用鼠标任意点取一点
当前线宽为 20
指定下一个点或［圆弧(A)/半宽(H)/长度(L)/放弃(U)/宽度(W)］: w
指定起点宽度 <20>: 5
指定端点宽度 <5>:
指定下一个点或［圆弧(A)/半宽(H)/长度(L)/放弃(U)/宽度(W)］: <极轴 开> 1000
指定下一点或［圆弧(A)/闭合(C)/半宽(H)/长度(L)/放弃(U)/宽度(W)］: 80
指定下一点或［圆弧(A)/闭合(C)/半宽(H)/长度(L)/放弃(U)/宽度(W)］: 1000
指定下一点或［圆弧(A)/闭合(C)/半宽(H)/长度(L)/放弃(U)/宽度(W)］: 回车
如图 7－103 所示。

(4)绘制框架柱(截面尺寸为 380 mm×400 mm)。
选择多段线命令绘制，方法如图 7－104 所示。

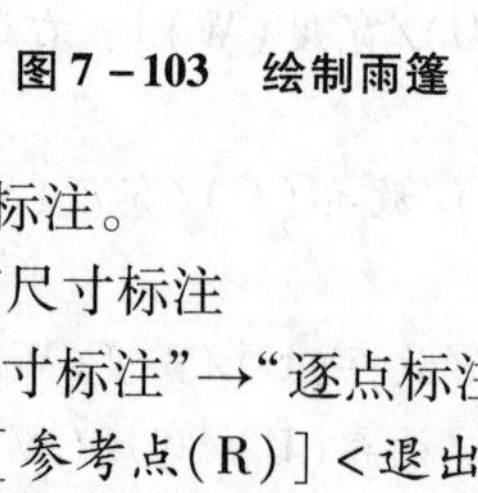
图 7－103　绘制雨篷

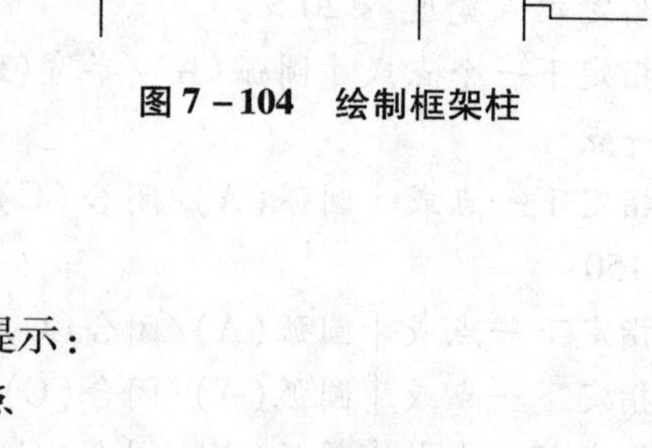
图 7－104　绘制框架柱

9. 尺寸标注。
(1)门窗尺寸标注
选择“尺寸标注”→“逐点标注”菜单后，命令行提示:
起点或［参考点(R)］<退出>: 用鼠标点取起点
第二点 <退出>: 用鼠标点取第二点
请点取尺寸线位置或［更正尺寸线方向(D)］<退出>: 用鼠标点取适当位置
请输入其他标注点或［撤销上一标注点(U)］<结束>: 点取下一点
请输入其他标注点或［撤销上一标注点(U)］<结束>: 回车

(2)楼梯尺寸标注。

1)选择“尺寸标注”→“逐点标注”，方法同上

2)将标注的尺寸进行分解后，双击鼠标左键，修改尺寸为两行，如图 7－105、图 7－106 所示。

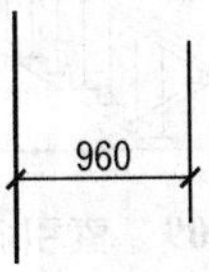

图 7－105 修改前尺寸标注

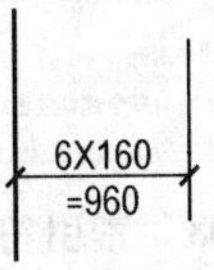

图 7－106 修改后的尺寸标注

按确定键即可，完成后的尺寸标注如图 7－107 所示。

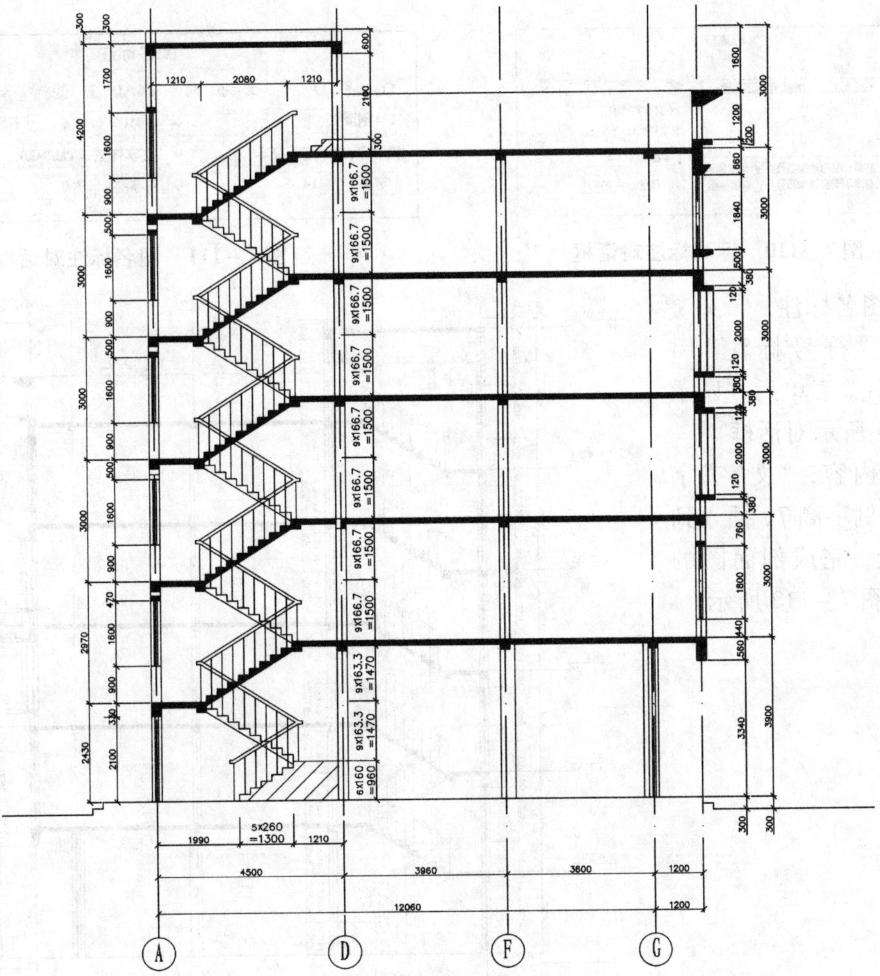

图 7－107 尺寸标注

10. 符号标注

(1)索引符号。

选择“符号标注”→“索引符号”菜单后，显示图 7－108 所示对话框，填写各参数内容后，插入符号标注，如图 7－109 所示。

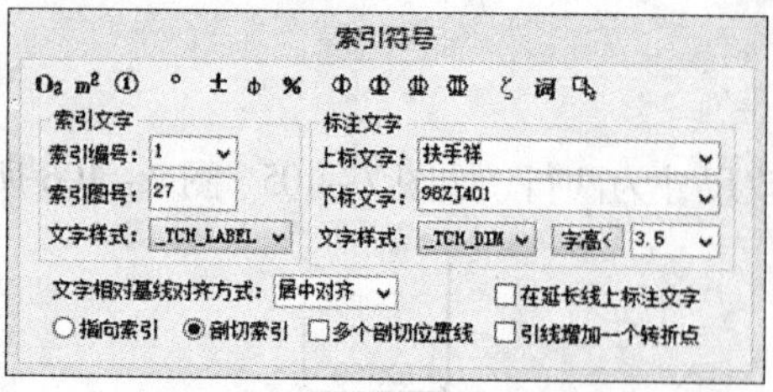

图 7－108　索引符号对话框

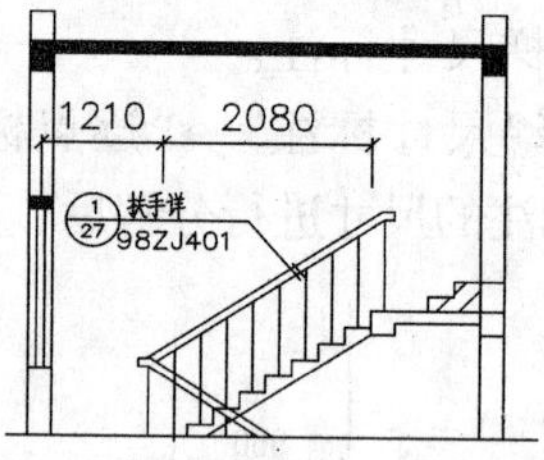

图 7－109　索引符号标注

（2）标高标注

选择“符号标注”→“标高标注”菜单后，显示图 7－110 所示对话框，选用手动输入，输入楼层标高，插入符号。

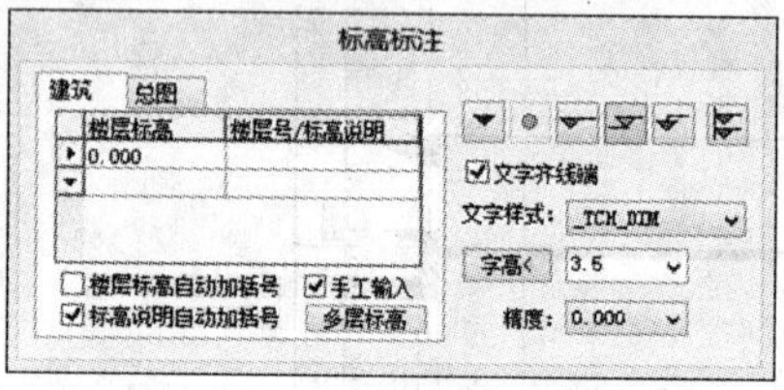

图 7－110　标高标注对话框

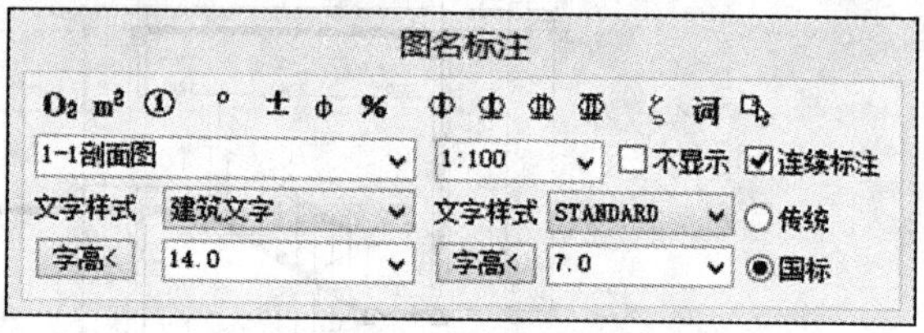

图 7－111　图名标注对话框

（3）图名标注

选择“符号标注”→“图名标注”菜单后，显示图 7－111 所示对话框

填写内容，“文字”字高 14，比例字高 7，插入到适当位置，完成剖面图的绘制，如图 7－112 所示。

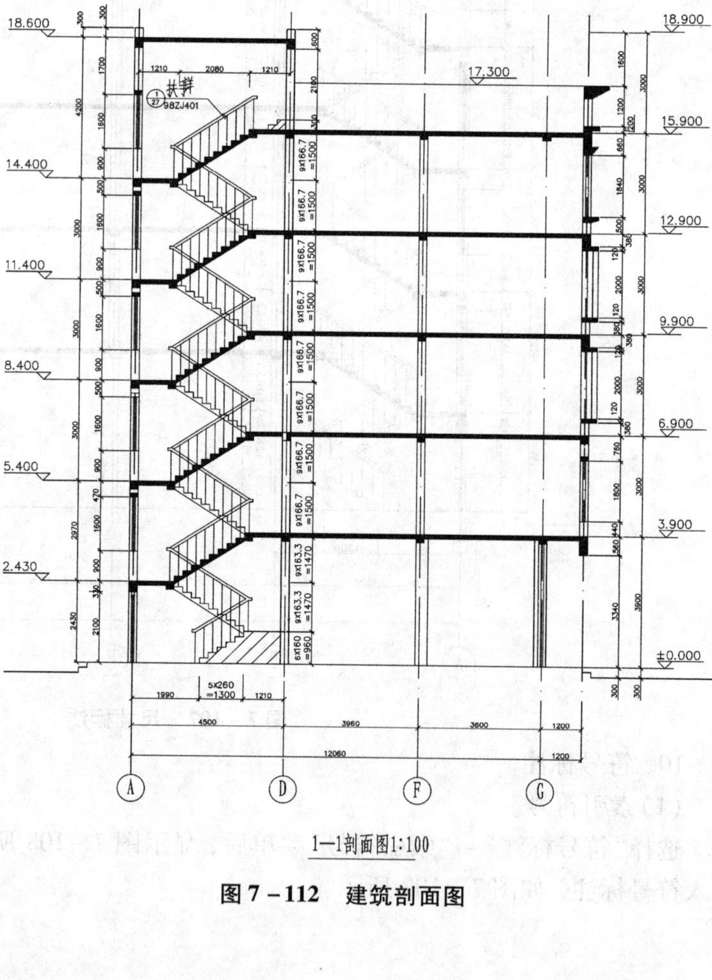

图 7－112　建筑剖面图

习　题

1. 用天正建筑软件绘制如图 7 – 113 所示的某建筑底层平面图。

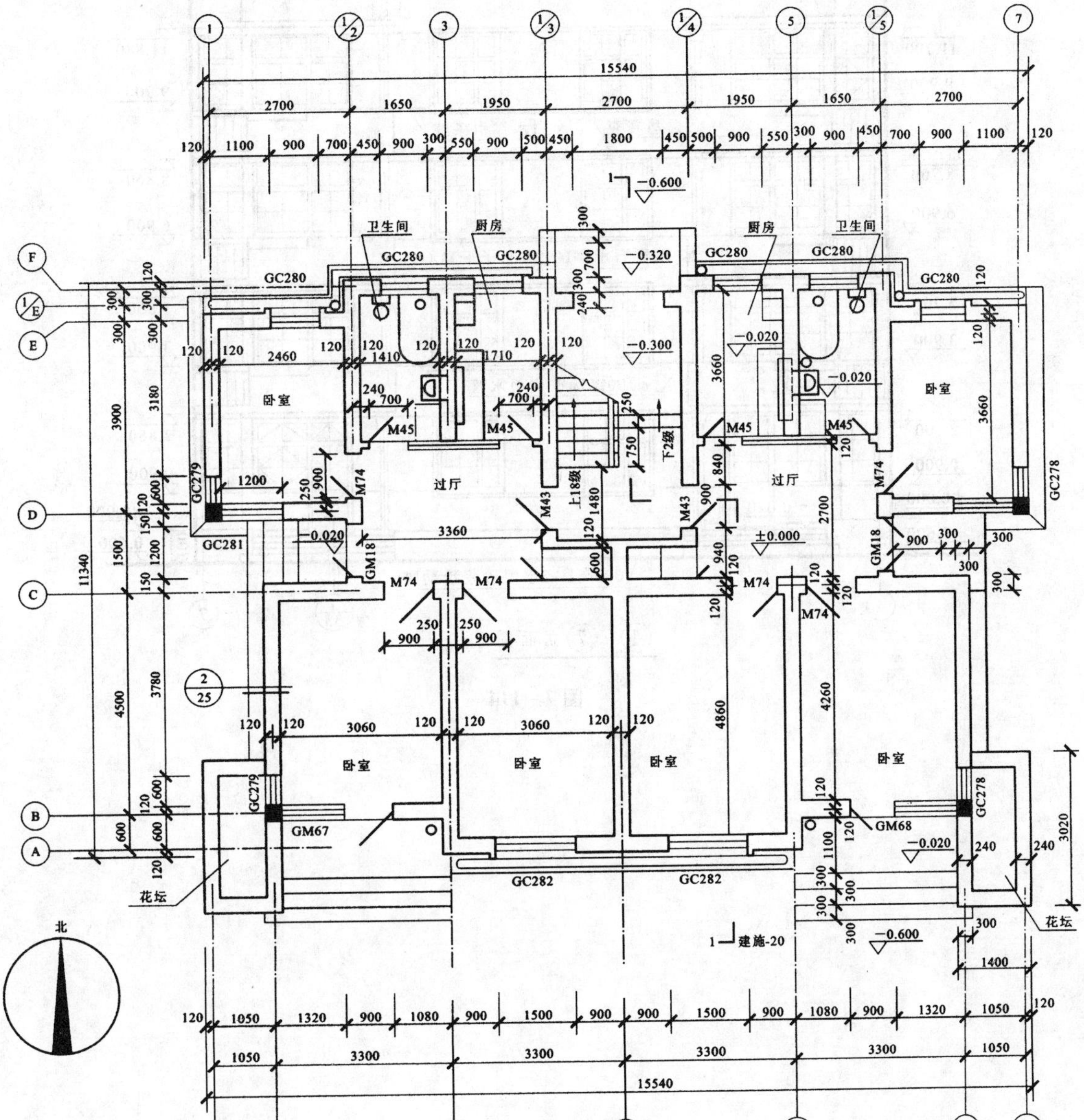

底层平面图　1 : 100

图 7 – 113

2. 用天正建筑软件绘制如图 7－114 所示的立面图。

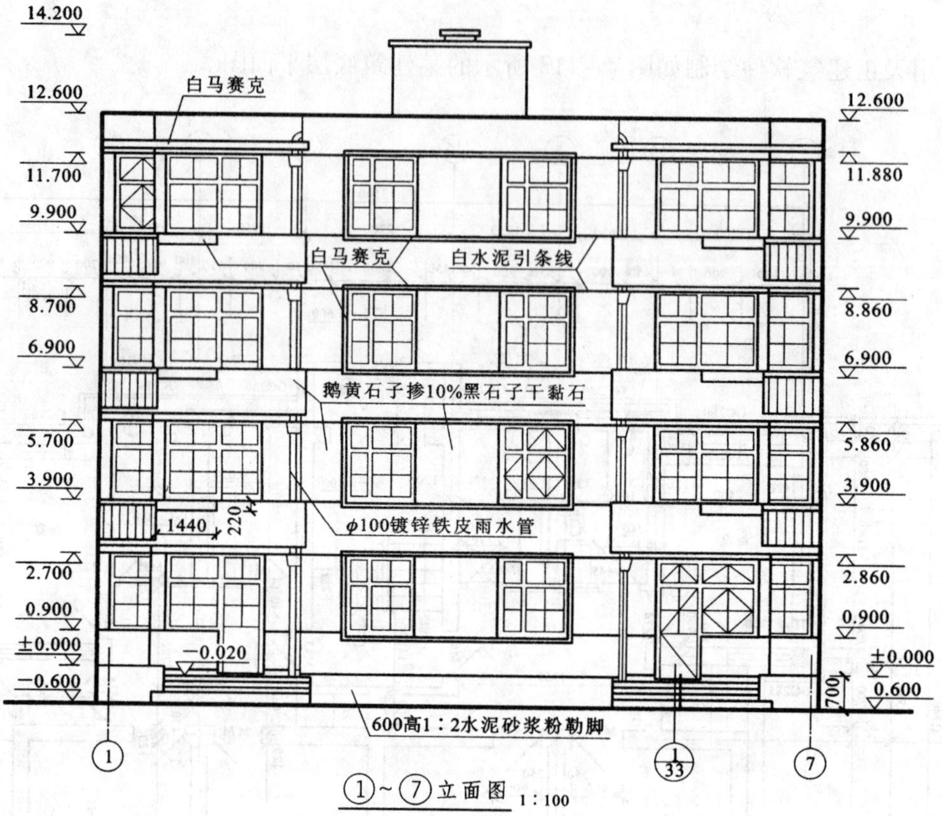

图 7－114

3. 用天正建筑软件绘制如图 7－115 所示的 1—1 剖面图。

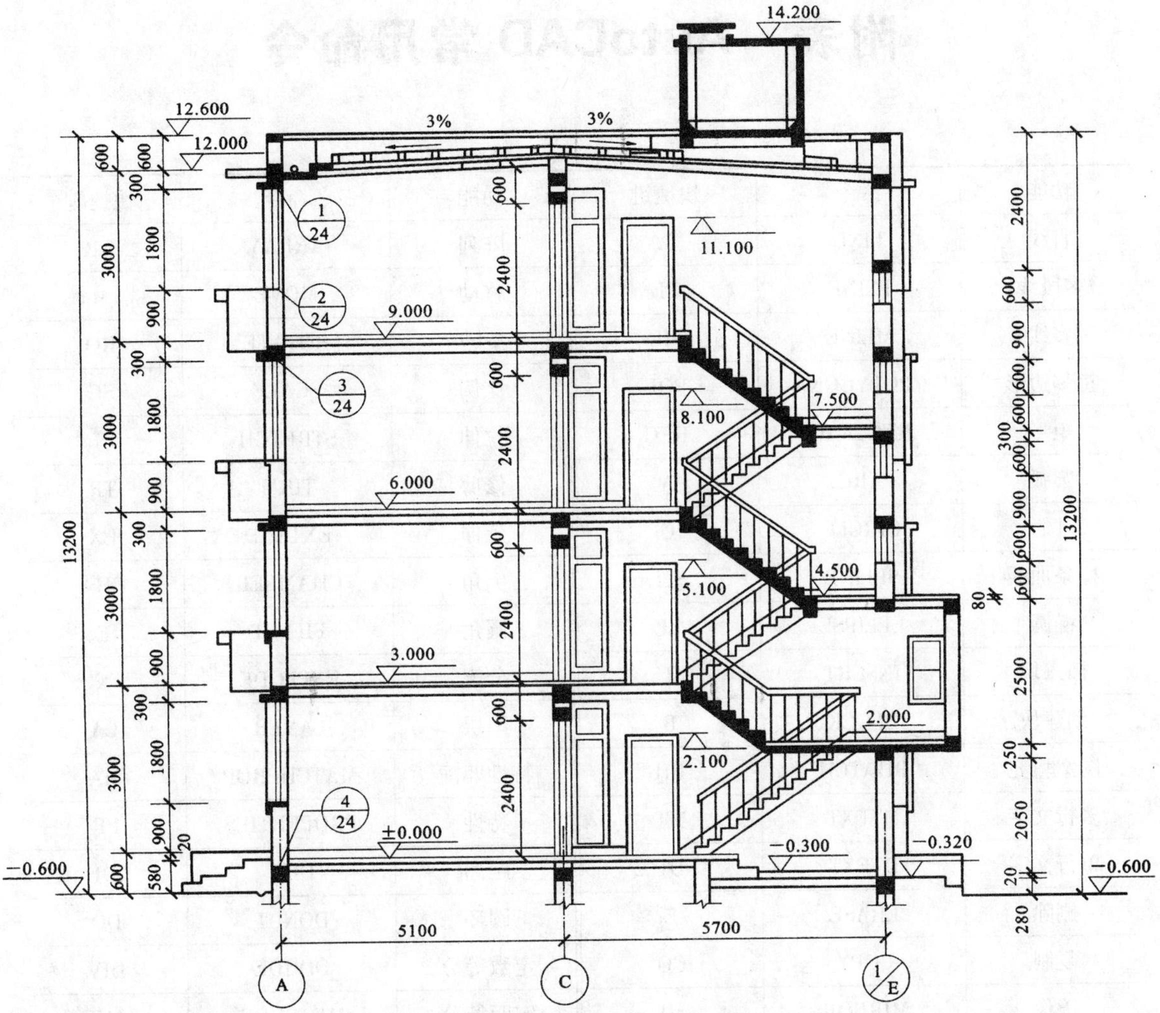

1—1剖视图 1:100

图 7－115

附表　AutoCAD 常用命令

功能	命令	快捷键	功能	命令	快捷键
直线	LINE	L	阵列	ARRAY	AR
多段线	PLINE	PL	移动	MOVE	M
多线	MLINE	ML	旋转	ROTATE	RO
正多边形	POLYGON	POL	比例	SCALE	SC
矩形	RECTANG	REC	拉伸	STRETCH	S
圆弧	ARC	A	修剪	TIRM	TR
圆	CIRCLE	C	延伸	EXTEND	EX
样条曲线	SPLINE	SPL	倒角	CHAMFER	CHA
椭圆	ELLIPSE	EL	圆角	FILLET	F
插入块	INSERT	I	分解	EXPLODE	X
创建块	BLOCK	B	图层	LAYER	LA
图案填充	BHATCH	BH	特性匹配	MATCHPROP	MA
多行文字	MTEXT	MT	特性	PROPERTIES	PR
单行文字	DTEXT	DT	距离	DIST	DI
删除	ERASE	E	圆环	DONUT	DO
复制	COPY	CO	定数等分	DIVIDE	DIV
镜像	MIRROR	MI	定距等分	MEASURE	ME
线型比例	LTSCALE	LTS	文字样式	STYLE	ST
偏移	OFFSET	O	标注样式	DIMSTYLE	D

参考文献

[1] 张小平，张国清．建筑工程 CAD．北京：人民交通出版社，2007

[2] 国家职业技能鉴定专家委员会，计算机专业委员会．AutoCAD2002 试题汇编(绘图员级)．北京：科学出版社，2003

[3] 王海英，詹翔．举一反三：AutoCAD 中文版制图实战训练．北京：人民邮电出版社，2003

[4] 付竹松．建筑 CAD 实例教程．北京：中国电力出版社，2010

[5] 江萍，陈卓．施工图识读与会审．武汉：武汉理工大学出版社，2011

[6] 郑伟．建筑工程技术．湖南省高等职业院校学生专业技能抽查标准与题库丛书．长沙：湖南大学出版社，2011

图书在版编目（CIP）数据

建筑 CAD／黄颖玲，谭敏主编．—长沙：中南大学出版社，2015.6
ISBN 978－7－5487－1657－0

Ⅰ．建… Ⅱ．①黄…②谭… Ⅲ．建筑设计—计算机辅助设计—AutoCAD 软件—高等职业教育—教材
Ⅳ．TU201.4

中国版本图书馆 CIP 数据核字(2015)第 150941 号

建筑 CAD
（第 2 版）

主 编 黄颖玲 谭 敏

□责任编辑 谭 平
□责任印制 易建国
□出版发行 中南大学出版社
社址：长沙市麓山南路 邮编：410083
发行科电话：0731－88876770 传真：0731－88710482
□印 装 长沙印通印刷有限公司

□开 本 787×1092 1/16 □印张 15 □字数 369 千字
□版 次 2016 年 7 月第 2 版 □印次 2019 年 8 月第 4 次印刷
□书 号 ISBN 978－7－5487－1657－0
□定 价 39.00 元

图书出现印装问题，请与经销商调换